云南民居

1

北京大学聚落研究小组

云南省城乡规划设计研究院

中国电力出版社

CHINA ELECTRIC POWER PRESS

序　言

大学的宗旨离不开对人文价值的深层关注。作为基础研究，其中又尤其着眼于人居环境中衣食住行的全方位研究以及由此引发的对当代国民经济建设的合理化建议，北京大学在这方面具有悠久的历史和精湛的研究传统。民国时期的北京大学工学院即有建筑学科，1949年以后因院系调整诸原因并入清华大学，直到20世纪末时再次建立北京大学建筑学研究中心。

北京大学建筑学研究中心自建立以来，除了建立在国际交流基础上的常规建筑设计、城市规划方面的教学及科研之外，由王昀和方海两位老师主持的聚落研究小组进行了大量工作，完成了一批具有国际视野同时又扎根本土文化的学术专著。该小组已经完成的学术研究包括北京周边传统民居、湖北恩施土家族民居等，正在进行的调研及研究项目包括湖北鄂东南民居、广西民居、广东碉楼民居、贵州黔东南侗族民居等，而刚刚完成的三卷本《云南民居》是该小组过去四年中师生实地调研及多学科理论研究的全方位总结。

云南是我国少数民族聚集最多的地区，全国56个民族当中，有38个民族都在云南聚居，因此国内外对云南民居的各种研究从来没有停止过，某些日本学者的研究中甚至断言日本民族住居传统中的主流模式即源自云南，从而引发全球相关学者对云南民居的加倍关注。我国学者对云南民居的关注和研究始自朱启钤先生开创的中国营造学社，即使在极其困难的抗日战争时期，以刘敦桢和梁思成为核心的中国第一代建筑学者就已开始对云南民居的基础调研，并取得了极其关键的第一手资料和开创性研究成果。1949年以后，刘敦桢教授主持的南京工学院建筑系又派出以郭湖生教授为负责人的云南民居研究小组对当时的主要少数民族进行了更加全面的调研，其成果迅速奠定刘敦桢主编《中国古代建筑史》和中国科学院主编《中国古代建筑技术史》的基础。此后的云南民居研究成果不断出现，例如中国建筑工业出版社1986年出版的《云南民居》和1993年出版的《云南民居·续篇》就是其中的代表性作品。然而云南民居毕竟博大精深，但同时又面临不断被毁，尤其在改革开放的三十年中，一大批经典村落日渐消亡。在这样的情况下，北京大学聚落研究小组认为有责任为云南民居做一些抢救性的调查工作，在云南省城乡规划设计研究院张辉院长的大力支持下，王昀和方海两位老师率领北京大学建筑学研究中心前后四届研究生分五批前往云南，深入最偏远的山区测绘、采访及图像调研，对目前尚存完好的傣族、哈尼族、佤族、白族、纳西族、彝族、拉祜族、景颇族、怒族、独龙族、傈僳族等典型聚落村寨进行了详细测绘、影像录制等田野调研工作，力争为宝贵的民居资源留下史料。

中国的大建设时代经过三十年的轰轰烈烈后正开始日趋稳健，这套三卷本的《云南民居》在这样的环境和语境下，或许能够成为一份留给未来的礼物。

北京大学聚落研究小组

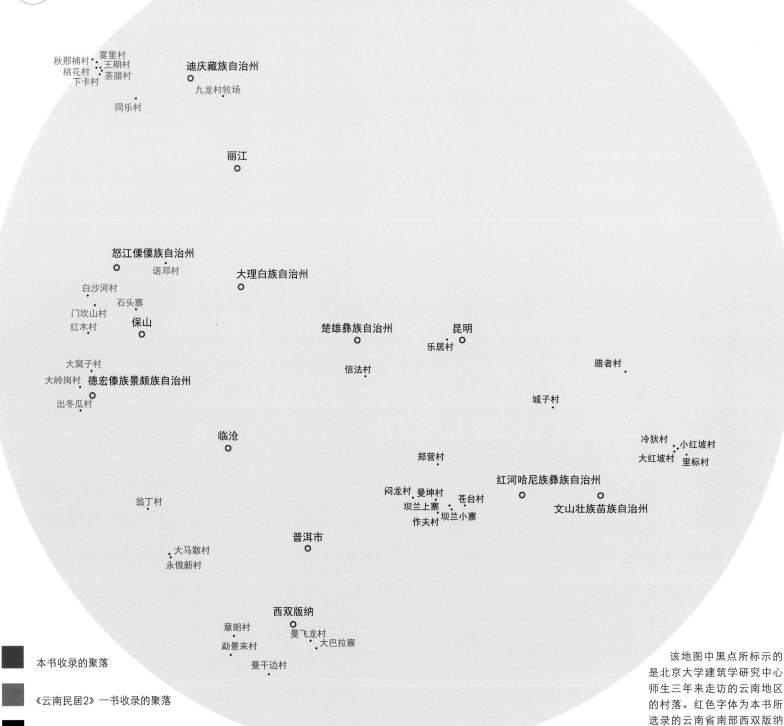

N

秋那桶村 雾里村
　　　王期村
桃花村 茶腊村
下卡村

迪庆藏族自治州

九龙村牧场

同乐村

丽江

怒江傈僳族自治州
　　　诺邓村

大理白族自治州

白沙河村
　　石头寨
门坎山村
红木村
　　保山

楚雄彝族自治州

昆明
乐居村

腊者村

大窝子村

大岭岗村 德宏傣族景颇族自治州

信法村

城子村

出冬瓜村

冷狄村
　　　小红坡村
大红坡村
　　里标村

临沧

郑营村

红河哈尼族彝族自治州

翁丁村

闷龙村 曼坤村
坝兰上寨 苍台村
　　作夫村 坝兰小寨

文山壮族苗族自治州

大马散村
永俄新村

普洱市

西双版纳

章朗村
勐景来村
　曼飞龙村
　　大巴拉寨
曼干边村

■ 本书收录的聚落

■ 《云南民居2》一书收录的聚落

■ 《云南民居3》一书收录的聚落

该地图中黑点所标示的是北京大学建筑学研究中心师生三年来走访的云南地区的村落。红色字体为本书所选录的云南省南部西双版纳及周边地区的八个村落。

目 录

第一章　概述

1.总述

1.1 收录村落范围的划分

　　《云南民居》是北京大学建筑学研究中心师生三次深入云南调研的成果汇总。第一次调研时间为2011年1月，分为两条路线，路线一集中在云南南部的西双版纳地区，走访了勐景来村、章朗村、曼飞龙村、曼干边村、大马散村、永俄新村、大巴拉寨、曼短佛寺、巴飘村、曼那麻村、翁丁村；路线二集中在红河哈尼族彝族自治州，调查了苍台村、郑营村、作夫村、曼坤村、坝兰上寨、坝兰小寨。第二次调研时间为2012年3月，主要集中探访了丙中洛地区的村落，如桃花村、雾里村、秋那桶村、王期、茶腊、下卡，以及其他地区的村落，如诺邓村、沙溪镇、石头寨、乐居村。第三次调研时间为2013年7月，起初师生共同调查了滇西北迪庆藏族自治州的同乐村、汤满村、九龙村牧场三个村落，之后学生分为三组按照三条不同的路线继续调查。路线一集中在滇西的腾冲地区，走访了大岭岗村、门坎山村、大窝子村、白沙河村、红木村、出冬瓜村，共六个村落；路线二集中在滇东的文山壮族苗族自治州，调查了冷狄村、腊者村、大红坡村、小红坡村、里标村五个村落；路线三集中在滇中的楚雄及玉溪地区，探访了闷龙村和信法村等。

　　根据三次调研村落地理位置的不同，《云南民居》共分三本，第一本收录了云南南部西双版纳傣族自治州、普洱市以及临沧市的共八个村落，它们是勐景来村、章朗村、曼飞龙村、曼干边村、大巴拉寨、大马散村、永俄新村、翁丁村；第二本收录了云南西部和西北部的十六个村落和一座桥，即桃花村、雾里村、秋那桶村、王期村、茶腊村、下卡村、诺邓村、保山石头寨、傈僳族同乐村、九龙村牧场、大岭岗村、门坎山村、大窝子村、白沙河村、红木村、出冬瓜村以及通京桥；第三本收录了云南东部和中部的十五个村落，分别是冷狄村、腊者村、大红坡村、小红坡村、里标村、城子村、

苍台村、郑营村、作夫村、曼坤村、坝兰上寨、坝兰小寨、乐居村、闷龙村、信法村。具体的村落划分和位置参照前页的地形图。

1.2 云南自然人文条件概述

　　云南位于中国西南边陲，北连青藏高原，南接中南半岛，面积为39.4万平方千米，总面积占全国面积的4.1%。云南的地理环境复杂，大体自西北至东南由高至低分为三级地势阶梯。德钦、中甸一带的滇西北高原为最高的一级，海拔3000米以上，最高点为德钦县境内的梅里雪山卡洛博主峰（海拔6740米）；滇中高原为第二级，海拔2000米左右；南部高原外围为第三级，海拔小于1000米，最低点为河口县境内楠溪江与元江汇流地，海拔只有76.4米。云南地形以山地和高原为主，以云岭以东的低地与元江谷地为界，分为两大区域：西部横断山地区和东部高原区。

　　受地理位置与地貌特征的影响，云南气候多样，有以下特征：气候水平和垂直差异大，云南水平七个纬度大小与垂直方向海拔高低气候吻合，都呈现寒、温、热的阶梯变化。

　　云南自然与人文环境的多样造就了多元的文化特征，不同时期主导文化不同，主导文化由古滇文化、爨（cuàn）文化、南诏大理文化到明清后汉文化逐渐演变，同一时期不同地区存在多种文化类型，而文化类型的分类也是多样的，从经济上看，有采集、游耕、畜牧、农业、工业、商业文化等；从精神角度，有儒家、道教、佛教、原始宗教以及伊斯兰文化等；而从族源上看，存在氐羌文化、百濮文化、百越文化等。

图1　云南南部路途中的风景，沿着等高线的梯田层层叠叠

图2　临沧翁丁村佤族的图腾竖立在村落之中，代表着当地佤族的原始宗教信仰

对页图：
云南佤族翁丁村的村民正在广场进行拉木鼓的活动场景

2

2.云南南部的地理文化特征

2.1 地理及气候环境

　　西双版纳傣族自治州、普洱市、临沧市位于云南南部，北临云南本省的楚雄、玉溪，东部与红河州相连，西靠保山市，云南南部外临缅甸、老挝。云南省整体地势呈从西北向东南降低的趋势，滇南地区整体海拔在几百米到2400米左右，其中西双版纳地区海拔最低，局部在百米上下，并且集聚了众多高山断陷形成的"坝子"，临沧市间或有达到2000米以上的地带，属于高原区。

　　云南南部在全省的七大气候类型分布中属于南亚热带气候与中温带类型，以西双版纳为例，没有四季的区分，而简单地分为干、湿两季，阳光充足，湿度也大，所以适合植物的生长，是热带雨林形成的主要条件。

2.2 民族分布与文化特征

　　云南省少数民族众多，根据纬度线水平分布，滇西南与滇南中低山宽谷地区主要集中了傣族、景颇族、佤族、拉祜族、布朗族、阿昌族、德昂族、哈尼族、基诺族等。

　　西双版纳傣族自治州主要集中了傣族、基诺族、布朗族和拉祜族等。临沧主要集中了佤族等，其中佤族与布朗族从族源上看同属于百濮系，隶属于百濮文化。从经济文化类型上看，傣族的造纸以及竹编等手工艺保存地比较完好，以调查探访的勐景来村为例，染布、榨糖、制陶、酿酒、打铁、造纸样样都保留着最原始的手工技术，颇具特色。

图3　翁丁村佤族的凉亭，木构架，上覆茅草屋顶，孩子们聚集在此饮食、闲坐

3.云南南部聚落的分布

　　本册收录了云南南部西双版纳、临沧、普洱的八个村落（其中四个村落进行了实地测绘，还有四个村落只是走访，并没有测绘）。滇南属于高原地带，海拔较低。例如勐景来村位于景洪市西南部的平地上，海拔为598米。以布朗族为主的章朗村位于山体上部的山谷上，海拔为1650米。以布朗族为主的曼飞龙村，位于山体中部的缓坡上，海拔为1176米。以佤族为主的永俄新村，位于勐卡镇西北方向约7公里山坡中部的缓坡上，海拔为1670米。以佤族为主的临沧翁丁村，建在背山朝阳的山坡上部，海拔为1495米。

図4　布朗族的章朗村建在山体上部的山谷上，海拔在1650米左右

4.云南南部聚落的布局

4.1 聚落的整体形态

　　聚落在我们通常的理解中都是自发形成的，而不是设计师在脑中预先设计出来的，并且在最终形态形成的过程中往往受到地形、气候、水源等自然因素的影响。或者聚集在一起，呈现完整密集的状态，有些甚至表现出特殊的图案；或者分散开来，呈现无规律的混沌状态。在这本书收录的聚落中，勐景来村、章朗村、曼飞龙村、翁丁村呈现较明显的密集形态，属于聚集型聚落，而且村落由多户人家构成，占地面积较大，如翁丁村被群山与绿树所环绕，位于群山之间的一处山脚下，远看酷似一个形态完整的"巢"。

4.2 道路

聚落中的建筑就是一个个的点状物，占据着自然界的空间，彼此保持着距离，产生了领域，而道路就是为了连接。勒·柯布西耶在《明日之城市》的开篇即辨别了两类道路：人行之道与驴行之道，前者代表有明确目的的直线道路，后者代表漫无目标的、躲避麻烦的、悠闲的曲线道路。在调研的云南传统村落中，道路更多地呈现一种曲折的状态，因受到地形的影响而很多是自发形成的随意形态，完全抛开了现代社会的基础要素——效率。通过观察村落道路空间形态，可以分为网状、线形等类型，贯穿整个聚落的道路大部分属于前者。道路分为几个层级，进出村的道路、聚落的主干道以及连接各户的分路，这些道路偶尔会在尽头形成广场。

章朗村是一个依山而建的聚落，位于山坡上，内部道路缓慢而曲折，将整个村落划分成若干块

4.3 耕地

耕地作为聚落生产手段的载体，是人类与大地亲密接近的一方润土，受到太阳、风、雨等自然力的影响，在聚落选址时常常作为一个重要的考虑要素。耕地与聚落之间的关系可以分为若干类，在有些村落中耕地分散布置在村子的外围空旷地带，如临沧市翁丁村；在有些村落中耕地散乱地布置在房屋周围，一般以每家每户的宅基地为参照，属于私人领域的范畴，例如普洱市永俄新村，从总图上观察，房屋前即为一块矩形的耕地，清晰地展示了两者之间的连带关系。从地形上看，耕地大多位于平地，便于灌溉，位于山地上的聚落，多耕造梯田，种植青稞、小麦、马铃薯、水稻、玉米等农作物。

图5 沧源佤族翁丁村的村民自家宅前用栅栏围合的菜地

4.4 广场

广场体现了聚落作为一个共同体制度的存在，这种制度是以血缘和氏族为纽带的。除了各家各户单独的房屋以外，村落中通常有供集体使用的一块空间，常常是开敞的、围合的、中心的。有时候广场还会区分出等级，有主要供全村使用的广场，也有供挨着的几户人家共同使用的小广场。如临沧翁丁村的广场位于村落的中心，在重要的当地节日，村民们集体举行各种活动，如拉木鼓舞蹈、摸你黑等，通过舞蹈等活动祈求风调雨顺，具有特殊的象征意义。而广场此时也成为人类精神生活的重要载体，共同体的各项隐性制度通过这类活动而得以强化，广场就是这种外在的物化。相比之下，在所调查的景洪市曼飞龙村就缺乏足够的公共广场，仅在村落的南边新增了两个，并不位于村落的中心位置，使用的频率也并不是很高。

图6 布朗族章朗村的白象寺

4.5 寺庙

在云南的传统聚落中村民都有特殊的宗教信仰，有的是当地的原始宗教，也有的信仰教徒众多的佛教以及基督教等，而这一宗教文化的载体在村落中表现为特殊的建筑物，即寺庙。此次调研的村落有傣族、布朗族、佤族等，如勐景来村为一个傣族的村落，寨中央有佛寺和塔林，村口有寨门、菩提神树和神泉，每逢节日居住民都会在此地诵经拜佛。勐景来村的佛寺建筑群由山门、大殿、僧舍等组成，大殿装饰十分精致，三重檐五面坡，有须弥座，建筑群外有一个大的活动场地。类似于勐景来村，章朗村、曼飞龙村的村民也信奉小乘佛教，村内佛教建筑群多由佛寺（坐西朝东）、佛塔、藏经阁、僧房和围墙构成，除此之外，傣族聚落寨心、塔、路口供人休憩的亭子、佛寺西面的坟山、村内的神树、神林、佛塔皆是傣族公共空间的重要构成要素。佛寺的结构多为抬梁式的木构架，柱子分内外圈布置，内圈柱子高于外圈，内外圈柱子上屋顶形式不同，内圈柱子上覆盖曲面的歇山式屋顶，外圈柱子上覆盖披檐或者悬山式屋顶，屋顶造型复杂精致，分段垂檐层次丰富。

4.6 寨心

在传统聚落中，通常存在一个精神性的中心，往往是一片空地上布置着当地族群的信仰图腾，类似于一种标志物，是此时此地此民族此村寨的象征物，也就是通常所说的寨心。寨心是村寨的灵魂所在。章朗村、翁丁村等皆有寨心，具有神圣的宗教意义。翁丁村聚落中立有一个柱桩，一个石器和一根高耸的木杆，木杆上放置图腾器物，是整个村庄的精神空间。除了寨桩外，还有神林、寨门、人头桩、佤王府、剽牛场、打歌场、神树、鬼林等公共空间构成要素。然而在有些传统聚落中，整个空间中并没有类似翁丁村的那种实际的物体作为寨心，而是有其他的替代物如古树作为整个寨子的中心，例如马散村的永俄新村，或者是并没有任何物体，仅仅是一片中心的空白广场。

5. 云南南部民居的内部空间

5.1 民居空间平面布局

　　民居是构成聚落的基本单元，传统聚落中的民居有很多共有的特征，皆源于村民共同幻想的一致性。云南南部地区的民居类型丰富，但主要的类型可归为干栏式民居。如临沧佤族翁丁村的民居平面多呈方形，平面基本可划分为堂屋、卧室以及平台，入口常设置在圆弧形屋顶的山墙一侧，用两段台阶连接起来，到达二层主要的生活空间。其实二层是一个开敞的大空间，仅仅在卧室部分用一段木制的隔断隔离开来，以保持它的私密性，平面的正中心为火塘，是村民饮食、炊事的地方，也是整个家庭的生活重心所在。整体来说佤族翁丁村的民居平面规整而简单。另一大类为西双版纳傣族的干栏式民居，又称"竹楼"，平面布局最大特点是布局灵活多样，平面近方形，底层架空而不围合，作圈养牲畜以及堆放杂物之用。二层为主要的生活空间，基本可分为四部分：前廊、卧室、堂屋以及晒台，与前者相比较，特殊之处在于通过楼梯到达二层后有一个缓冲的前廊空间，其上为重檐的屋面覆盖，遮风避雨同时又可起遮阳的作用，主人在这里堆放些许杂物，也是日间纳凉、纺织等活动的理想之地。进入堂屋后，是主人接待客人的地方，中设火塘，上置三脚架，供烹饪、烧茶之用，卧室与堂屋并列，常通过软质隔断加以分隔，有时甚至取消界限，紧紧挨着火塘，席地而卧，家人数代同宿一室，睡眠的位置常按照一定的次序排列。在此次调研的村落中，如勐景来村，村民常常在建筑底层进行纺织、手工编织竹筐、酿酒等传统手工艺活动，生活气息浓厚，而傣族由于地处阳光强烈的亚热带地区，平面多从主屋向外延伸一个开间，其上覆盖重檐屋顶，将楼层的墙身全部罩入其中，以遮挡烈日的照射，使室内获得阴凉的效果，缺点是外墙常常不能直接开窗，偶尔在阁楼层开设三角形的老虎窗，但是室内光线仍显昏暗。

5.2 仪式性空间——堂屋、火塘屋

　　如前所述，翁丁佤族住居在平面构成上基本可分为堂屋、卧室和平台，分别对应着一定的日常使用功能，堂屋同时也是火塘屋，两者实为一体，这一空间内常常布置有火塘、碗橱、脸盆架以及供神处等。火塘位于中心位置，随着生活水平的提高，侧边有时会有电视机等现代化的电器设备，在翁丁佤族人民的日常生活中，火塘终年不熄，是一个象征性的仪式空间，但由于屋顶覆盖住大半墙身，开窗受到限制，屋内光线比较昏暗。堂屋空间主要由地板和屋顶构成，围护材料通常为木头、竹编等。根据调查发现，在火塘燃起的时候室内就烟雾弥漫，上升的烟以焦油状附着在屋顶的构架以及茅草上，形成了一层防水层，增强了屋顶的防水性能，这种并非刻意设计而略显偶然的结果更加体现了村民朴素的生活智慧。

图7　大马散村民居的火塘屋，是村民炊事、饮食、谈话的地方

5.3 生活空间——卧室、起居室

　　调研的聚落民居中，卧室多布置在仪式性空间的周围，卧室内除了床还会布置储物的柜子、橱子等。有的民居平面布置趋于现代化，没有出现布置有神位和火塘的起居室，只具有起居的功能，用餐、起居空间分离。不同于滇北等地的井干式民居中并不划分出独立卧室的情况，翁丁村常常用一个隔断隔离出卧室空间，并且基本位于堂屋的两侧，由于其空间的狭小以及室内光线的昏暗，平时的使用率并不是很高，大多数时候是闲置的，村民一天之中较多的在堂屋、晒台或者室外活动。

6. 云南南部民居的建筑形式、结构与材料

6.1 地基

　　勐景来村、章朗村、曼飞龙村、永俄新村、大马散村、翁丁村等村落的民居属于干栏式民居。干栏式民居的地基形式基本为用竹木围护的底层架空层的土坯，有些村子用呈田字格形的锁脚枋连接柱子底部，使得建筑结构更加稳固，底层也用石块叠砌形成台基以抬高建筑，防止虫涝灾害，底层围护的竹片、竹篾等均垫石块脱离地面，柱础与墙壁垫石平齐。在所调查的勐景来村中，村民盖房都有一定的步骤，甚至在过程中充满各种仪式，以祈求幸福安康，如他们常常用白布一小卷和蜡条一把，在房基处进行祭拜，祈求建房平安，在立柱子之前最重要的工作就是平整地基。

图8 傣族勐景来村民居的地基，其上架柱子，柱子与地基之间垫以石块

图9 章朗村布朗族民居的围护墙体用竹篾、木等材料

6.2 墙体

　　在西双版纳地区的傣族民居中，以前材料多用竹，故民居又称"竹楼"，现在屋架、柱子和梁多用木材，屋架的跨度一般在5~6米，在所调研的大马散村仍然采用这种材料，墙体和楼板也都是用竹或者木。傣族修建民居多采取互相帮助的做法，通常一家建新房时，村中每户都要出一个人来帮忙，上山自备材料，由有经验的匠师统筹指挥，建成后，主人宴客酬谢大家，并举行一些仪式，非常热闹。同样，沧源佤族翁丁村居民也是用山地的一些建筑材料用于房屋的建造，也为竹木结构，这些材料通常来自村寨旁的森林之中。由于佤族民居的墙体多半被屋顶所覆盖，并没有得到充分的发展，通常比较简陋，由竹篾编织而成，直接放到地板边缘绑扎固定。在翁丁村中，除了供人生活的主屋以外还有一种特殊的用来放置牲畜饲料的草房，面积在2~3平方米左右，比较简易，草房的特点是柱承重构架，有些仅仅由茅草屋顶与柱子构成，屋顶延伸下来充当墙体。

图10 临沧佤族翁丁民居的茅草屋顶以及被遮盖的木制墙体，底层为堆放杂物的空间

6.3 屋顶

　　傣族的勐景来村与布朗族的章朗村、曼飞龙村为歇山式屋顶，上面屋顶形式灵活多变、轮廓丰富，在檐柱外侧加盖"偏厦"，形成重檐，这些聚落民居的屋顶正脊短、垂脊较长，屋面坡度较大，墙面和前廊形成强烈的虚实对比，并且不加过多的装饰，显露出竹木结构的原始材料和结构特性，两山墙正好起采光、通风和散烟作用，外墙向外倾斜，支撑着深远的出檐，抵挡了烈日的照射。屋顶瓦片为平直块状的筒板瓦层层堆叠，在两屋面交接的脊处，多用弧形的瓦层层堆叠，便于排水。另一种干栏式民居的代表为临沧翁丁村的村民住屋，屋顶为木檩上承竹椽，上盖茅草，一般由前后两个正面的构架和山墙侧的弧形屋面构成，这种特殊的圆弧屋顶形成了佤族民居最主要的空间特征。屋顶的底平面多为椭圆形，弧形的屋面无脊线。竹筒形成的屋脊交叉形成燕尾形，屋脊两侧加横向竹竿来固定屋脊的茅草。屋面上有可以向上开启的老虎窗，且屋顶下多设披檐。而西盟县勐卡镇永俄新村民居屋顶的瓦片为平直块状的筒板瓦层层堆叠，山墙面加盖三个折面的弧形屋面，屋顶下加盖披檐，但是基本的民居形式还是属于干栏式。

对页图：
佤族翁丁村民居的屋顶开窗

7. 写在八个案例之前

2011年10月，北京大学建筑学研究中心的师生们启动了首次云南民居调查之行。此次调查经过了细致的路线计划、资料整理等准备工作。第一批调查的师生分两条路线开展了调查和测绘工作，路线一主要围绕云南的南部，包含勐景来村、曼飞龙村、章朗村、永俄村和翁丁村，而负责路线二的师生则主要走访了云南中部的苍台村、郑营村、作夫村、曼坤村、坝兰上寨和坝兰小寨。这些自然村落或散落在高山草甸，或穿梭在茶林田间，排除喧嚣，隐匿于世。村中古树、旧宅、桑田雕刻着旧日的时光，古趣天成。

次年3月，第二批调查师生再次奔赴云南，对东部的城子村、西北部丙中洛地区的部分村落（桃花村、雾里村、秋那桶村、王期村、茶腊村、下卡村）、西部的诺邓村、石头寨和昆明附近的乐居村进行了调查和测绘。其中作为明清时期战争城堡的城子村是典型的土掌房建筑群落，土墙斑驳；贡山县的丙中洛位于怒江大峡谷的最北端，这里以雪山为城，江河为池，似人神共居的绝美天堂；位于大理的诺邓村是一个典型的以盐井为生存依托的村落，顺着青石板道拾级而上，可以看到"三坊一照壁"、"四合五天井"的民居层层叠叠、鳞次栉比；在巨岩上栖居的宝山石头城，三面峭壁，奇绝无穷；乐居村有昆明最集中的"一颗印"建筑群，建筑就地取材，形成独特的村落景观，给人留下深刻的印象。

2013年7月，北京大学建筑学研究中心的同学们继续踏着师兄师姐的足迹，再访云南，在共同调查并测绘了西北部的傈僳族村落同乐村、藏族村落汤满村和九龙牧场后，分成三路，主要对文山（冷狄村、腊者村、大红坡村、小红坡村、里标村）、楚雄（信法村）、玉溪

（闷龙村）与腾冲地区（大岭岗村、门坎山村、大窝子村、白沙河村、红木村）进行了调查和测绘。至此，北大建筑中心对云南民居的调研工作告一段落，总计走访39个村落，期间对各聚落的总平面、部分典型民居的图纸（平面、立面、剖面）、照片和访谈记录进行了详尽的第一手资料的搜集和整理。这段时光，北大师生们隐秘于彩云之南被时光湮没的大山或高原深处，探寻着鲜为人知的古村落，感受着如今与我们渐行渐远的古老文明。探访这些真正的世外桃源，从混凝土建筑中走进充盈着故土温情的山乡，也别是一番舒心惬意。需要特别提出的是，在师生们三次调研期间，云南省城乡规划设计研究院给予了全力支持，村民全心的配合和热情的帮助让我们感动。

云南位于中国西南边陲，北连青藏高原，南接中南半岛，高山峡谷相间，地理环境复杂。受地貌特征的影响，云南气候也非常多样，水平方向和垂直方向上温度、降水等差别较大。因师生们调研的传统聚落分散在云南的十一个地区，空间跨度大，涉及的民族有17个，民族文化呈现多样性，独特的自然环境和人文环境使这39个聚落空间与其典型的民居空间特点不一。经历过时间与自然筛选的传统聚落和民居对于当今的设计实践是有借鉴意义的，同时，能够整理这些逐渐消逝的聚落、民居图纸和照片，既能够及时地对于濒临绝迹的聚落进行记录，具有重要的现实意义，又在某种角度上可以理解为对于传统聚落和民居的保护。

本册所收录的村落主要位于西双版纳、普洱、临沧州地区，这三个地区的村落多依山而建、顺延山势，恰似集中连片、堆叠整齐的古老城堡。西双版纳的民居类

型多为干栏式。在壮语中，"干"是竹木之意，"栏"或"兰"都是屋舍之意，"干栏"合称，意为竹木结构的屋舍，用竹料、木料穿斗在一起，极为牢固。楼房上层为主要生活空间，多设有火塘屋，并按照长幼顺序分隔卧室空间，四周用木板或竹篱围住，楼下用以堆放杂物或者饲养牲畜，具有冬暖夏凉、防潮防虫的特点。新石器时期南方主要的建筑文化便以干栏式为主，可以说，7000年前的浙江余姚河姆渡遗址中的木构建筑，便是西双版纳干栏式建筑的缘起。

临沧佤族和普洱佤族的民居也为干栏式。特别的是，临沧佤族翁丁村民居的屋顶多用厚厚的茅草覆盖，外形犹如孔明帽。为了避风防寒，墙上无窗，而在屋顶上开设老虎窗，屋面离地面很近，整个房子被巨大的屋顶所覆盖，远观就像一簇一簇的蘑菇。

干栏式建筑是西双版纳、景洪、普洱、临沧等古老村落的基本空间单元，村落的总体平面也是我们重点测绘和研究的对象，因其对分析聚落与自然地理环境的关系和村落内部空间特征有很大价值。北大聚落研究小组一行西双版纳，所见的聚落中多受汉文化、东南亚国家和小乘佛教文化的影响来组织整体布局，塔、路口供人休憩的亭子、佛寺、佛塔等皆是特有公共空间的重要构成要素。在有三千年历史的古遗迹沧源岩画中，可以看出现今此区域的村落形式，民居朝向除了背山面水以外，还围绕中心佛寺建造。临沧和普洱的佤族则主要信奉自然宗教，即山、水、生物等皆被认为"鬼神"，村寨中公共空间的布局与宗教信仰密不可分，其中寨心作为村落的中心是村民祭祀和娱乐的场所，其中矗立着被认为是神圣灵物的寨桩、人头桩等。

本册中三个地区的村落整体形态多以聚集形和线形为主。有以寨心为中心，各空间要素逐渐同心圆式生长的，例如勐景来村；有沿阶梯状等高线一字排列若干排民居的，例如永俄新村。这些村落形态除受宗教文化和社会文化的影响外，还受经济条件的影响，村民因此争取了更多坡度缓的土地用于种植和耕作，作为其经济支撑，而将山腰上的土地用于建造房屋。

此书既成，愿能抛砖引玉，与读者共享云南民居之美，细致品阅书中呈现的聚落，感受传承的厚重民居文化底蕴。

第二章 八个聚落

1.云南省西双版纳傣族自治州勐海县打洛镇
勐景来村

　　勐景来村以居住用地和农林用地为主，村子入口处是停车场和宗教设施用地，村子的东南角是一个集广场和集贸市场为一体的公共场地。村子的东西两侧以前有几个面积较大的鱼塘，现在已经被填土种植了香蕉。南尼龙河从村旁流过，汇入打洛江。目前建筑多为木质结构，辅助用房多为砖结构，临时建筑为竹结构。村内分布有寨门、塔林、菩提神树、神泉、展览馆、佛寺、迎宾树、民间集市、农家乐等。

勐景来村简介

西双版纳傣族自治州位于云南省西南部，与缅甸、老挝接界，澜沧江及其支流贯穿其中，境内诸山都是怒山的余脉，是平原多于山地的地形。全年没有四季之分，只有明显的干季和湿季。拥有茂密的热带雨林和丰富的自然资源，水源丰富，自然环境优美。丰富的物资资源，为居民提供了大量的天然建筑材料。

勐景来村位于西双版纳州勐海县西南部，东临缅甸，距打洛镇政府3公里。勐景来村隶属于号称中缅第一寨的勐景来景区，该景区是集少数民族宗教文化、农耕文化和边境探险为主题的综合性生态旅游景区。

打洛是毗邻中缅边境的一座安静小镇，距缅甸东部的第四特区——勐拉只有4公里，距泰国的清迈也只有300公里。于是这里自古就是中国通往东南亚最便捷的陆路通道之一。在傣语中，"打洛"的意思是"多民族混杂聚居的渡口"。地如其名，在这里居住着傣族、哈尼族、布朗族等少数民族。打洛江边分布着不少美丽的寨子，千年傣族古寨——勐景来就是其中之一。寨门牌匾上书写着"中缅第一寨——勐景来"。"勐景来"是傣语，"勐"是村寨，"景来"是龙的影子。

一、勐景来村概况

2011年10月15日通过实地探访、拍照、测绘、采访记录了勐景来村的概况、建筑形式与居民生产、宗教信仰、传统手工艺等方面的信息。

1. 社会、历史和人文环境

自古以来，傣族就是祖国各民族大家庭的亲密成员。汉代时将当时傣族的先民称作"滇越""掸"，唐代时称为"金齿""银齿""黑齿""白衣"，宋代沿用"金齿""白衣"，元明写作"白夷"，清代以来则多称为"摆夷"。但上述都是他称，至于傣族自称，则一直作"傣"。中华人民共和国成立后，按照傣族人民的意愿，正式定名为"傣族"。由于聚落所处的位置多为偏远的山区，与外界联系不十分方便，古朴的建筑形式和生活方式得以保留。

2. 居民生产、宗教信仰与建屋

根据 2011年10月15日对村长采访的记录，针对居民、主要作物、饲养家畜、宗教信仰、习俗、日常生活、村落建造历史等方面分别进行介绍。

勐景来村现有居民106户，每户4~5人，共540多人。主要种植的作物为香蕉、天然橡胶。天然橡胶作为主要经济收入来源，水稻则从附近市集购买。饲养的家畜主要有鸡、猪、牛。傣族人笃信小乘佛教，认为万物皆有灵。傣族人的小孩从小就被送到寺庙中做和尚，这是唯一能受教育的机会，家人亦以此感到光荣。宗教的影响使这里的居民性情温和、与人为善，过着清苦的生活。"开门节"（浴佛节）是傣历12月15日（阳历10月15日）。这天，傣家人都要到佛寺举行盛大的"赕佛"活动，向佛爷、佛像奉献食口、鲜花和钱币。而阳历7月15日至10月15日这三个月，则是"关门"时期，农活最忙，佛事活动也最多。

关于建屋情况，勐景来村的首建时间是1373年，老寨房子基址至今没有改变。每年都会更换草顶，随着旅游业的发展以及经济条件的提升，也有很多户开始翻修，更换蓝瓦屋顶。

3. 民族传统手工艺术

勐景来还保存有很多傣族的传统手工艺，诸如染布、榨糖、制陶、酿酒、打铁、造纸等，样样都保留着最原始的手工技术。村民的日常生活，从早起割蕉到自酿酒、榨糖、染布、纺织、自己编织竹箩、板凳，闲暇时或者有客人来访，则到酒坊品尝自己酿制的酒，有红色和黄色。喝酒用的酒器也是手做的陶器，上面有各异的弧线状花纹。酒桌和座椅也是村民亲手用竹藤编制而成的。傣锦是傣族的一种传统民间工艺，傣锦历史悠久，风格古朴，它用细纱为经，红线为纬织成。造纸是我国的四大发明之一，傣家的造纸历史悠久，主要材料是傣语叫做"卖洒"的树皮。制作时先把树皮放在水中泡

图1 进村主要道路及房屋

图2 村口的古树

图3 缅瓦屋顶

图4 勐景来村民居的屋顶构造局部

图5 村中酿酒坊及手工艺品

图6 手工编织竹筐的村民

图7 简易纺线工具

制，然后煮烂再把煮烂的树皮细磨成汁，再把这些树汁倒进造纸槽中，晒干即可。制陶用的土是西双版纳特有的油土，首先用木锤把油土打细，直到油土里面没有颗粒为止，再把油土放到转动的木桩上，一边转动木桩一边用手将油土捏成各种各样的器具，下一步就是晒干后用带花纹的木板在器具的外面印上花纹，刻上文字，最后再拿到土窑里烤，大约3~6个小时后方可出炉，稍微打光就可以使用。在西双版纳从古到今都有自己独特的制糖方式，他们用大型的木质器具作为榨糖的机器，采用物理学上的轴承原理，以人力、畜力和水力作为动力带动木桩的转动，将甘蔗汁榨出来，经过过滤，就可以直接饮用，也可将糖汁熬煮成一块块红糖。

二、勐景来村的建筑布局

西双版纳的傣族传统聚落一般选址在依山傍水之处。勐景来村毗邻南览河，有寨心、四道寨门、寺庙和埋葬傣族先民的地方——"龙林"。寨心用红色石头或巨石栽于寨子中央，周围插上10根木柱构成，表示人类的"定心柱"，是聚落的灵魂，寨心周围用作市场或库房；四道寨门将聚落围于其中，成为一个完整的世界；寨内房屋密布，多为干栏式竹楼；道路狭窄，呈不规则网状分布；四道寨门围起来的椭圆形边界是与外界分隔的地域界限，居住区和龙林区分布在地域内的不同区域。西双版纳的傣族传统聚落具有中心性、地域性和区域划分性三个主要特征。

西双版纳傣族传统聚落中有住屋、佛寺、寨心、寨门、寨神庙、水井、龙林、地景、道路和麦西利（即菩提树）等，是傣族传统聚落物质形态的"构成要素"。根据这些构成要素所具有的功能，将其划分为三类。

1.宗教要素：包括寺庙、寨心、寨门、寨神庙和龙林等，是傣族百姓赕佛和祭祀神灵的核心场所。

2.生活要素：包括干栏式住屋、水井等，是傣族人民日常生活之所需。

3.自然要素：包括郁郁葱葱的麦西利和地景等，反映了傣族百姓对美好未来的期盼和傣族聚落与大自然的和谐。

上述住屋、佛寺、佛塔、寨心等构成要素，从其在传统聚落中的方位布局看，以寨心为中心，各要素呈同心圆式向外扩张。勐景来村地处狭长地带，但房屋布局仍遵循向心性的规律。以寨门为边界，寨心、佛寺等建筑物周围有块状空地，酿酒坊周围似广场，供人们作集市交易或其他活动使用；聚落内道路顺应等高线分布，同时合理地衔接河道，将住屋等各构成要素结合为一个整体。聚落要素的这一区位构成，形成了表征聚落形象的五个特点：建筑物、道路、区域、标志和结点，使其易于识别，具有认知性。

上述构成要素，将傣族传统聚落划分为环境、精神和生活三个空间。

环境空间——表现为傣族传统聚落依山傍水，犹如建筑天衣无缝地加入地景之中，基地、材料和形式的选择都基于这个态度，是人与自然的空间。

精神空间——由传统聚落中的佛寺、寨心、寨神庙等建筑所形成。佛寺、寨心和寨神庙担负了各不相同、但均极为强大的精神作用，是西双版纳傣族原始宗教和小乘佛教文化影响的结果。

生活空间——由独具特色的干栏式建筑及其周边敞开地所构成，是居住和进行日常交往的场所，是人与人的生活空间。

传统聚落的三个空间构成分别表现了傣族对大自然的认识和理解，体现了傣族人民朴素的、以家庭为单元的生产生活方式。

三、勐景来村的建筑风格

干栏式建筑在云南省主要分布在云南省西南部及澜沧江、怒江下游一带，为傣族、基诺族、德昂族、景颇族及拉祜族、佤族、布朗族等族人所使用。

1. 傣族民居形式

云南传统民居的木结构大致可以分为抬梁、穿斗、井干、人字木屋架、密梁平顶五种类型。抬梁、穿斗式木构架为白族、彝族、纳西族等民居所采用，并常有在两端山间用穿斗式，中间用抬梁式的混合结构法。人字木屋架为傣族竹楼中所用。密梁平顶用于土掌房。

傣族的民居传统形式，系干栏式建筑，俗称竹楼。干栏起源于中国有巢氏时代的架木为巢。主要特点是用竹或木为柱梁搭成楼房，上层住人，下层关养牲畜、堆放杂物等，有些还会结合高差布置空间。

干栏建筑出现较早，而且应用范围较广泛，当时的干栏多以竹材为骨干，以茅草覆盖，随着旅游业的发展经济水平的提高，逐渐改为蓝色石棉瓦顶。

2. 傣族民居的特征及思考

首先，它是适应自然环境的，这也是干栏建筑的结构基本构架能保留至今的原因。架空利于通风、散热防潮，还可以躲避虫兽等。

其次，傣居的围护结构轻薄通透也与当地的湿热气候有关。建筑的构造最初是满足人们最本能的生存需要，功能实用性强。傣族民居形式中的主要建筑风格不仅是对当地民族文化的尊重，更重要的是因地而居，顺应当地的生活环境及生态环境。

3. 建筑装饰

自然界中的槟榔树、大象、孔雀等形象常常被用来作为建筑装饰的创作素材，表达了人们重视艺术的教化作用，以及对大自然的崇尚和热爱，也通过建筑反映出人们对整个外部世界的理解。

图8 勐景来村的寨门

N

1 中心广场
2 文化活动中心
3 稻田
4 水体

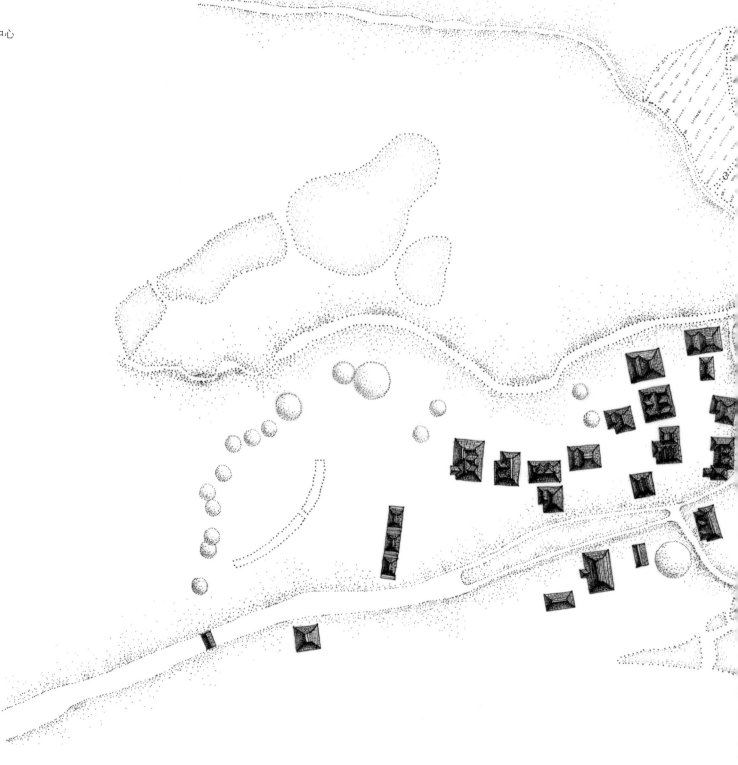

2

1

0 10 20　　　50m　勐景来村总平面图

19

调查对象壹　住宅甲

　　这是勐景来村的一户人家，平面呈方形，属于典型的傣族干栏式民居，入口设置在侧面，并在主屋的屋顶之下增加了一小片屋顶，两侧墙身处加了一层披檐以抵挡强光的照射。

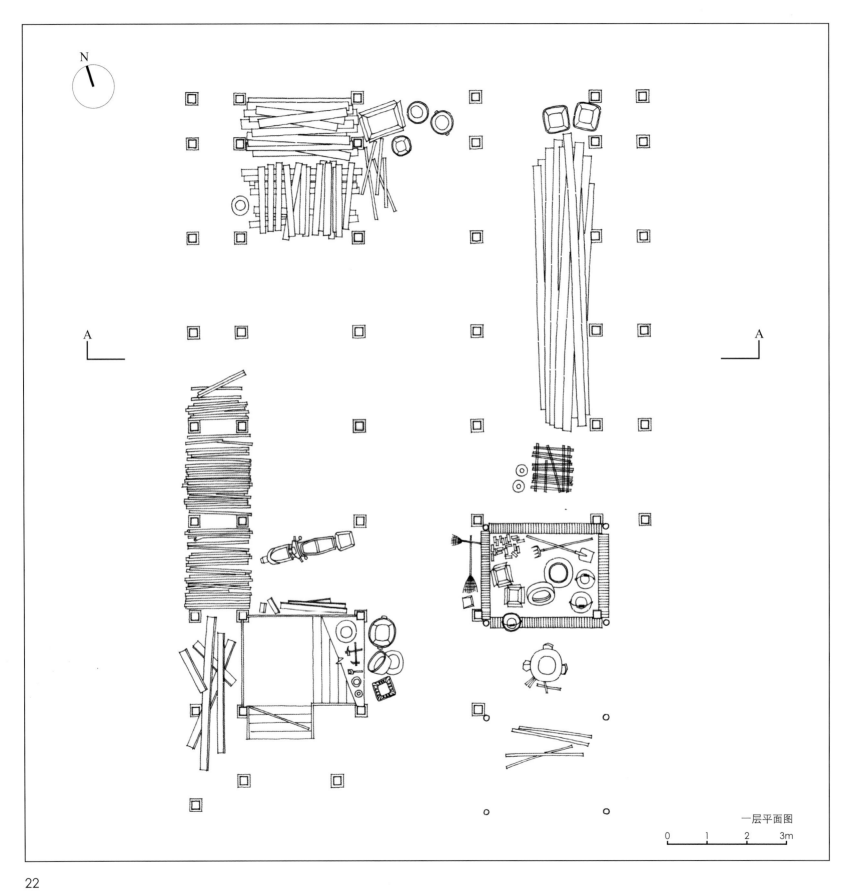

一层平面图

0 1 2 3m

22

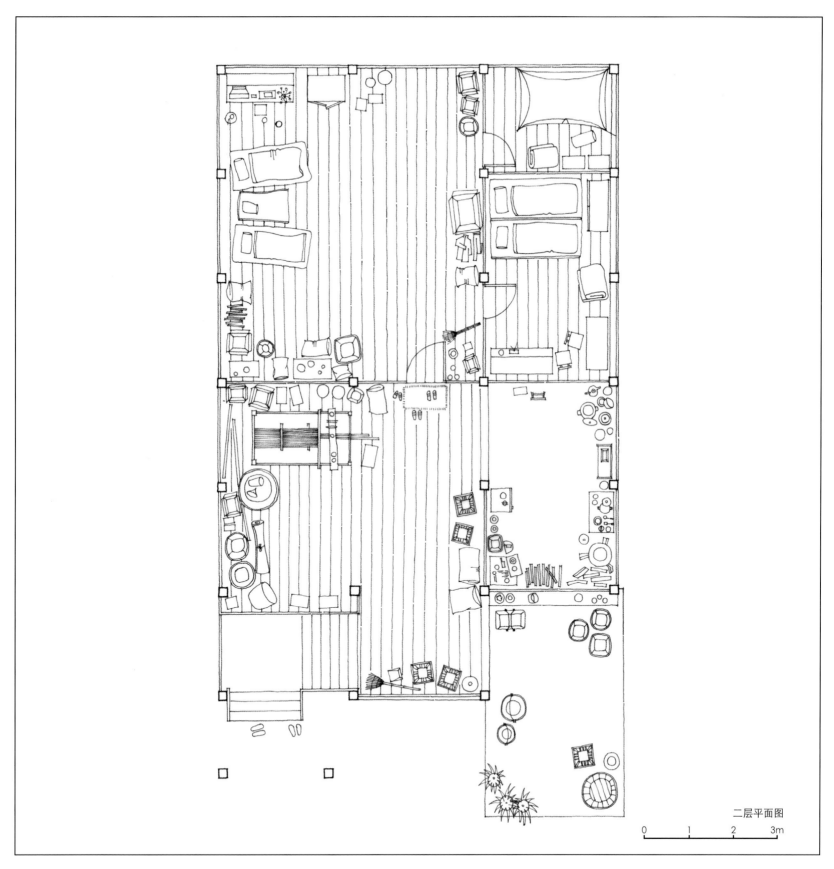

二层平面图

0　　1　　2　　3m

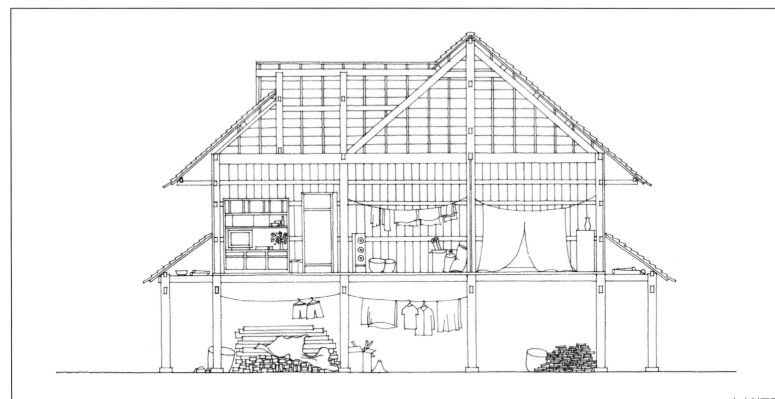

A-A剖面图

南立面图

0　　1　　2　　3m

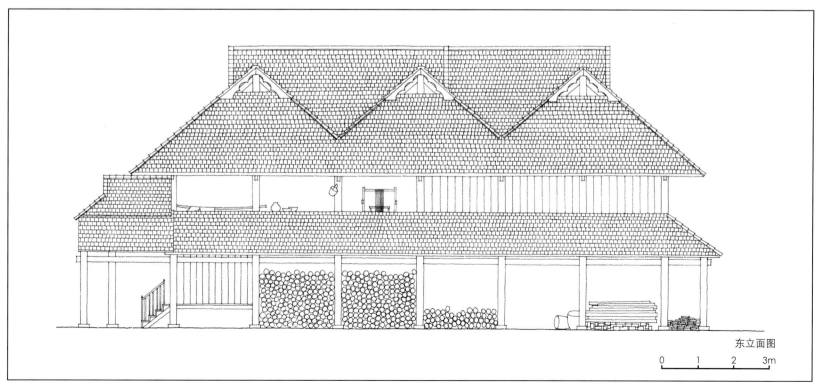

东立面图

0　　1　　2　　3m

卧室空间一般位于傣族民居的二层，其上直接可以触到屋顶，净高偏低，屋顶在木质的檩条上铺设瓦片。由于屋顶的坡度较大常常覆盖住大半墙身，所以村民并没有在外墙上而是直接在屋顶上开窗，并采用了透光的材料代替实质的瓦片，屋内整体昏暗，仅仅在此处漏出些许光线，颇具戏剧舞台般的氛围。室内无床，直接铺设简易的凉席而卧

调查对象贰　住宅乙

勐景来村的另一户人家主体为木构架，与前一家不同的是该户平面并没有呈完整的方形，而是在一个角落向内凹进了一块，此处即为图中所示的入口所在的地方。几乎所有傣族民居的交通要素均为一小段木质楼梯，简洁有力。底层抬高，也是村民日常活动的地方。

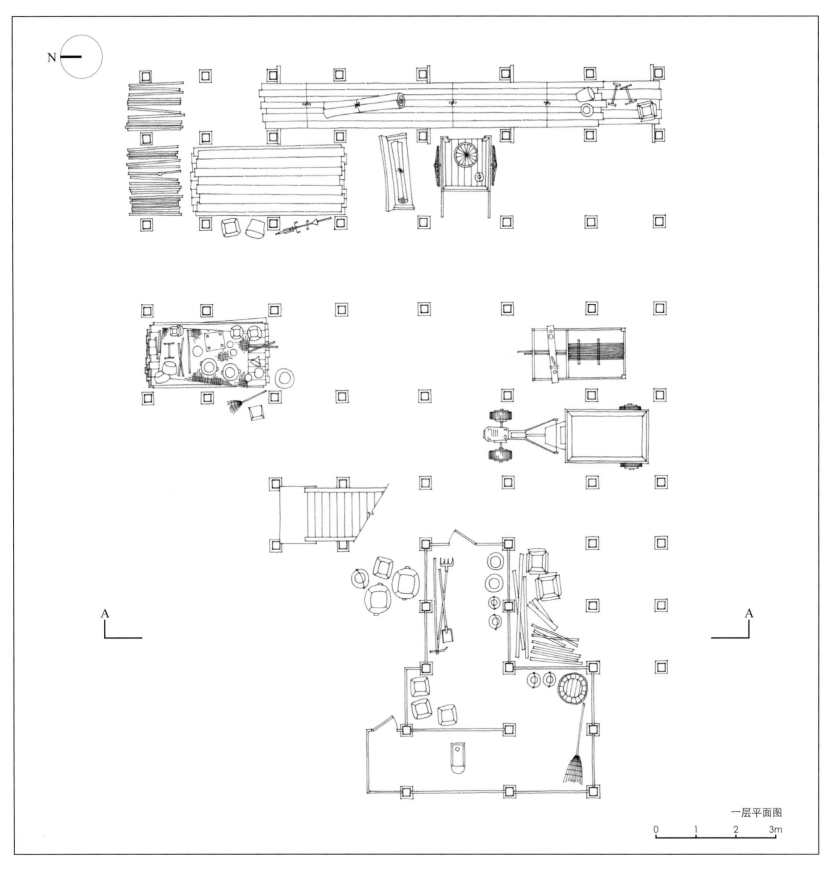

一层平面图

0　　1　　2　　3m

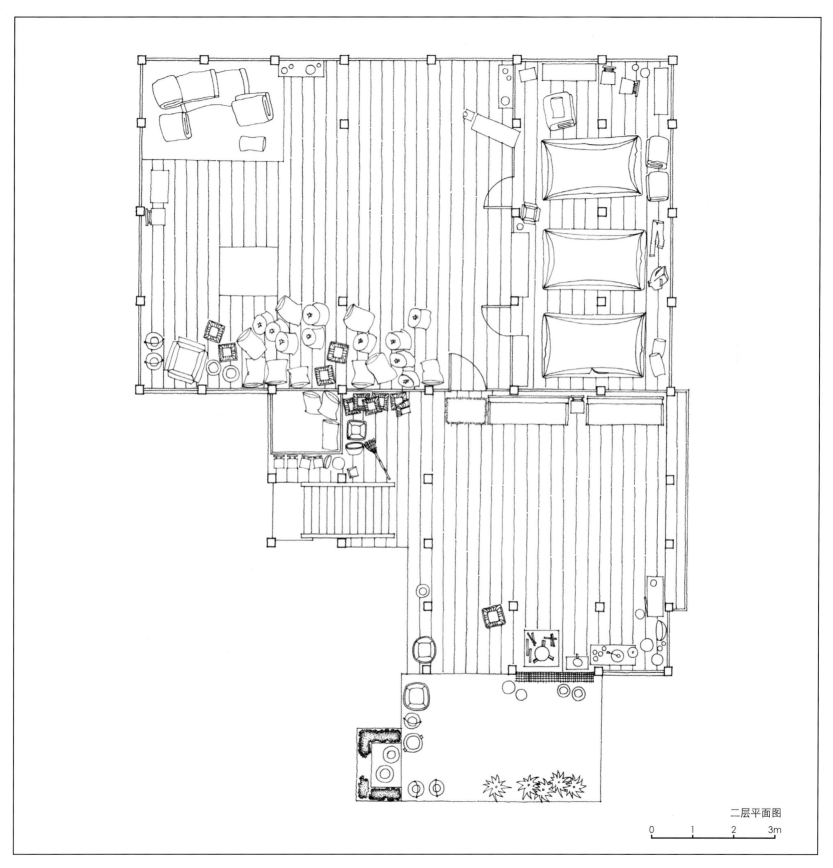

二层平面图

0　1　2　3m

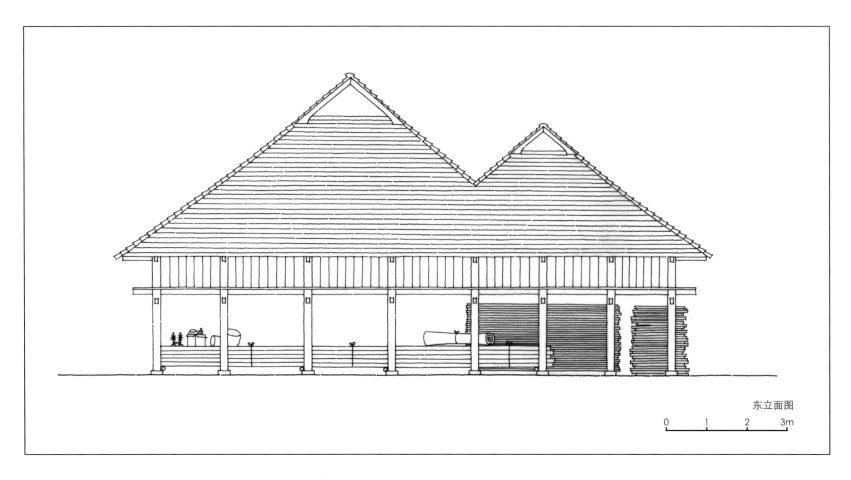

东立面图

0　1　2　3m

这种房屋在日照强烈的南方地区较普遍，通风良好，又能防止虫害。屋顶用当地的瓦片覆盖，其瓦片是顺着屋脊的方向铺放的。整个建筑为木结构，底层局部也用砖搭建一些小的隔间。通常每家的房屋开间较多，建筑面积比较大，位于房屋一角的楼梯连通一二层

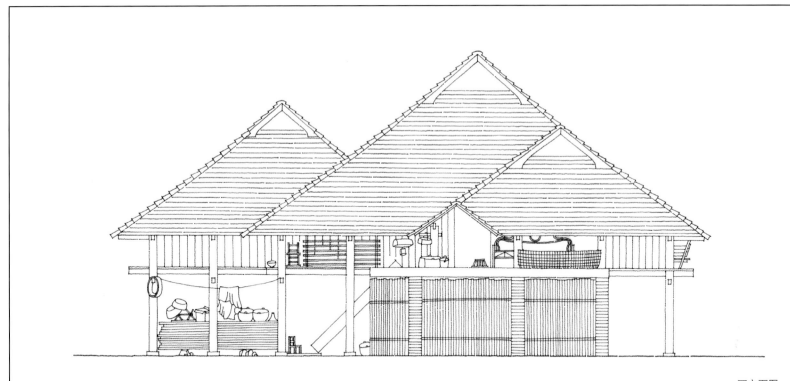

西立面图

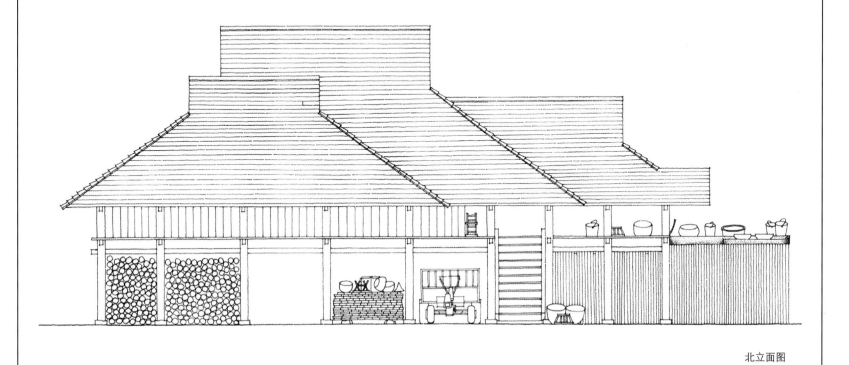

北立面图

0 1 2 3m

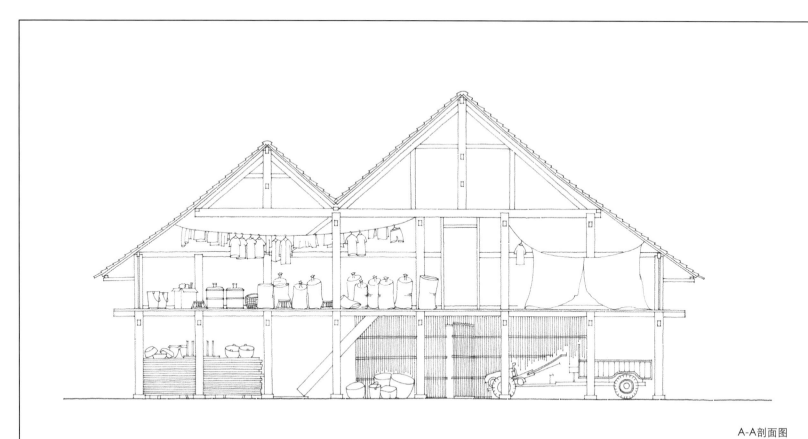

A-A剖面图

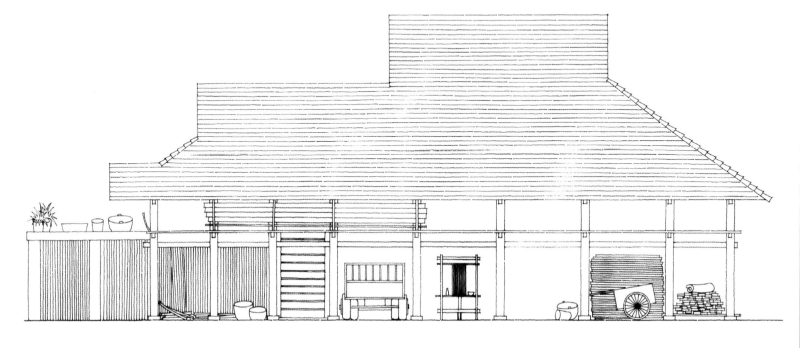

南立面图

0　　1　　2　　3m

在傣族民居屋檐垂直落下雨水的区域，村民常用水泥铺地，并向外侧找坡，便于排水，而其他的地方并没有细致地处理，柱子搁在石块之上，石块直接落在地基的土层之上。另外如图中所示，在屋顶交接的地方村民用一块弯曲的铁皮充当排水管，雨水顺势而下，地面已长出青苔

　　勐景来村建盖新房有两种情况：一种是新建，一种是拆旧建新。如果是新建的房屋，首先是择地，择地要举行择地仪式，向该地的住鬼诉求，仪式由村寨中的"安童"主持。建房前，先进行备料，主人上山找房柱，选择房屋的两棵中柱（一棵为男柱，一棵为女柱），中柱不仅要求笔直，而且要枝繁叶盛，预示主人今后子孙繁荣。备料完毕后，要选择建房的日子，选好后开始建房，用白布一小卷和蜡条一把，在房基处进行祭拜，祈求建房平安。然后请建房师傅、亲朋好友以及村人（一般村中每户人家都要出一个劳力帮助）帮忙建造房子、平整地基、立柱子。在立柱子当天，要将蜡条放在房基四个角，一碗米、一碗谷子、四根蜡条，洗净柱子。柱子用一块红布、一块白布、甘蔗叶、芭蕉叶包裹，预示平平安安。当天还要杀猪宰牛摆宴，以示庆贺

41

2.云南省西双版纳傣族自治州
勐海县西定乡

章朗村

布朗族村落，依山而建，房屋沿着等高线排列。建筑与附近傣族村落的住居相同，同属干栏式建筑。寺院的造型、沙弥的僧衣等，更是与傣族寺院别无二致。村落由住屋、寺院、路亭、粮仓、林木共同构成。

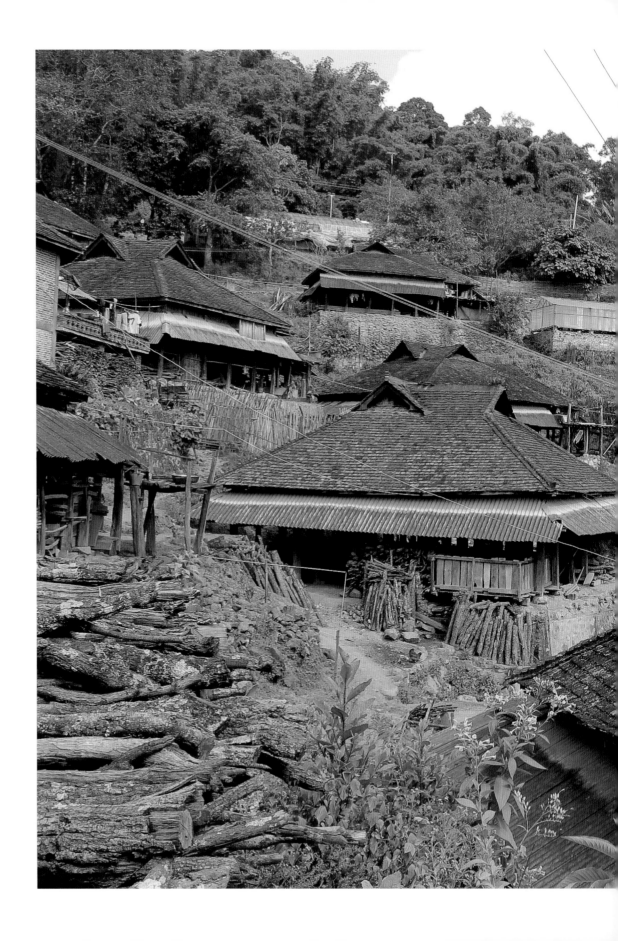

章朗村简介

《勐海县地名志》记载，傣语中"章"意为象，"朗"意为冻僵，"章朗"即僵象寨。相传很久以前，一高僧以一白象驮经传道，至此遇寒风冰雨，白象垂立护主，久冻僵死。那时附近有两个布朗族村寨，闻此以为暗含佛祖启示，就在这儿合并为章朗寨。人称千年古寨，现有史料只记载了七代人的世系，上推至乾隆年间。寺院所藏残碑有嘉庆纪年。

此地位于勐海县西南40余公里山区中，交通极不方便。老寨居恩巩多山之腹，背山为屏，左右以景董山、永汉山、安皎山为护，沙安河向西汇入南孙河，选址上似已考虑与风、水的关系。2000年左右开始在西北的永汉山梁子上建新寨，地方有限，另有西南的景董山一处新址。2007年末共有居民244户，1025人，基本均为布朗族。也因交通不便，这里保留了传统的建筑形制及与其关联的礼仪。新中国成立后，人口增长很快，但章朗人一直都只想方设法在老寨范围内建筑住房，直至无任何余地。在他们心中，寨门与划定的村落界线就是人与鬼的分界线，宅基地只能在划定的寨址以内选择，不能过界。最初，通过占卜确定寨址后，先立寨心，过去以竹、木，现以水泥做桩。然后在东西南北及东南、西南、东北、西北八个方位各立一对界石，划定村落界线。如此寨子即有了心脏，也有了躯体，新寨即告诞生，此后人们方可在此范围内盖自己的房屋。从远处望去，村民的住房依山势层层而下，密密连成一片，嵌在山腰林中。章朗布朗族传统民居即为干栏式，下堆杂物柴薪，圈养牲畜，楼上住人，分门廊、晒台及主楼。从现存老房及图画资料来看，柱直接和屋顶相交，人似住在三角形的空间中。另尺寸小，多4（长）×3（宽）共12根柱子，三开间去掉通廊和楼梯，室内面积很小，只能以火塘为中心，人起居皆在周围。近几年请傣族师傅建盖，也许是经济条件好了的缘故，村中房屋在长、宽上有很大扩展。以测绘该户为例，正房部分柱数为6×6，共36根柱子。室内有条件进行划分，正堂与火塘相通，卧室则隔开。另有房屋采用多屋拼接的方式，由长方形改为不规则的多角形建筑。室内也抬高了，出现了一周墙体部分，摆放家具。外设披檐，保护柱子的同时与大屋顶相配，使朴素的民居颇具气势。

大体上看，章朗的民居与傣族民居很相似，可是礼仪的参与却赋予其属于自身的意义，同时也产生局部建构上的差异。正房入口两侧柱称为男神柱和女神柱，居民生活中很多仪式都围绕其展开。找木料时便须先找这两颗柱子的，再是其余的柱、梁。拉木头、建房竖柱时也是如此。另外在对木材的使用上，柱子要求树尖的方向朝上，树根的方向在下。梁和横置的各种木构则要求树尖朝东或南，符合受力的同时更尊重木材原来的生存状态。只有严格按规矩建房，房屋才是有灵魂的，房主才会健康安乐，其检验标准为燕子早日入住。为此，屋脊在两侧端头椽子交叉出头做架，招徕祥灵。歇山小山墙面上也会专门留两洞口，便其进出。

无论是传统章朗民居的草顶，还是新近傣氏住居的瓦顶，建筑都以灰黑色为主，工艺简单，给人质朴沉稳的感受。与此成鲜明对比的是寺院建筑的红柱橙瓦金饰。其建筑形制与整个西双版纳及邻近的泰国、缅甸的大寺庙相似，技术工艺上也不相上下，为外来工匠手笔，位置上也高于村落，由此营造出一个"神"的世界。南传上部座佛教是章朗布朗族的全民性宗教，过去没有学校，男子必入寺做和尚，少则一两年，多则五六年。不论在寺为佛爷，还是还俗居家，都是布朗族的知识分子，备受尊敬。生活中的众多礼仪将常人与神的世界关联起来，受其熏染。

在村庄外的各个路口或一些道路的半道上还建有很多亭子，经书上称为"沙拉"房。平时供路人休息，遮风

图1 村口供人休息的路亭

图2 章朗村的寨心

图3 章朗村中的白象寺

避雨；过节时，遇有人生病认为不吉，送于此中安置，事后方回家。章朗布朗族认为修亭乃行善之事，多愿赊建，村寨周围多达20处。外观上，有模仿民居成旧式的歇山四坡面或新式的两层分离屋顶，尺寸缩小；另在重要位置有模仿寺院建筑成两坡顶重叠，下置披檐，也是规模小得多。内部结构上，一是外圈留空，内部架宽板，可坐可卧，或为病人节日时准备。一则靠两侧各设一排木板或木条凳。亭外还要竖一独木柱，顶雕莲苞，中凿孔插板为台架。行人于此休息饮食时，都要在上面放些做礼。

比路亭更小巧的是村口的粮仓，成群静静地驻立在树下林间，似一个避世的微型村落。同是传统民居的缩小版，但因底层架高，上部封闭，更像是一间间小宅。3×3根柱子的正方形布局，相当于过去老屋的正房大小。其中一面凹入，内两侧木墙面上，设小窗洞似做取粮。架空柱与楼板交接的端部缠一圈白铁皮，以防鼠患。过去建筑都是草顶，为防火灾后缺粮，便有了这样的办法，也是因为旧式房屋面积小，无余地可放，故成为一道风景。后来新房面积增大，也换了瓦顶，粮食就放家中了。

除人造的建筑之外，林木也是构成章朗村落的一部分，不仅是风景绿化，而且也通过仪式与生活发生

因人口的增长，老寨显得较为拥挤。大坡顶成为章朗民居的最醒目部分，一层披檐遮住外墙，与上层屋顶只脱开一条缝，显得庄重而神秘。新近盖成的红砖房及蓝瓦顶在整体灰黑的朴素环境中很不和谐

关系。神林有祭水神、送日子之王之处，并有两条鬼街，因此得到较好的保护，养水固土。另有迎日子之王树和猎神树及送日子神之树，布朗族很多节日活动便在树下展开。在日常礼仪中也会给一些树种赋予特殊意义，如村中道旁常见的鸭嘴花，建房竖柱时便须系在神柱上，上新房和泼水节皆用以蘸水撒洒。而此水则须经寺院附近，和尚取给的豆荚泡成方显洁净。当地人认为佩戴此物可辟邪护身。

在满足基本的使用功能之外，通过仪式的升华，建筑及其环境从单纯的物件成为带有文化意义的存在，暗示其源头自然的神圣，使人在使用中保有一份感激和敬畏。

1 寨心
2 通往章朗总佛寺的路
3 稻田
4 村口

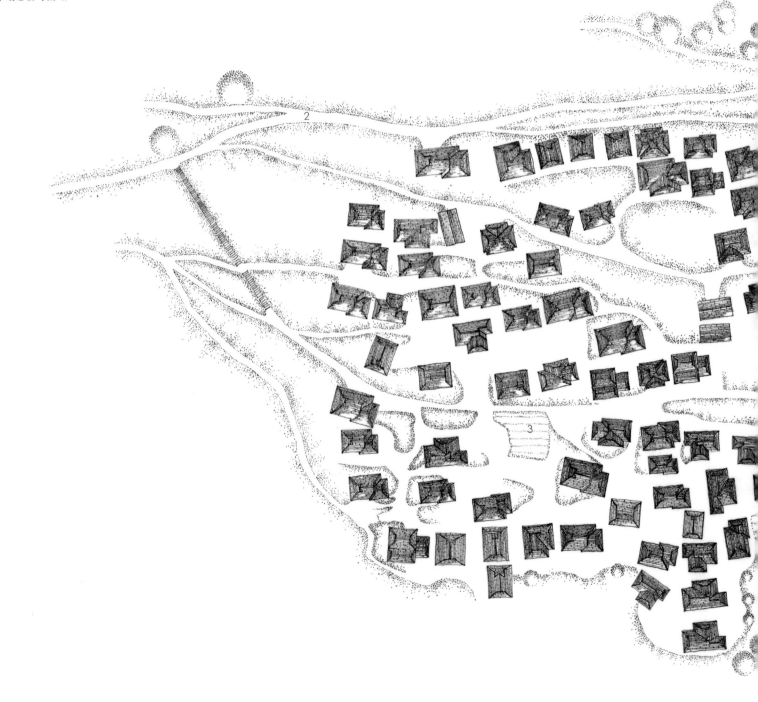

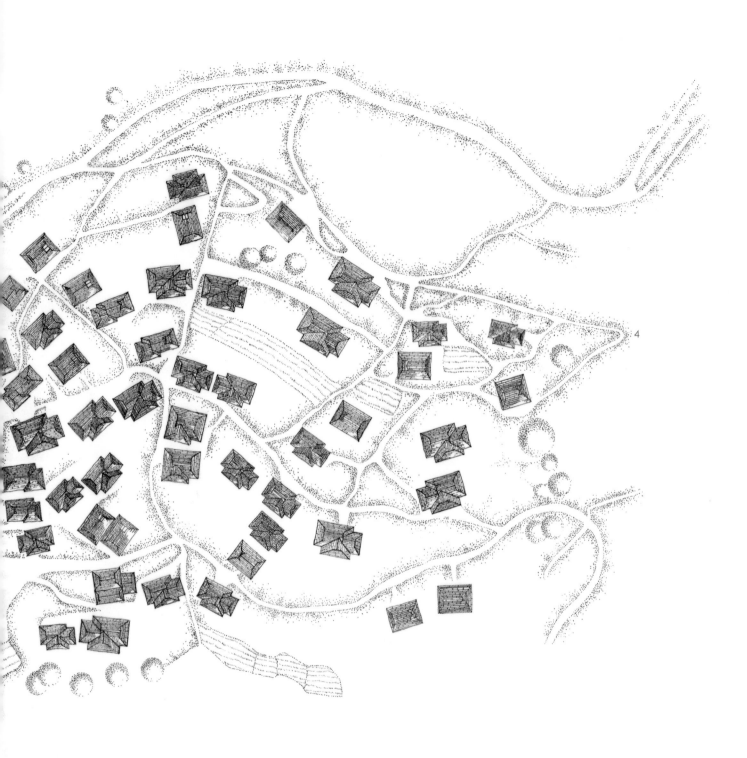

0 15 30 60m 章朗村总平面图

调查对象

底层架空搁杂物，楼梯上至二楼外走廊，尽头出口，接木条搭的晒台。屋脊处仅有一人高，端部有一装饰物，中为十字，两旁似伸出两臂屈举，即为招揽吉祥精灵的燕子架。

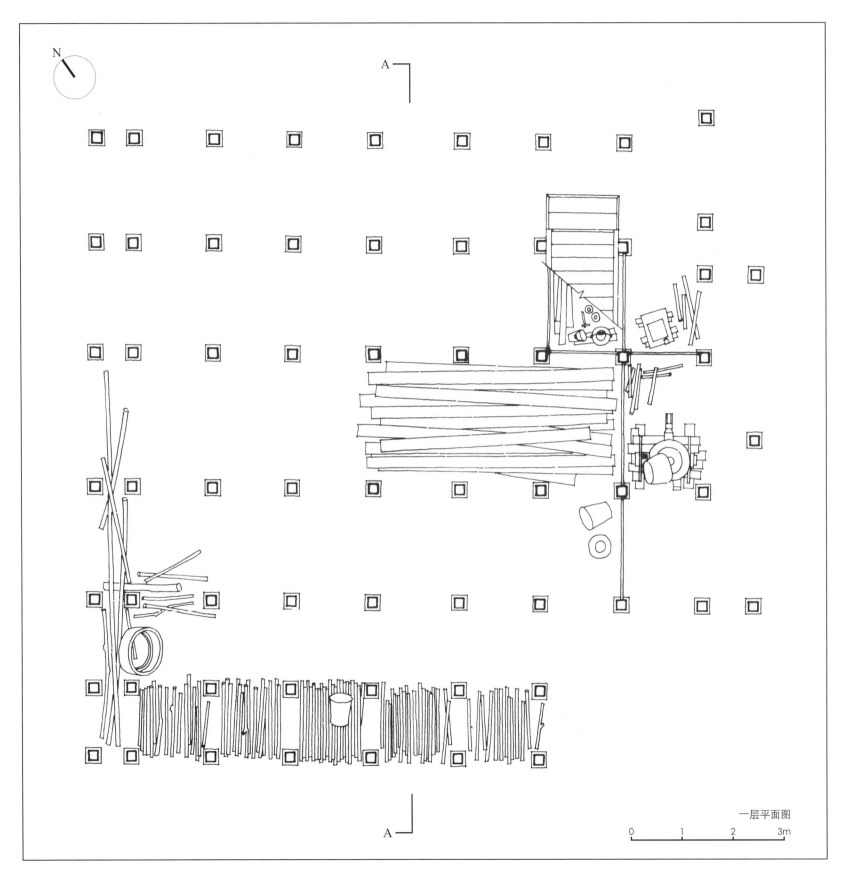

一层平面图

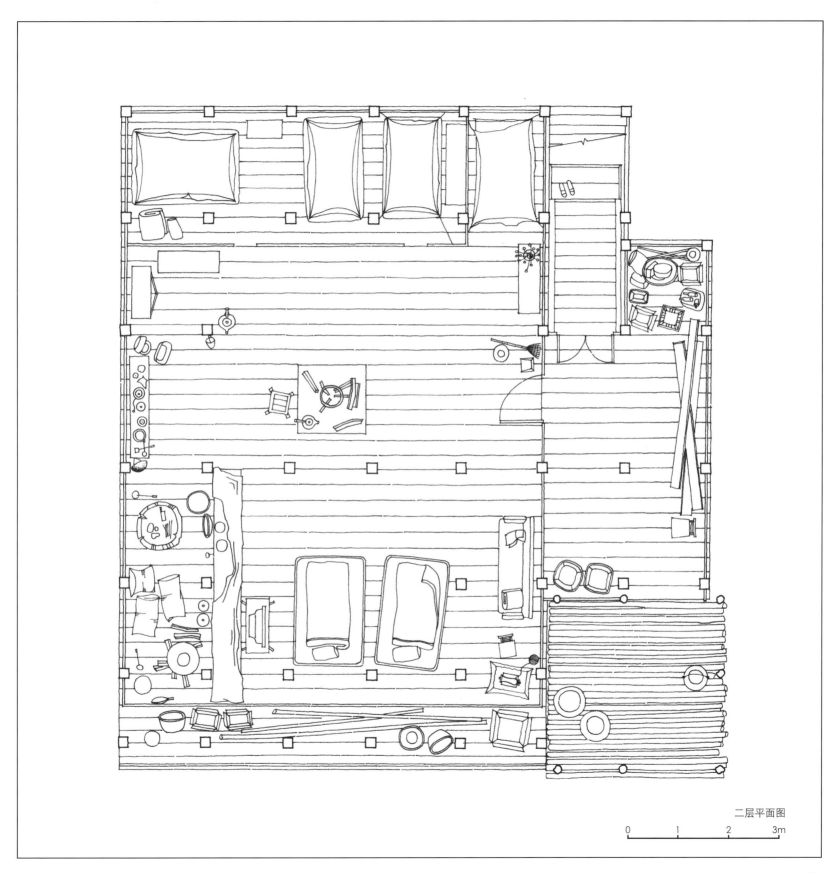

二层平面图

0　　1　　2　　3m

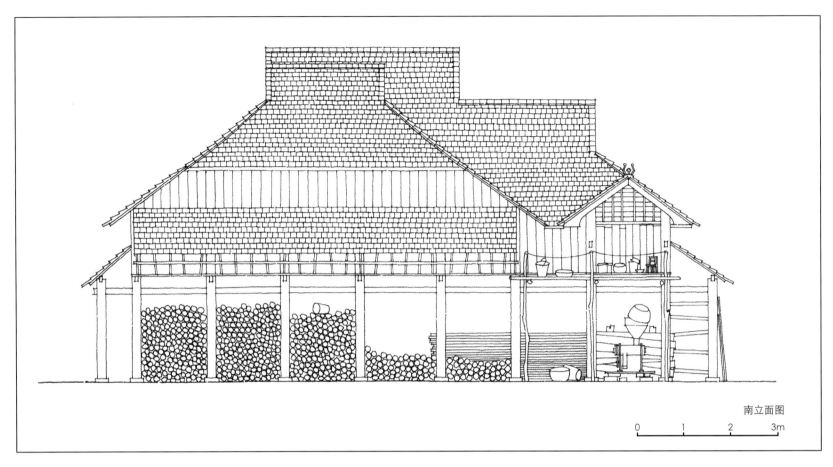

南立面图

0　　1　　2　　3m

　　调查对象室内，对火塘及入口，沿墙布置厨房用具的搁物架，前有一排柜子，从起居室划分出靠墙的一个杂物间。虽模仿傣族民居，屋顶架高有了矮墙，但并没有开窗，室内昏暗。仅墙顶交接处部分脱开一条缝透出光线，边缘不平的木地板间也呈现出条状缝光

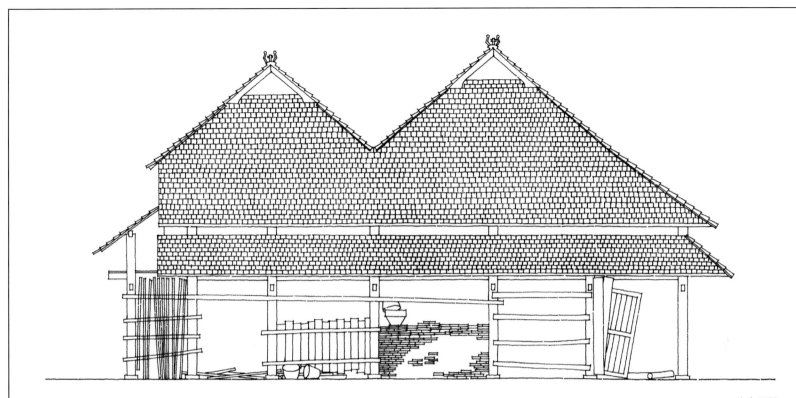

东立面图

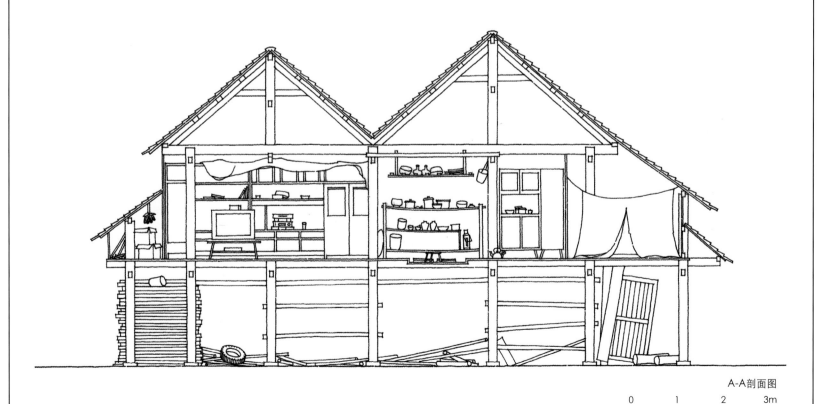

A-A剖面图

0　　1　　2　　3m

西立面图

北立面图

0 1 2 3m

一层上楼梯后，走廊尽头，接室外晒台，为房屋光线、空气最好的位置，适于做家务和休息。从廊道屋顶外接的小三角屋檐与门洞两侧及晒台边缘围成一景框，外明内暗，地板采用当地的木材切成条状铺设，外面是山坡下的密林

布朗族章朗村民居

布朗族章朗村粮仓

章朗村民居轴测图

　　调查民居主体部分屋顶沿长向分为两个歇山顶，外走廊屋顶从主顶靠前部分侧面延伸出，并在后方低处伸出小三角顶接晒台。该片屋顶下沿墙一周为披檐。主体的正室部分柱网为6×6米，呈长方形平面。入室火塘处的堂屋减柱三根，相邻起居兼卧室处减柱两根。

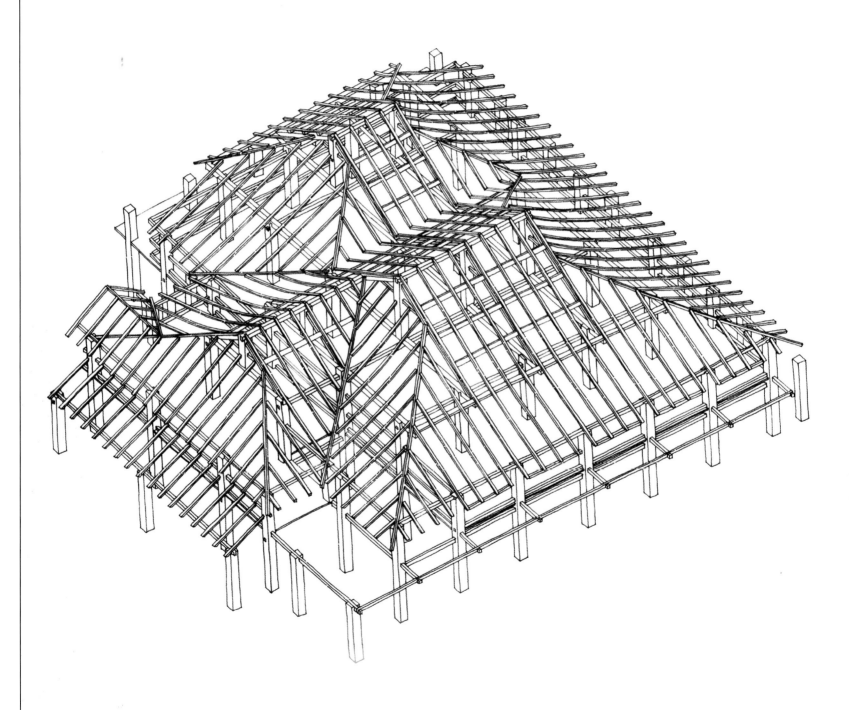

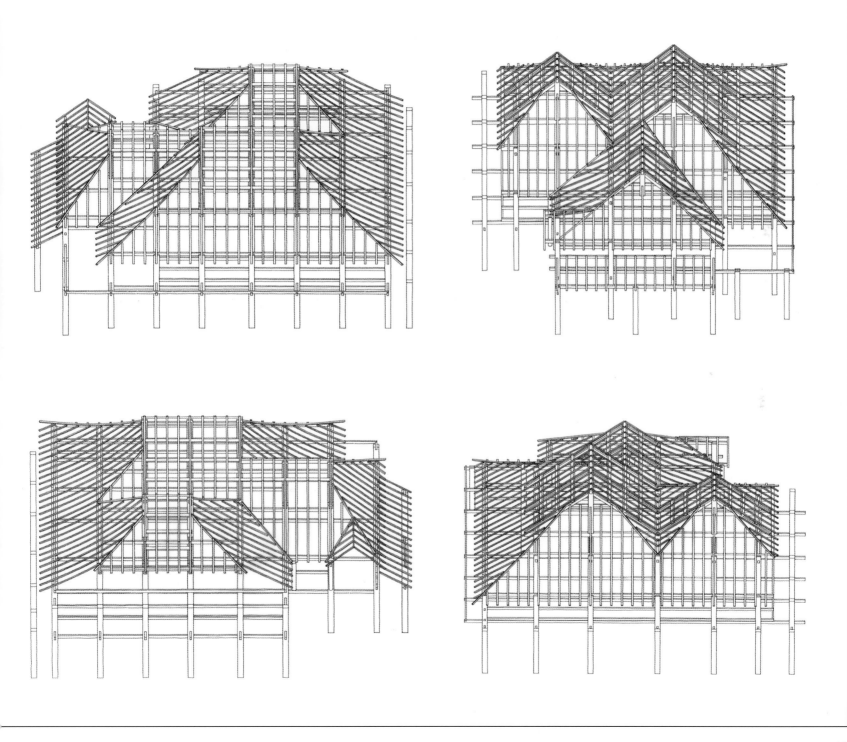

3.云南省景洪市勐龙镇
曼飞龙村

曼飞龙村的民居为干栏式建筑，木结构加瓦屋顶，建筑四周伸出一圈披檐，底层堆积柴火等杂物，门前多有一个简陋的棚架，种植树木。村落有一条主要的水泥硬质道路，村子整体生活水平相对较高，各户都有农用车等运输工具。

曼飞龙村简介

曼飞龙村位于云南省西双版纳州府景洪县的勐龙镇。"勐"在傣语中有"地方"的意思，而"龙"则指"狭长的平坝"（坝，在我国西南地区意指平地、平原）。曼飞龙村位于勐龙坝区平坦的南部，依山而建，山顶坐落有远近闻名的白塔，是小乘佛教的宗教活动圣地，建造于1204年。在傣族的传统文化中，村寨依照组成的聚落成员往往被划分为不同的等级，依次为"傣勐"（指土著）、"领因"（指迁居者）和"宏海"（指杂居者，其成员包括被各寨赶出的"琵琶鬼"以及麻风病人）三个等级。曼飞龙村属于最高的"傣勐"等级，与白塔的相伴使其成为了该地区历史悠久并且享有声望的傣寨。

曼飞龙村选址于山脚，水田分布在坝子中，在坝子边缘的丘陵地带，民居呈"一"字形横向排开并顺延山体的等高线逐层升高，村寨的背后则是茂密的山林。整个聚落背山面坝，其选址体现了傣族村寨典型的布局理想，同时与其生产生活方式亦有着紧密的联系。居住于坝区的傣族常常以稻作作为主要的生产方式，因此在建寨选址时，聚落往往紧邻水系丰富且平坦的区域，确保有足够的可供耕种的土地；而聚落倚靠山林，又使得聚落中的成员可以便宜地获取林地资源，诸如竹、木等建造材料来修建房屋、猪舍等。

街院式的布局是曼飞龙村聚落空间的典型特征。民居与院落二者共同构成了聚落内部最基本的空间单元，属于个体生活领域。同时，聚落中还包含有寨心、神树、水井、佛寺、白塔等公共生活空间。寨心和神树位于村寨中主干道的旁边，神树是一株古榕树，寨心的标志是榕树下的一个小神龛。在傣族的传统文化中，建寨要先立寨心，它是村寨的心脏和灵魂所在，也是聚落中的成员集会、祭祀、打歌的场所。水井是曼飞龙村寨中另一处重要的交往空间，其上覆有井塔，其下部类似塔身、塔刹，却没有佛塔那样的高耸。四周彩绘鲜丽，镶嵌大小不一的圆镜若干，有的井塔亦塑有白象等佛教神兽作为守护的象征。在曼飞龙傣寨中，水井不仅仅用于取水，同时也是聚落中的成员休憩、闲聊的交往空间，其内往往有置有蔑凳、水罐等。佛寺位于村寨入口不远处，为抬梁式木结构，两圈柱廊将佛殿内空间划分为高低、宽窄不同的内外两部分。内圈柱廊高耸挺拔，上面覆盖着陡峭且呈曲面的歇山式屋顶；外圈柱廊低矮，其上覆盖着四坡坡厦屋顶。佛殿内置高大的佛祖塑像以及各式仪仗佛幡，殿柱上绘有金粉彩画，殿墙上绘有色彩艳丽的长卷壁画，同时压低的檐口透入的暗淡光线烘托出殿堂内部神秘的佛国氛围。佛殿屋顶造型复杂华丽，歇山陡峭的同时具有柔美的曲线，并且屋顶多分段，垂檐机构层次丰富，蔚为壮观，极具东南亚宗教建筑的色彩。

曼飞龙村的民居属于典型傣族干栏式民居。以老村长宅为例，平面呈L形布局，底层竖立数十根木柱作为桩基承托住屋上层的荷载，底层柱网之间的空间往往用来储藏薪柴、搁置杂物，或者利用竹竿木板围出牲畜圈舍以便饲养。村民的日常生活大多展开于住居的上层空间，上下层之间以一段10级左右的梯段相连接。登上楼梯之后，并不是直接进入民居的内室或者堂屋，大部分民居都有相对开敞宽阔的前室空间，并与晒台相连。在采访中了解到，这种空间的布置缘于对当地气候的适应。西双版纳地区气候湿热，相对于封闭幽暗的内室，开敞的前室具有良好的通风及采光条件，更适合日常起居生活。从老村长宅的测绘平面图中便可以看出，前室布置有茶几、沙发以及床铺，是休憩与会客的场所，同时家中的妇女也在此处进行织布、编席等家务活动。内室是聚落成员饮食与就寝的场所。厨房位于内室入口的左侧，内室右侧有竹席或者木板制成的隔断，形成通铺，是家庭成员中晚辈的主要就寝场所。家中长辈则睡在内室与入口相对的一端，标示出一家之主的地位。

图1 村民的竹编工艺

图2 宅前的晒场空地

图3 曼飞龙村民居的瓦屋顶

N

1 村口
2 稻田
3 通往曼飞龙白塔

曼飞龙村总平面图

0 10 20   50m

调查对象 村长宅

　　调查测绘的民居为村长的房子，入口旁为一堵围墙，晒台是用砖堆砌的，有低矮的铁质栏杆，通到二层的楼梯搁在一个抬高的平台上以防潮和虫蚁的危害。整体房屋材料颜色比较灰暗，仅二层的黄色木板围护格外显眼。

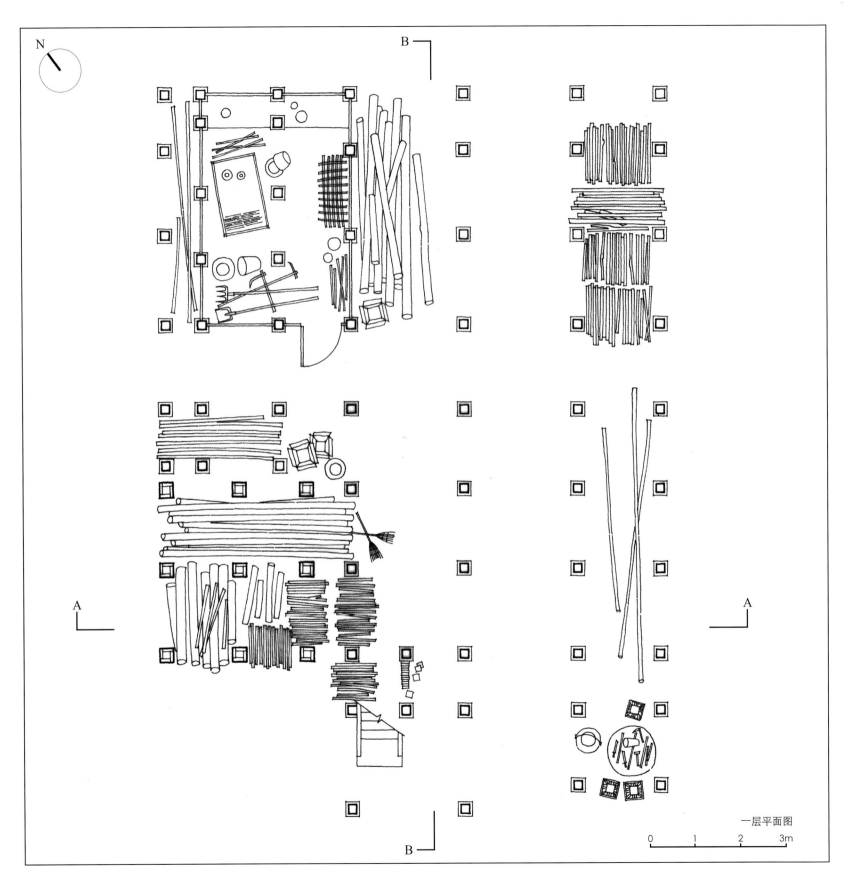

一层平面图

0   1   2   3m

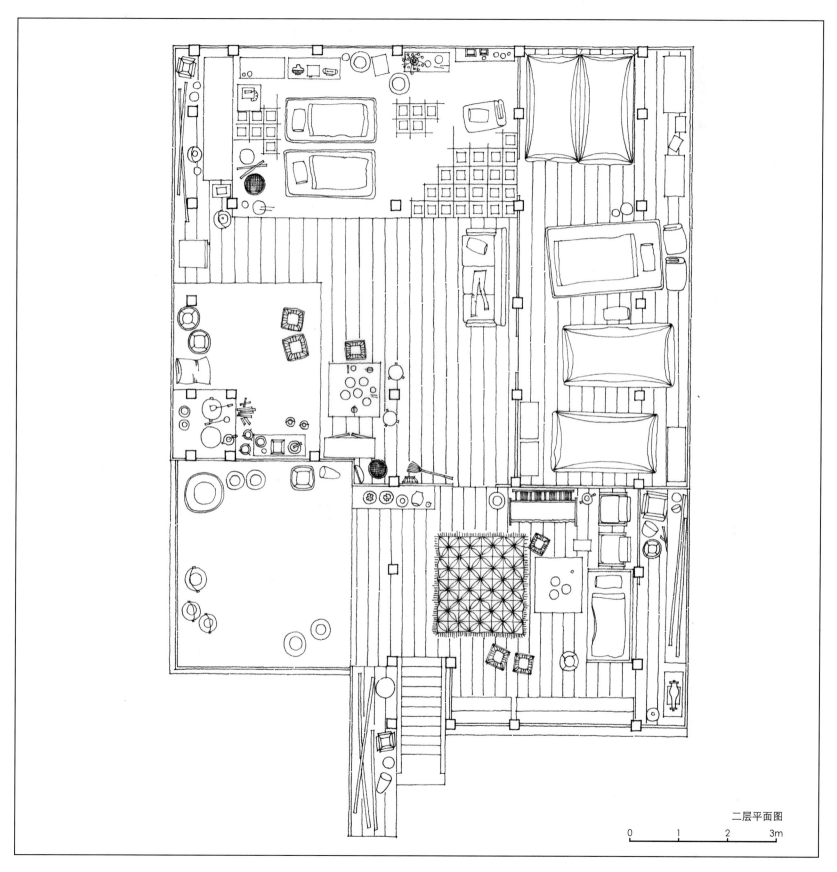

二层平面图

0　　1　　2　　3m

在居民的日常生活中，时常会使用到各种器具，它们既是人们身体的延伸，也作为一种生活的道具陈设在昏暗的室内空间里，条状木板围护的墙体可见到漏出的束状光线

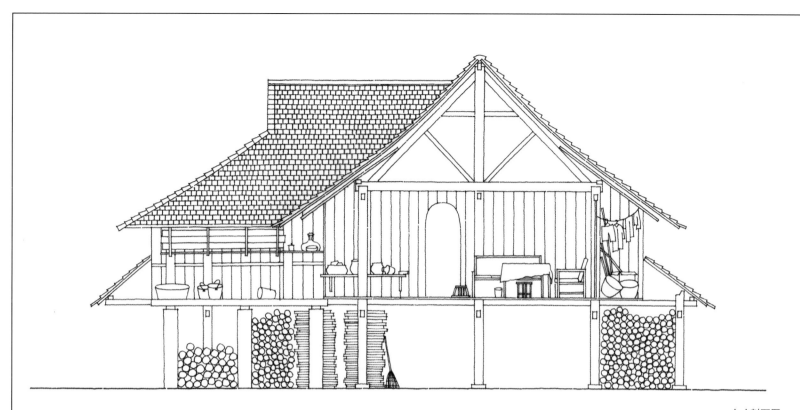

A-A剖面图

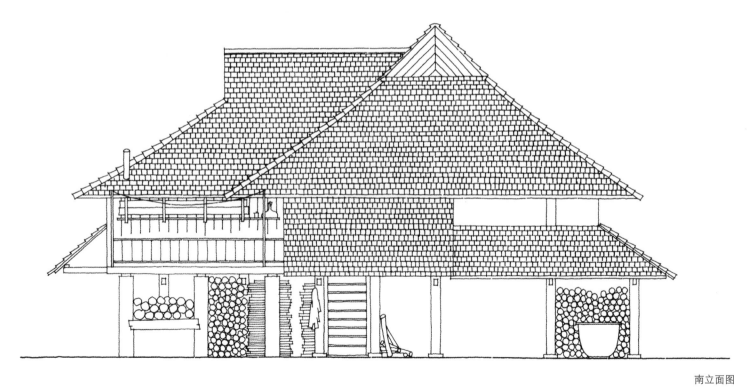

南立面图

0　　　1　　　2　　　3m

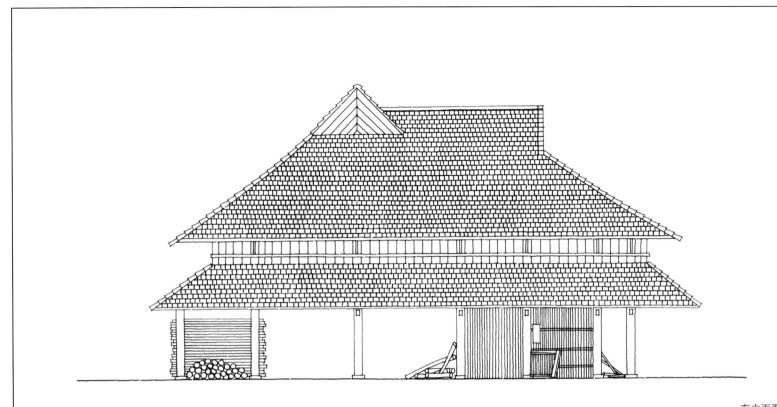

东立面图

B-B剖面图

0 1 2 3m

曼飞龙村竹楼占地面积一般为100平方米，以数十根木柱为桩，墙和楼板多以粗竹直剖压平而成，墙壁大多无窗，分为上下两层，上下层有7~9级台阶的楼梯相连，楼上一般用竹片或者木板做围护墙体，供住人和起居之用。屋顶为双斜面，盖以编制的草排。村民们信奉佛教，除了宗教生活以外，当地还有泼水节、开门节、关门节等传统节日喜庆活动，图中所示为村民们正在用竹片编制篮子等器具

曼飞龙村民居的前廊空间是一个比较独特的空间构成，它很好地衔接了外部空间与私密的内部空间，是一个充满各种功能的暧昧的存在，在上部的大屋顶与墙身的披檐之间脱开一条缝，既可以采光又可以通风，还可以提供视线的交流，是一处不可多得的生活空间

4.云南省景洪市勐龙镇
曼干边村

曼干边村隶属于景洪市勐龙镇勐宋村委会，坐落于山区，距离村委会一公里左右，村落整体面积在7.56平方公里，海拔在1620米左右。全村共有60户农户，村民主要靠种植茶叶为生。村落被绿树所环绕，进村的一条水泥路横穿整个村落，民居类型为干栏式，村落的整体外观透出一种"白色"文化气息。

曼干边村的民居一般由一座主屋和周边的院子构成，用竹篱笆隔出各家的领域，宅院周边散布着菜圃、畜圈和草料库等。这座民居位于村落中间，临近村落的一条主要道路。主人从主要道路铺设出一条辅路直通自家一层入口楼梯。上楼后左侧为附加的晒台，简单的几根柱子撑起木板，围栏也用的数根竹子。连接方式采用的是绑扎法和铆接法，这户的屋顶并没有用当地的筒板瓦，而是石棉瓦材质的

83

沿着村落的主要进出村道路有一条沟渠，贯穿整个村落。图中所示为沟渠一角，上面为用简易的木头搭起的菜棚子，是村民私家的菜地，而曼干边村的耕地集中分布在村落的外围

在傣族干栏式民居的建造中，柱子是最重要的一个元素，除了结构上的重要性以外常带有一定的意义，比如祈求安康等。立柱是建房过程中一个重要的阶段性仪式，墙体相比之下就显得不是那么重要了，多用竹篾来加以围合，有些甚至都没有"安装"在建筑上，而是直接搁在地上靠着柱子形成围合

这是一个年代比较久的民居，靠近村落的主要道路。在道路和住宅之间有一跨过沟渠的小桥，自家的农用车可以通过并运输木材等杂物。门前为一简易的凉棚，种植了藤蔓和作物等。主屋和披檐的屋顶都没有用石棉瓦，而是采用当地的缅瓦，块小而数量多，呈横向排布

在曼干边村落中，屋顶是一个非常显眼的元素，它的体量足够大，遮盖了底层的围护墙体、架空的柱子、地板以及各种各样的室内陈设物等。它不仅在功能上起到了遮风避雨的作用，同时也在整体村落的外观形态中起到统一、糅合杂乱的作用

5. 云南省景洪市西双版纳傣族自治州
大巴拉寨

大巴拉寨又名巴拉，村子位于群山之间的一个山顶上，掩映在周围绿树之中，呈狭长形态，住户不是很多，是一个聚集型的聚落，其中有一条主要道路贯穿整个村落，房屋沿着这条主要道路分布在两侧。编织作为朴素的构造工艺，在民居房屋的建造中用途广泛，而编织的图案也呈现千姿百态的变化，图中的这家民居的围护墙体有竖直的毛面平缝木板，有呈菱形的交叉竹篾片墙，有横竖穿插的细密竹编格栅，有的是安装在开间的梁柱之间，有的只是搁在地上。

在大巴拉寨的入口处有一个木制的门，左右各有一木制塑像，门在聚落中代表着边界，是一个领域的开始，也是一个标志性的存在，突出地从周围环境中显示出来

装饰在聚落中随处可见，从大自然更广泛的意义上来说，聚落本身以及其中的民居就是一种大自然的装饰。大巴拉寨入口木门横梁的中间为一木片编织的呈圆形的独特图案，在强调入口边界的同时也代表着爱尼族的当地文化

建筑的构造材料在聚落中是极其有限的，而根据材料的不同，建筑的结构方式也不同。这家房屋的主屋为木构架的干栏式民居，旁边各有两个小的建筑，一个是砌体结构，在红砖顶部放置木梁，梁上架板，另一个为单独的梁柱木结构，采用了榫卯连接方式

在民居的二层生活空间中，仅仅在卧室部分是用隔断分离隔开的，保证就寝的私密性，从室内可以直接看到房屋的屋顶构架，瓦片、檩条、梁、柱、楼板等建构要素构造关系明确，坡屋顶所带来的中间高两端低的空间模式使人更易感受到尺度的意义

左图：

这户住宅的二层为主要的生活起居空间，图中所示为火塘，其他地方为木地板，仅火塘所在区域是用黄土填实的，火塘常年不熄，是家人生活的核心所在，火作为一种原始的宇宙元素，在传统村落中更加鲜明和重要地存在着

右图：

这户人家的楼梯上端进入主屋之前有一道木板门，楼梯代表连接，门代表分隔，两者联结了民居的表与里、内与外

6.云南省普洱市西盟县勐卡镇

大马散村

　　大马散村系西盟佤族村寨，海拔约1600米，属亚热带气候。住宅的原有形式为干栏式竹篱笆茅草房，屋檐出挑较深以适应炎热潮湿的气候。自20世纪90年代开始，大马散村民逐渐替换茅草屋顶为石棉瓦屋顶，但仍延续干栏式竹篱墙的建筑原型，聚落格局亦得以保存。

干栏式竹篱墙茅草竹楼的民居形式，是大马散佤族在落后生产力条件下适应气候和环境的最佳选择：从建造过程看，首先栽若干木桩，顶端保留树叉，用以梁托，梁上再搭设竹竿，之后覆盖以茅草（今以石棉瓦替代），构造简单适宜快速建造；从材料选择看，竹子、茅草和圆木（以及如今的石棉瓦）大多是就地取材，大大降低了成本；从适应气候看，房屋的构架或维护构件都为竹木藤草，可随着天气的变化而变化——天气干燥时，竹木藤草收缩使得风可从缝隙中鼓入；天气雨湿时，纤维受潮膨胀使得墙壁密实，既可以防水又能防风

大马散村在解放前仍沿袭着刀耕火种、刻木记事的原始生活方式，至20世纪80年代，村落的基本格局和传统风貌未经大改，直到90年代后石棉瓦的加入才导致了如今建筑风貌的变更。然而从另一方面来看，材料的替换并未彻底改变建筑原型，大多数住屋仍保留了干栏式架空、竹篾编墙和屋顶双坡加披檐的形式，尤其重要的是，延续了住宅内部的火塘所存在的意义，这种自下而上的微调或许也算是一种传统的延续

105

佤族干栏住宅大多侧墙不开窗户，而是在屋顶设置玻璃明瓦，因为火塘长期的烟熏作用，透明板逐年积累了烟熏油渍，从而使得外部透入的光线得经由油渍折射而入内，最终形成了一种迷人的橘红色色调

7.云南省普洱市西盟县勐卡镇马散村
永俄新村

　　永俄新村系西盟佤族村寨，聚落背靠原始森林，向低处开阔而平坦的中央农地围合跌落。民居形式为典型佤族草木结构的建筑，上屋住人，下层栖畜，室内中央设置火塘。村落民族文化底蕴深厚，其寨门、佤族木鼓房、窝朗房、剽牛桩、鬼林保存完好。

永俄新村简介

图1 永俄新村入口的寨门

永俄新村隶属于云南省西南部的西盟佤族自治县，位于勐卡镇政府西面，募西路沿线，距镇政府10公里，平均海拔1670米，现有58户165人，全寨寨民均为佤族。

村寨被以榕树为主的山林环绕，落定在一处自高向低的坡地之上，高处背靠山林，低地则展开一片开阔的平地农田。村落的平面配置结构以"主干＋支干"的阶梯形态为主导，村宅一字并列排成若干排，并通过一条自上而下的主干道路串联起来，由山林引向低地的农田。值得注意的是，村寨的中央位置附近有一处几十米直径的丘地，丘地的中央立有一棵树。这一棵树如此孤立的矗立在这样一处地貌之上，并且以这片丘地为中心，周围的村宅都正面朝向这棵树，毫无疑问这棵树的存在是具有强烈的人为意识倾向的，而绝非巧合地生长在这里。这棵树正是永俄新村寨心桩本身，也就是说，在以"主干＋支干"为主导的聚落建构方式的同时，"向心性"这一聚落构成方式同样在永俄村的村落布局形态上产生着作用和影响。

图2 村子内部的小路

村中道路由大石块铺成，沿着支干道路，村宅半行排开，彼此之间保持相对几乎等距的距离，每一处住宅均有宅院，由竹木栅栏划分。佤族传统中标志性的茅草顶已经大部分被灰色瓦片顶替代，只有零星几处家宅仍然保留了茅草顶。而家宅本身的维护结构基本由粗大的竹子和木料构成。进入家宅内部，火塘在家宅的内部系统中占据着支配地位。它成为"厨房、照明、取暖和茶几"这种类似现代家宅中构成物的集合体。一家人的活动都在火塘周围展开：烧水煮茶、做饭和闲聊。屋宅没有开窗的构造方式使得屋内形成暗淡的光线环境，有的屋宅在屋顶开有一个用透明板遮挡的小窗，在火塘的烟熏作用下，透明板逐年累月积累烟熏的污垢，形成鲜明的橘红色。因此，屋宅内部有时在阳光穿过橘红色小窗的作用下，呈现出暗红色的色调。

村宅的低地，是一片平坦的草地和农田。村寨中的居民的集会活动都是在这片宽阔的草地上举行的，草地的边界有一处木鼓房，在集会活动中使用。与其他一些村落的不同之处在于，以永俄村的寨心树为中心的丘地只进行与祖先和神祇有关的祭祀活动，而世俗的集会和娱乐活动则在低地的这片草地上进行。神圣的和世俗的在此处相分离，高地与低地也明示了等级的差异。

永俄新村作为西盟佤族聚落之一，呈现出明显的线性排列和向心性排列并行的构成形态，具有重要的研究和考察价值，是深入观察佤族人生存机制与建筑活动的重要标本。

"落地式"竹楼的坡面。佤族聚落一般沿山坡地布置，因此发展出了适应坡地的两种竹楼形式——"落地式"（本页）和"干栏式"（见下页）。一方面佤族人长期刀耕火种，因环境因素常常需要迁移，故民居搭建方式较为简单，材料以易获得的竹子、木料、茅草为主，另一方面建筑要抵御虫蛇侵害、防潮避湿以及通风散热，故建筑地面皆从场地抬高些许

N

1 寨心神树
2 中心草地广场
3 宅前稻田

0 10 20   50m   永俄新村总平面图

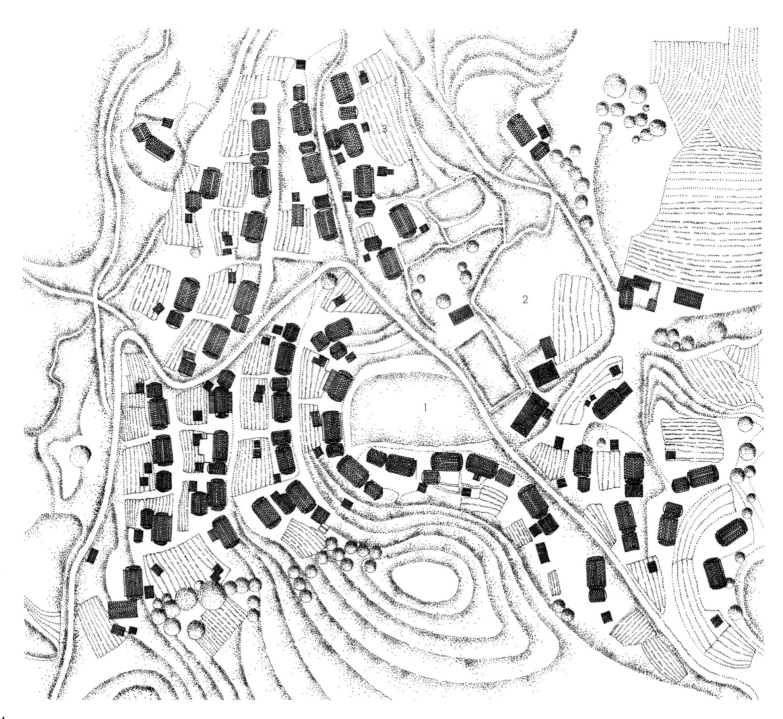

114

"干栏式"竹楼的山面。佤族民居建筑形象最明显体现在屋顶上，因外形呈现为伞罩椎体，故当地人形象地称之为"孔明帽"和"鸡罩笼"。屋顶上部以干草堆叠形成厚厚的覆盖层，正反面以双坡形式压低，山墙面加以独立披檐，下部为竹木编织的结构层，其正面隐藏在草顶之下而侧面则交错地扎出草顶。这种屋顶形式构造逻辑简单，竹木与干草材料直接撞接

该住宅为坡地上典型的干栏式竹楼，底层架空存储木料以及临时寄养牲畜，上层为环绕火塘的居住场所。屋顶正面与背面的双坡出挑较大，披檐以弧形扎入其下，二者将竹篾编制的墙面严实地包裹起来，形成完整的建筑形态

木鼓是佤族民俗活动不可或缺的乐器，历史久远、形制古朴、发音低沉，尊贵而神圣的木鼓都保存在村寨高处的竹制木鼓房里。永俄新村的木鼓房虽然构造简单，却显示了匠师的巧思：首先以12根粗竹分三排插入地面作为结构，然后于中柱设两根横梁，边柱各设一根横梁，三者搭起两片不等高的坡顶，屋顶以对半剖开的竹筒为瓦垄，仰俯相间地紧密铺就

8.云南省临沧市沧源县
翁丁村

    翁丁村位于云南省临沧市沧源县勐角乡。村中居民主要以佤族为主，共有101户住居，其中98户有人居住。翁丁村基地为一个东高西低的坡地，村落整体呈现围合式的形态，住居围绕寨子中间位置的寨心布局，住居外围被居民种植的榕树包围。在调查过程中，翁丁村可以说是仅剩下的既保留有完整的聚落和住居形态又保持有完整的原始生活的聚落，尽管旅游的开发在村子的北部修建了广场、博物馆等参观展示用的新房子，但聚落的主体部分得到了最大限度的保存。

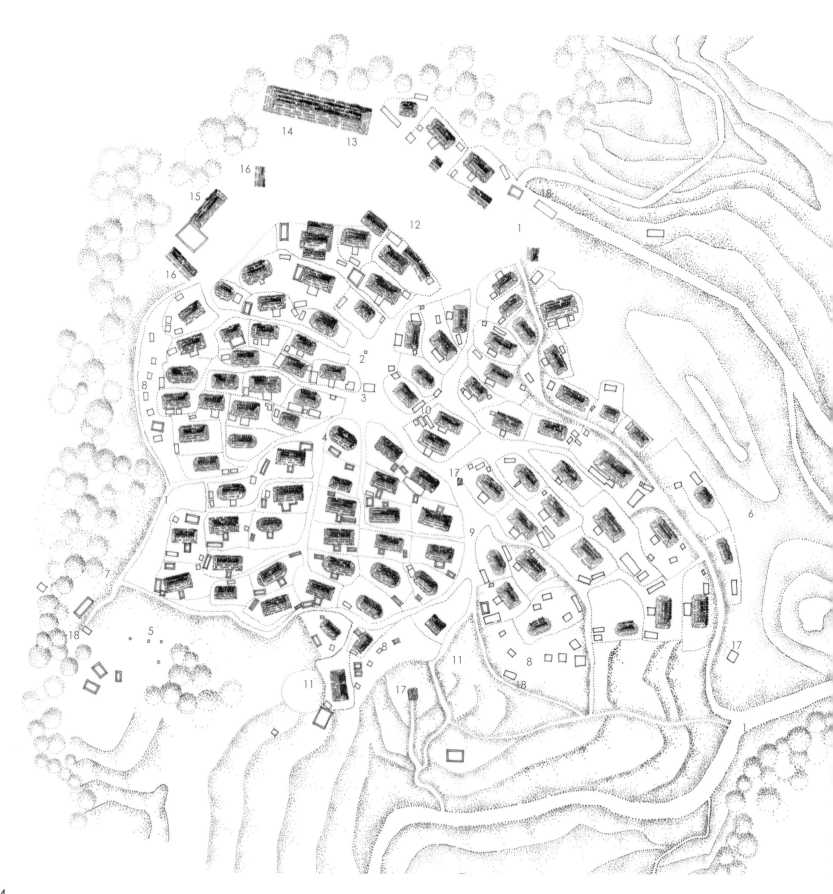

1 寨门、寨口
2 寨心
3 撒拉房
4 住居
5 人头桩
6 神林
7 墓地
8 谷仓
9 道路
10 水沟
11 水池
12 打歌场
13 接待中心
14 博物馆
15 佤王府
16 木鼓房
17 观景台
18 公厕

翁丁村总平面图

0 10 20   50m

翁丁村101栋住居仍然保留着传统的佤族住居形态，使用茅草作为屋顶。屋顶从平面上分类有方形和椭圆形屋顶两种，屋顶的坡度也根据不同形态的屋顶有所区别。佤族居民用"分水"的概念来形容坡度，"分水"是指屋顶斜坡的长度与支撑屋顶的中柱和横向的主梁的差值的比值，最陡的屋顶为7分水，最缓的屋顶为3分水

翁丁村简介

翁丁村位于东经99°05´~99°18´，北纬23°10´~23°19´，海拔1500米，隶属于云南省临沧市沧源佤族自治县勐角傣族彝族拉祜族自治乡，距离沧源县县城33公里，距离临沧市临翔区233公里，属于亚热带和热带气候类型。境内年均气温为22℃，1月最冷，平均气温为10.8℃；5~8月较热，平均气温为21.6℃。翁丁村雨量充沛，年平均降水量为1755.9毫米。历年平均霜期为48天，无霜天长达317天。翁丁村的行政管辖范围包括老寨、新寨、水榕寨、大寨、桥头寨、新牙寨。本次调查的翁丁村指的就是翁丁大寨。

翁丁村周边地势属于东高西低，东侧的窝坎大山海拔2605米，翁丁村就位于窝坎大山西侧山脚的一块突出的地形之上。东西高差最大处约为20米。

翁丁村的周围被各种植被围绕，主要以榕树为主。根据居民的介绍，这些榕树是村寨建立时种植的。树林从功能上在聚落周边可以阻挡风尘，同时种植榕树也和佤族自然崇拜的宗教信仰有关。根据佤族的《司岗里》传说，莫伟对佤族祖先岩佤说"凡有大榕树的地方就是你的住处"，故佤族居民把榕树视为自己信奉的神树。

翁丁村的聚落空间构成中包括寨门、寨心、居民居住的住居及院落、人头桩、神林、墓地、谷仓区、道路、排水沟和水池。由于近些年旅游的开发，人们在村寨北侧修建了打歌场、接待中心、博物馆、佤王府、木鼓房、观景台、公共厕所等旅游服务设施。

翁丁村中共有在册人口463人，其中常住人口372人。村中共有101栋住居，其中有3栋无人常居。

在翁丁村的传统佤族社会关系中，最早来建立翁丁村的人为村寨的寨主（或称头人），寨主实施世袭制。翁丁村最早是由缅甸来的杨姓兄弟所建立，村寨建立300年以来，寨主一直为杨姓居民，现翁丁村中的寨主叫杨岩那。寨主旧时在村寨中拥有极高的权力和威信，村寨中的居民要为寨主劳作，将收获的粮食上缴。后随着社会的改造，寨主已经变成了仅具有象征意义的头衔。

在翁丁村的传统佤族宗教关系中，魔巴是宗教祭祀仪式的重要成员，在仪式中扮演人与神进行沟通的角色，同时魔巴也是传统风俗节日等重大活动的主持者。翁丁村中的魔巴叫肖尼不勒。

翁丁村中居民共分为5个姓氏家族，分别是杨、肖、李、赵和田姓家族。杨、肖、李三个姓氏家族为翁丁村中的大家族，人口数和户数占翁丁村中居民的较大比例。肖姓家族是现在翁丁村中最大的姓氏家族，户主姓肖的共有39户，分为12个支系家族；杨姓家族共有27户，分为6个支系家族；李姓家族共有18户，分为5个支系家族。赵姓家族和田姓家族属于翁丁村中的小家族，为后来迁来的居民，人口和户数较少。赵姓家族共有7户，分为3个支系家族。田姓家族共9户，分为4个支系家族。

翁丁村中100户具有在册户口信息的居民家中，有32户为三辈之家。三辈之家通常都是大家庭，家庭组成员多，平均在册人口在6人左右，平均常住人口4~5人。有59户为两辈之家。这种家庭构成是翁丁村中主要的家庭构成方式，家庭平均在册人口为4人，平均常住人口3人。寨中还有9户为一辈之家。家庭成员包括户主及其妻子。一辈之家平均在册人数为1~2人，平均常住人口为1~2人，9户中有3户为家中只有户主一人居住。

之所以会形成三种不同的家庭构成，缘于佤族居民家庭的分家制。根据居民肖欧门讲述，一般男性居民在成家后就会带着家眷从原来居住的房屋中分家出去，重新选定地点建造住房，家中若有兄弟几个，只留老大或老小在祖寨中居住，其余兄弟均要分家出去单住。在翁丁村居民的家庭构成中，三辈之家呈现的是家庭分家之前的状态，二辈人和一辈人呈现的是分家后的状态。

图1 位于翁丁村聚落中心位置的寨心柱

图2 翁丁村中的牛头桩

图3 翁丁村中的住居屋顶

调查对象壹 田岩块家

田岩块家位于翁丁村寨心的旁边，虽然家中非常贫困，且只剩下田岩块老人一人居住，但院子还是收拾得十分整齐。距离院门口最近的是他家的自来水池，往里是一个小的空场，旁边堆着打来的柴火，再往里就是田岩块家的房子，在屋子入口的位置，田岩块用砖头划分出了入口区域，前面用砖铺了一条通向屋子的小路。

关于田岩块家

图4 进入屋子前主人用砖铺设的小路和入口区域

田姓是翁丁村中的一个小姓氏家族，属于后迁入村中的家族，户主田岩块是田家中的长子，家中有一个儿子一个女儿。儿子田尼茸已经成年，和田岩块分家后在村中建了自己的房子，儿子和儿媳常年在外面打工，做建筑工人，女儿嫁给了村中的李尼块，家中只剩田岩块一人。

田岩块现在居住的房子是在1987年翻新建造的，有2层，房屋使用佤族传统的茅草顶，房屋主体为木结构，四周用木板做成维护的墙体，室内铺着竹条编织地面。

田岩块每天早上八点起床，洗漱后，大约九点左右会喂牲畜，之后外出，或去村子东边砍柴，或是去村子西边的田地耕种，中午十二点回来吃午饭，下午两点继续外出劳作，傍晚回来，先喂猪再照顾自己的晚饭，由于田岩块家没有做猪食的机器，只能去别家做喂猪的饲料，农忙的时候晚饭可能要到七八点。吃过晚饭后，据田岩块说，干完农活，他通常会在自家院子里用自来水冲个凉，清洁一下，他说老人都习惯了用冷水冲凉，而年轻人喜欢将水烧热了再冲凉。晚上，田岩块喜欢去村中的朋友家串门，晚上11点左右休息。

田岩块的儿子和孙子都出生在现在他居住的这栋房子中。佤族居民平时住在单独的卧室中，就寝时，头不能朝着门的方向，但当佤族女性怀孕，就会搬到火塘

图5 田岩块家的晒台高过了前面房子的屋顶，为晾晒东西提供更好的光照条件

旁边远离门口的区域休息，分娩的时候，会移动到屋子靠近门口的一侧。据田岩块说婴儿出生时，脐带绕在脖子上是最吉祥的兆头，是最好的事情，预示着孩子出生后，饭够吃，钱够用。在孩子出生后，孕妇就可以回到原来的住处休息。

田岩块的爷爷、大妈都在这个屋子中去世，老人病重后，上厕所非常不方便，于是就掀开地板在屋子里方便。之后，田岩块的妻子又得了重病，送去医院医治花费了家中大量的积蓄，但仍然没有治好，由于缺少继续医治的钱，田岩块不得不把妻子接回家里，在村里使用佤族传统的办法医治，但最终还是没有治好。家中本就缺乏劳动力，儿子离开，妻子离世，家中只剩下了田岩块一人常年居住，一个人的生活十分艰苦。田岩块家只有水田1.5亩、茶叶田一亩，农业收入十分有限，平时田岩块会编织竹席子补贴生活，一张3米见方的竹席子，大约需要5天，可以在市场上卖到200元左右。这种竹席子通常铺在屋子里放在会客的区域或是铺在院子里晾晒粮食。在家中，田岩块还为我们展示了佤族叫魂使用的芭蕉、蜂烛、稻谷等道具。

图6 为了节省空间，田岩块把牛棚设置在了屋子下面

图7 田岩块展示叫魂使用的道具

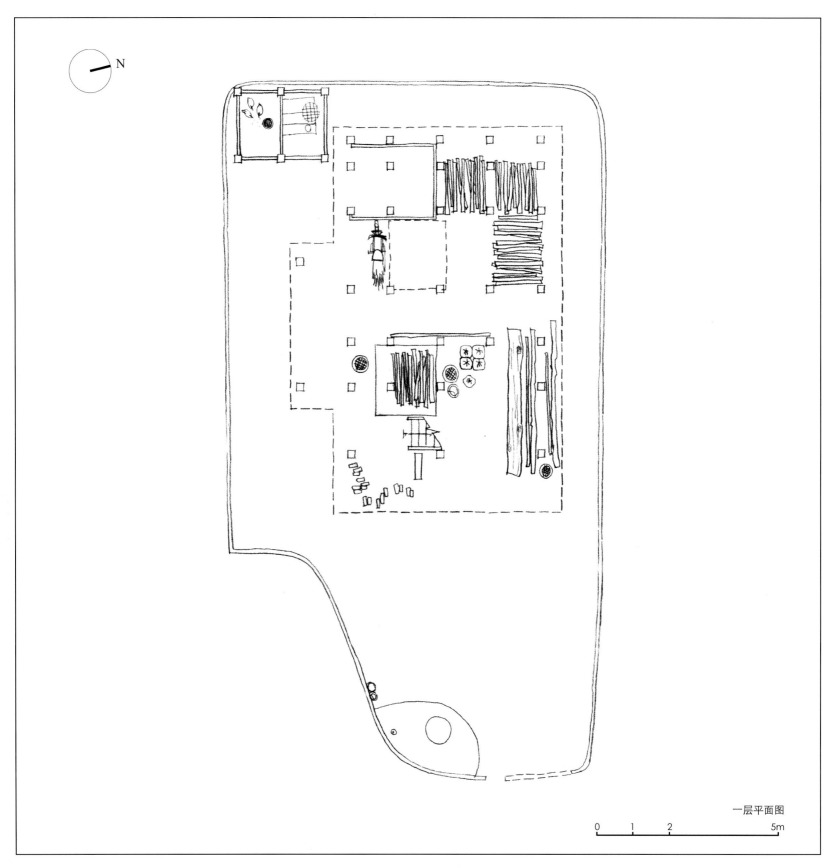

一层平面图

0 1 2 5m

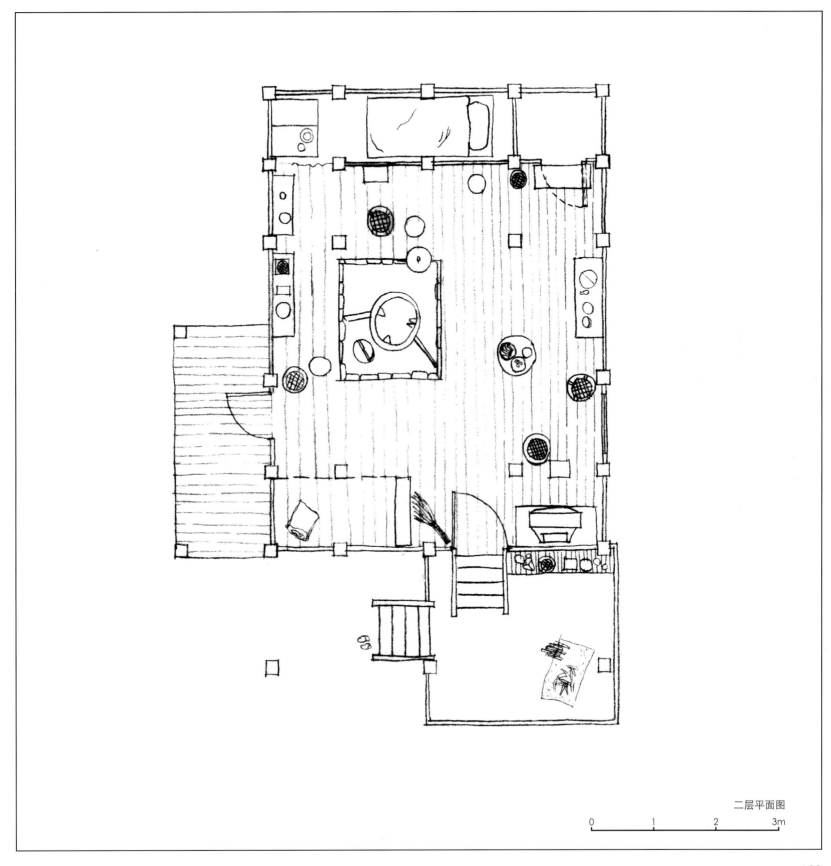

二层平面图

0　　　1　　　2　　　3m

调查对象贰　李岩到家

　　李岩到家位于翁丁村的南部，房子使用了传统的屋顶做法，从外观只能看到柱子和屋顶，室内只有很矮的一段维护的墙体，院子用石头垒成的围墙围起来，门口种植芭蕉，院门用竹条编成的篱笆隔挡，但院门和院墙都非常低矮，只起到了划分空间的作用。

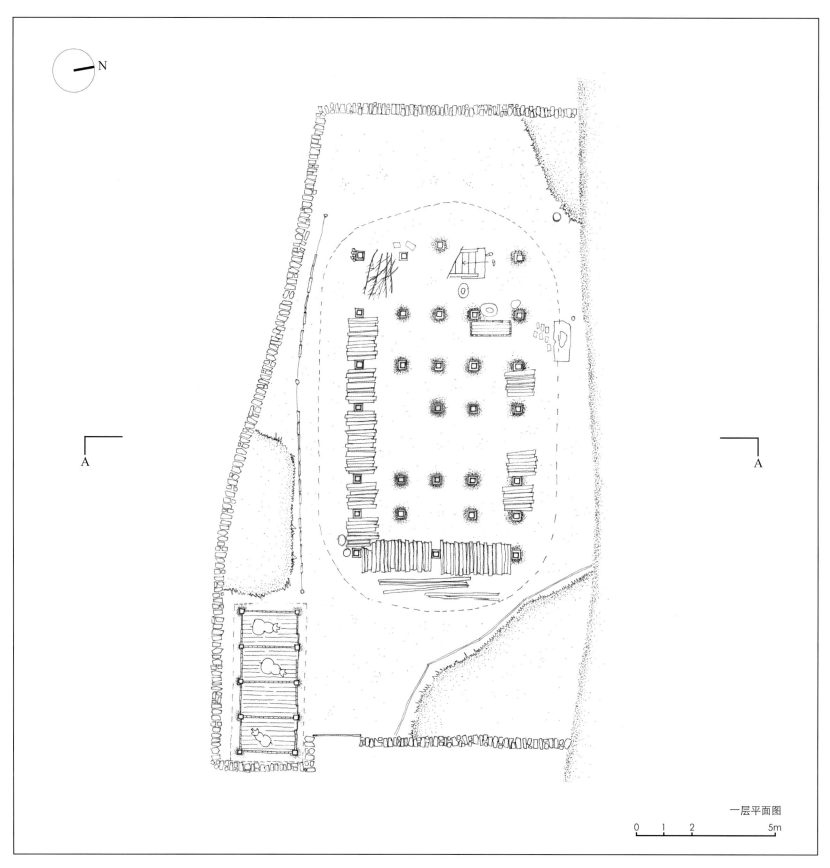

一层平面图

0 1 2 5m

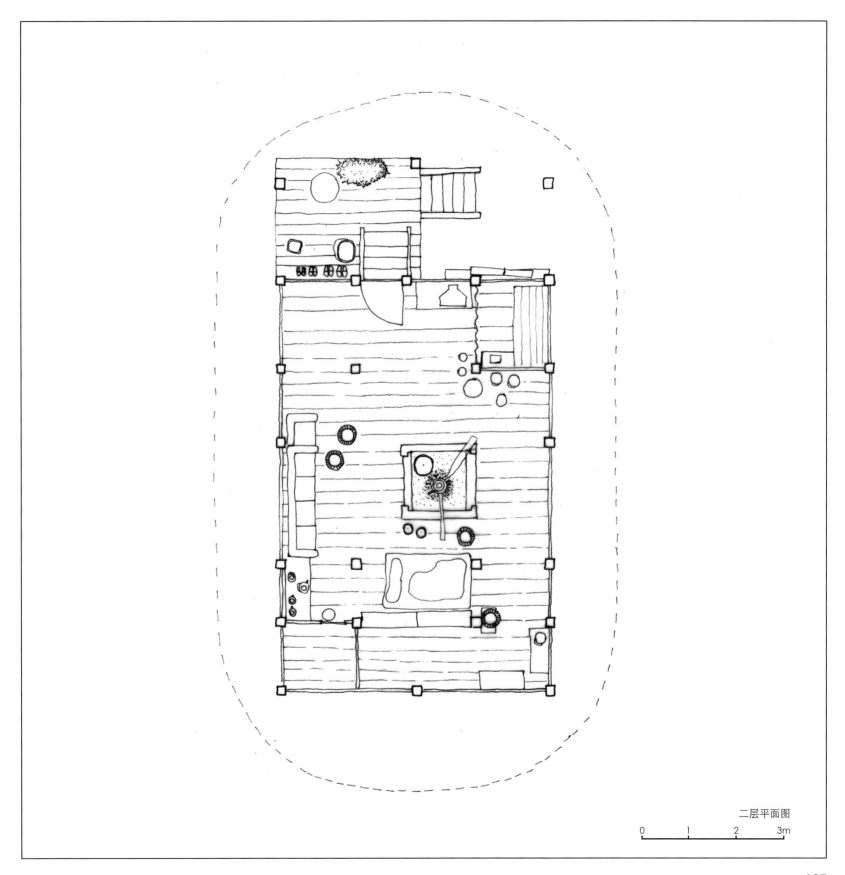

二层平面图

0　　1　　　2　　　3m

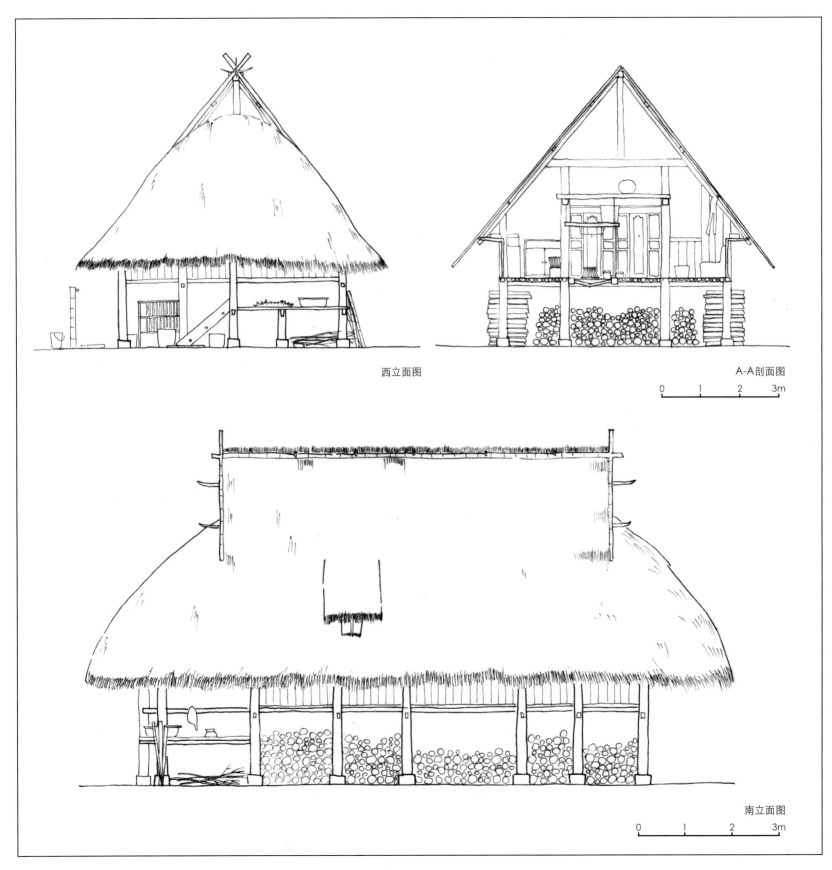

西立面图

A-A剖面图

0 1 2 3m

南立面图

0 1 2 3m

138

翁丁村的佤族居民在自家的院子中饲养牲畜，几乎每家每户都会饲养猪，有部分有钱的人家会饲养牛来帮助耕种。在调查中，根据村民介绍，翁丁村中居民原来养猪都是在院子里散养，并没有特定的猪圈或位置，所以院子里的环境也很差。近些年，为了发展旅游，村民们在各家院子中建起了猪棚，猪棚通常为4个开间，顶上也用佤族住居传统的茅草做屋顶，用木框架作为支撑结构，周围用木板做维护的墙体，猪棚采用了底层架空的形式，方便清洁

一些住居院落之间的划分是利用自然的地形
高差形成的，通过将平缓的坡形地势修整成阶梯
状，自然地划分开不同的院落区域

调查对象叁　肖尼新家

　　肖尼新家在寨心的南侧，肖尼新家住居建造于2006年，采用的是两端圆锥形屋顶的二层住居形式，由于圆锥形屋顶屋面坡度较大，所以屋檐的绝对长度较之两端方形屋顶的屋檐要长出许多，才能获得同样的覆盖面积。

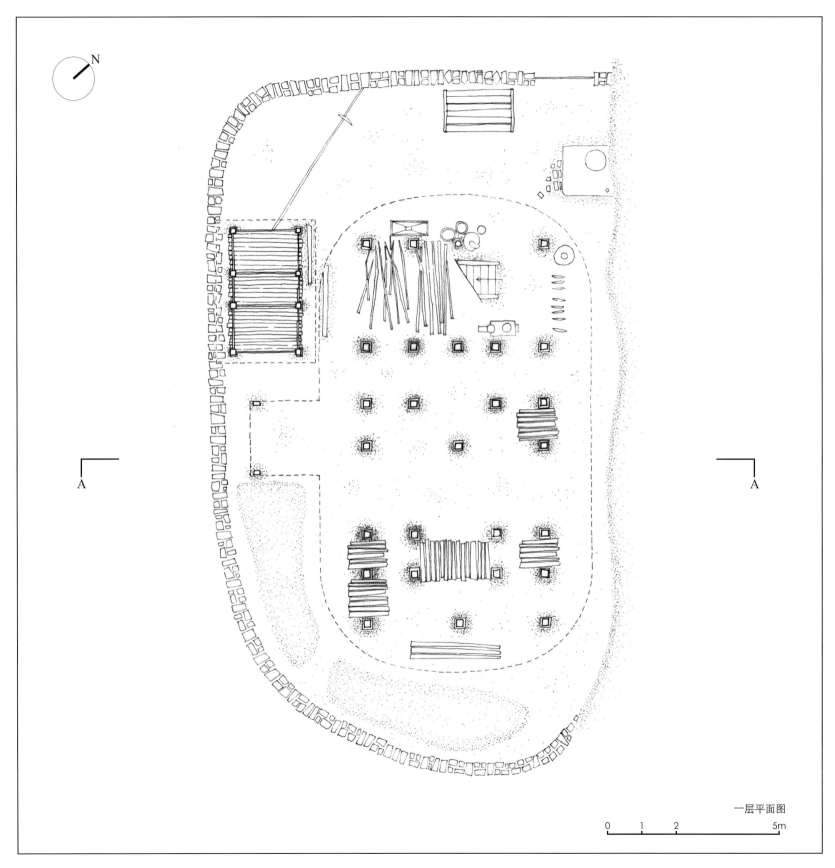

一层平面图

0 1 2 5m

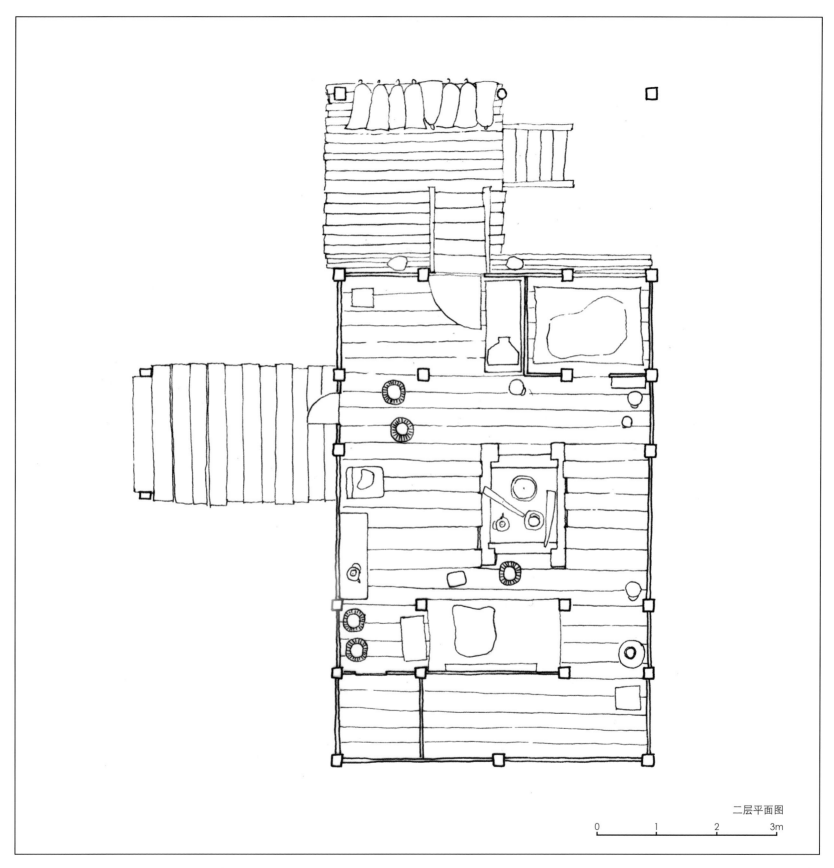

二层平面图

0　　　1　　　2　　　3m

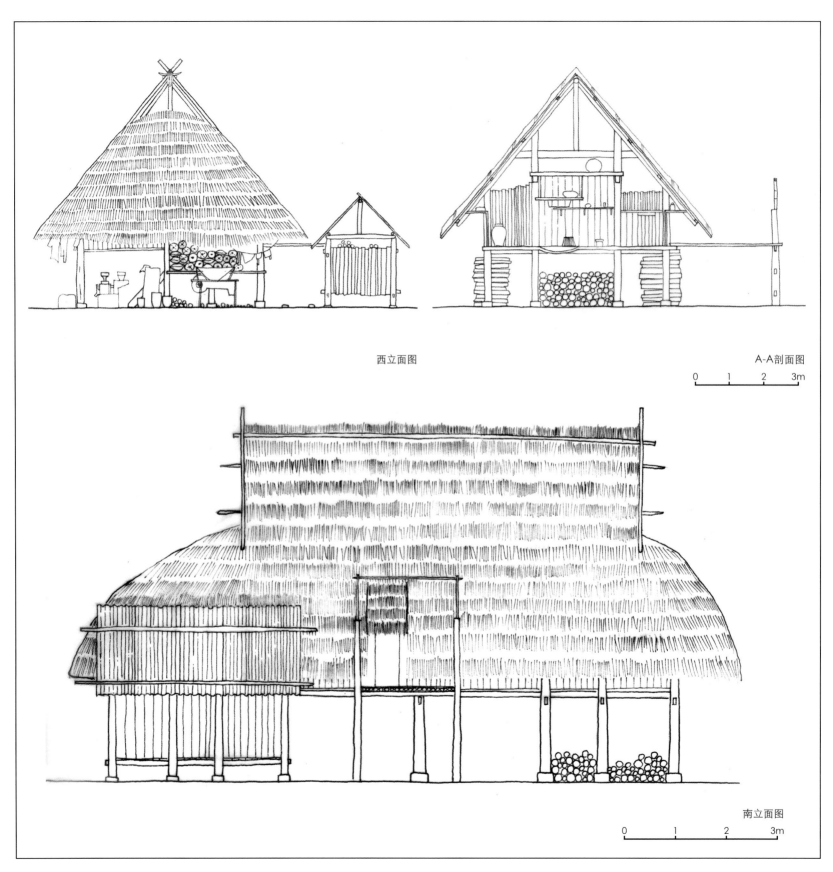

西立面图

A-A剖面图

0 1 2 3m

南立面图

0 1 2 3m

146

肖尼新家院子用石块堆叠的矮石墙作为界限，划分出道路和院子的空间，院子入口处用两个木桩作为标志和支架，用一个竹棍穿过两个木桩形成一个简易的栏杆作为入口的意向。在翁丁村中大部分居民家中院子的围墙和入口都是极具象征性的，并没有实际的保护和阻隔作用，只是一种标志或最多是设置在可阻拦牲畜随意进出的高度，对人的活动并没有限制作用

由于采用了两端为圆锥形的屋顶形式，屋檐长度较长，在住居二层晒台的出入口处，通过自然的减少屋顶茅草的数量，打开了一个圆弧形的口子，可以方便居民出入晒台

肖尼新家搭建的猪圈是翁丁村中另一种典型的猪圈形式，猪圈底层架空，四周围合，顶部采用开放式的形式，上空架起一个单坡的屋面，既可以保障猪圈内的空气流通，又可以遮蔽雨季大量的雨水

杨岩门与翁丁村现任寨主杨岩那属同一个家族，是叔侄关系。杨岩门家位于翁丁村中的最南侧，旁边是村中的水塘。水塘用来存储村中居民的生活和饮用水，同时也作为应急的消防用水储备。现在由于每户居民家中都接通了自来水，所以水塘中的水不再用作饮用水。

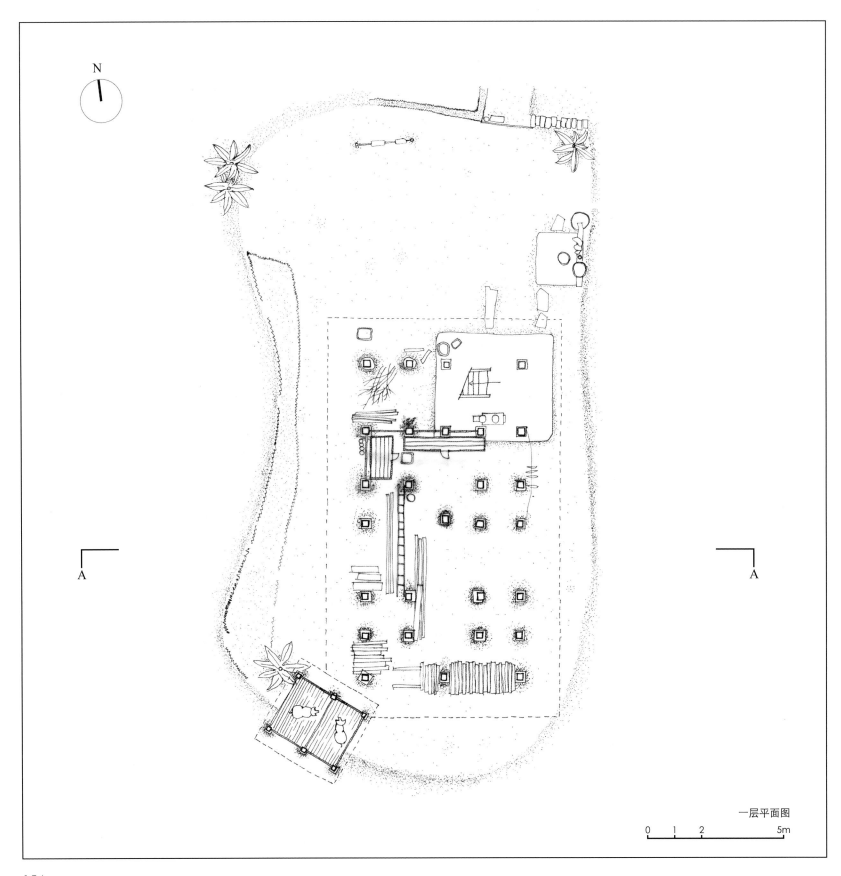

N

A   A

一层平面图

0　1　2　　　　5m

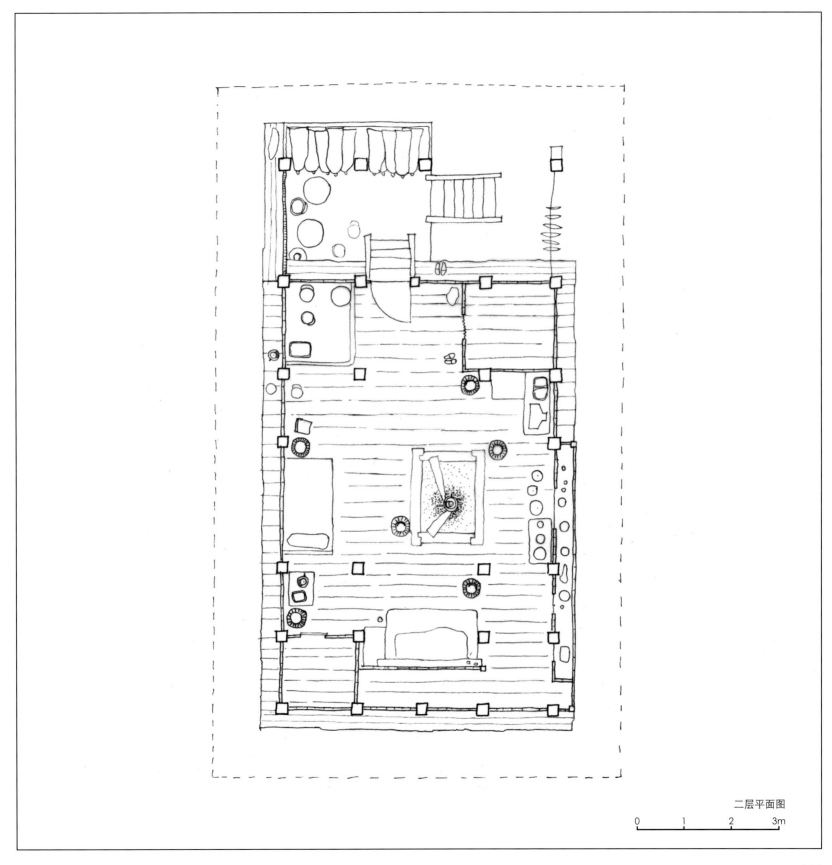

二层平面图

0 1 2 3m

杨岩门家的住居是属于翁丁村中典型的二层住居，一层架空，存放作为火塘燃料的木柴、农耕使用的锄头、篱笆等生产工具、粉碎芭蕉茎及红薯藤等作物的粉碎机、饲养鸭子的鸭笼。二层是居民的生活起居空间

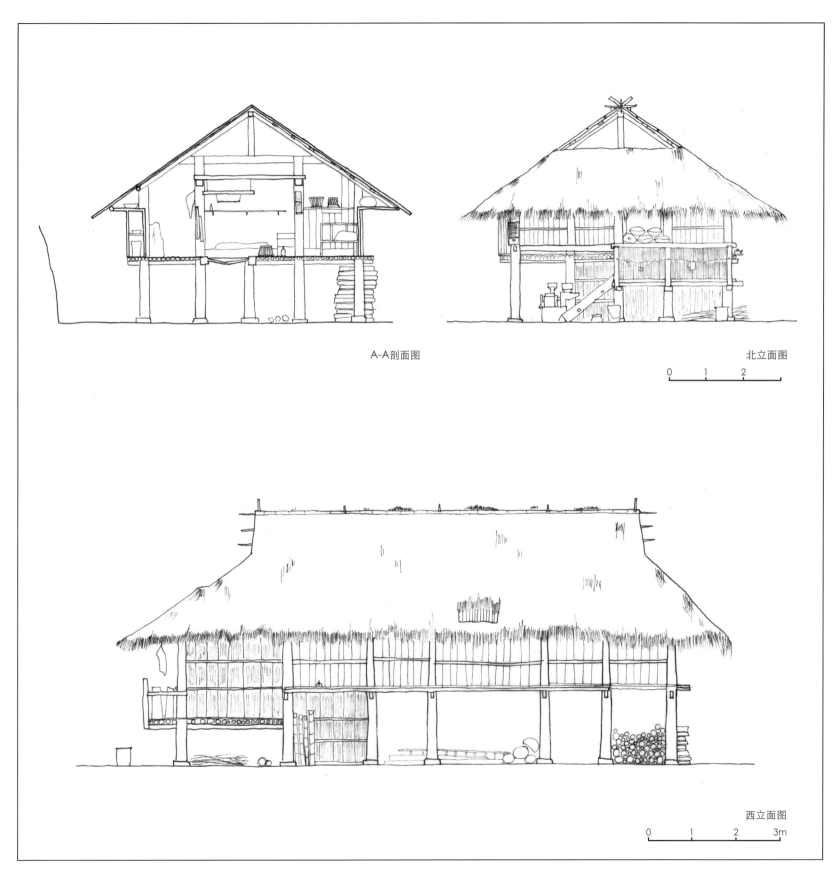

A-A剖面图

北立面图

0　1　2

西立面图

0　1　2　3m

157

调查对象伍　赵岩来家

赵姓家族是翁丁村中后迁来的家族，所以在村中人口数量较少。赵岩来家位于村子的中心偏西的位置，在寨心附近，赵姓家族的其他几位居民的家也多在附近。

在住居院子的一角，居民用一块拼接起来的水泥石板作为用水的水池，也划分出了在院子中用水的区域。居民在石板中间开洞，污水从洞口排入村子中的排水沟中。排水沟根据村子整体的地形的高差走向，通过三条主要的沟渠连通翁丁村中所有101户住居，并从村子地势较低的西南侧排出村外。居民在设置自家院落中的水池时则会根据排水沟的路线和走向设置相应的位置，以便污水可以顺畅地排出

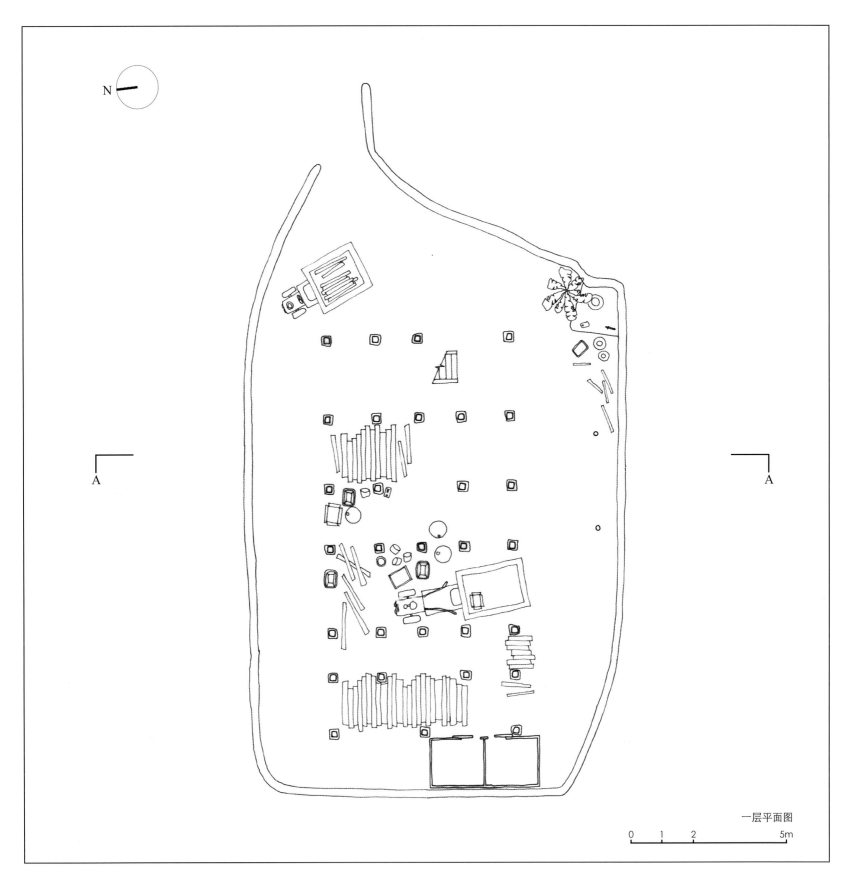

N

A — — A

一层平面图

0 1 2   5m

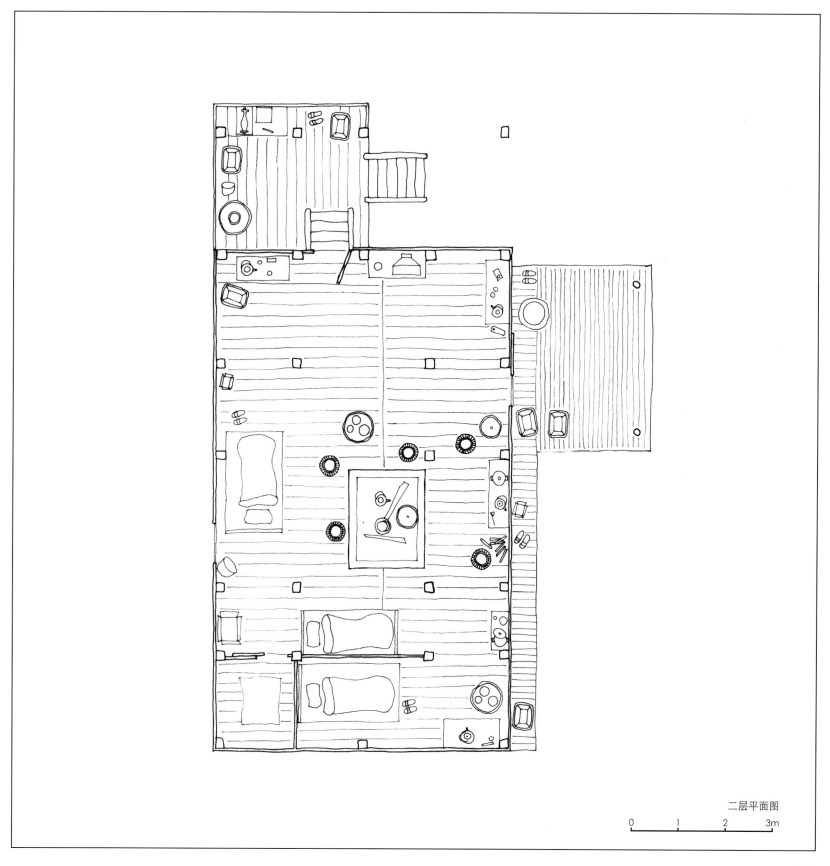

二层平面图

0　　1　　2　　3m

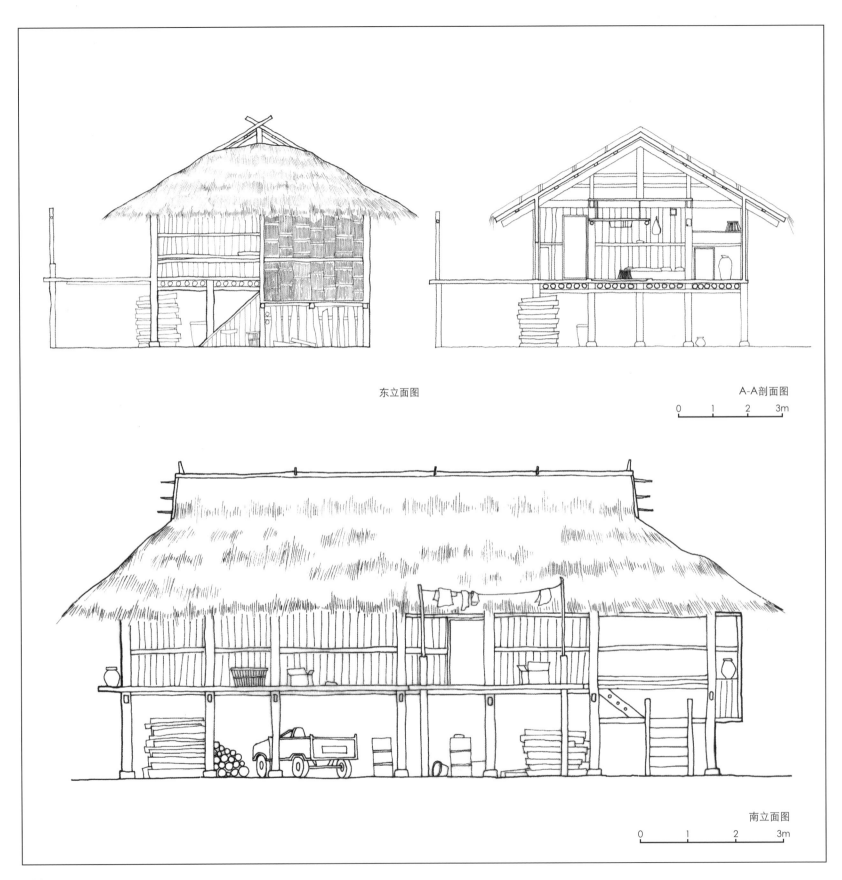

东立面图

A-A剖面图

0 1 2 3m

南立面图

0 1 2 3m

164

赵岩来住居中使用方木作为主要的结构支撑，再用粗一些的竹子作为第二层支撑，最后用劈开的细竹片作为地面材料，翁丁村中绝大多数住居均采用此种做法。使用竹子这种较轻便的材料可以减轻房子自身的重量，同时，竹片之间的缝隙也可以有效地增加室内外空气的流通。由于赵岩来老人年岁已高，竹片地面也可以轻松地扯开，让老人在室内方便，解决行动不便带来的生活问题

赵岩来家住居二层有一个室外的晒台，晒台可以晾晒粮食、作物，也用来晾晒衣服。由于赵岩来老人行动不便，所以晒台成为了他室外活动的主要场地

调查对象陆　杨尼宝家

　　杨尼宝是现任寨主杨岩那的兄弟，同时也是村中懂得建造住居的"建筑师"。他家位于寨子中心部位，拥有一个近400平米的院子和84.5平米的住居，属于翁丁村中较大面积的住居。较之其他村民的住居，杨尼宝家除了面积大外，作为支撑结构所选用的木料直径更大，切割更为整齐，柱子间距也更加均匀。

杨尼宝家住居基础为一层水泥地台，地台上每个柱子的位置上再用一个方石块作为柱础，最后再将作为房屋支撑结构的木头方柱架在石头柱础上。这样做更好地使木头柱子远离潮湿的地面，防止木头腐烂

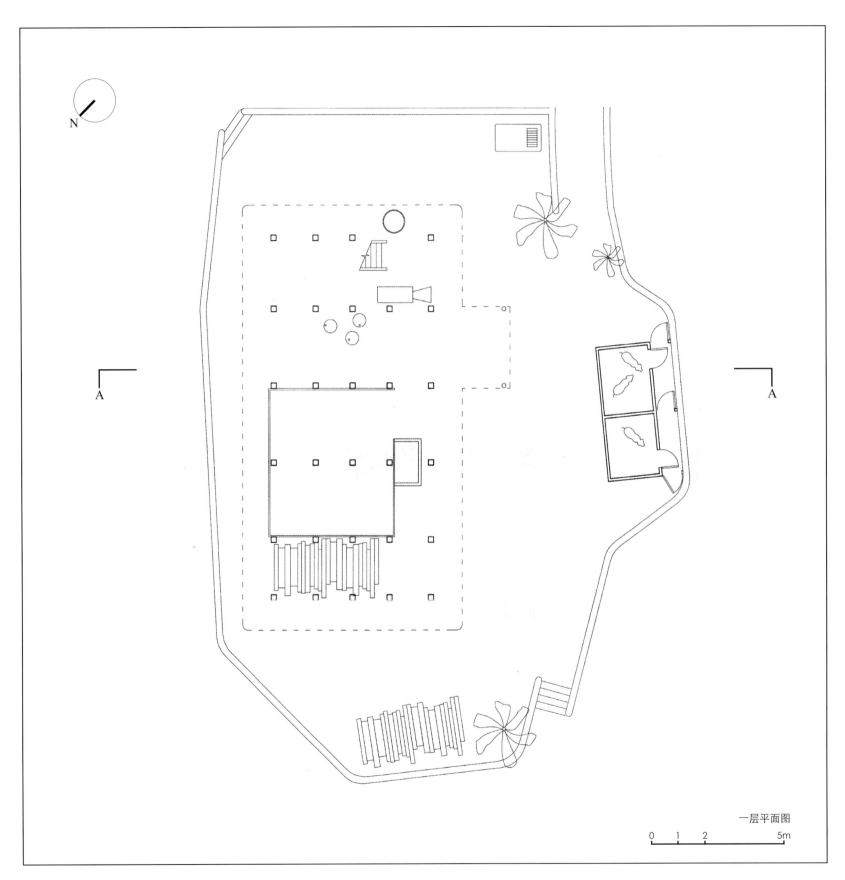

一层平面图

0 1 2 5m

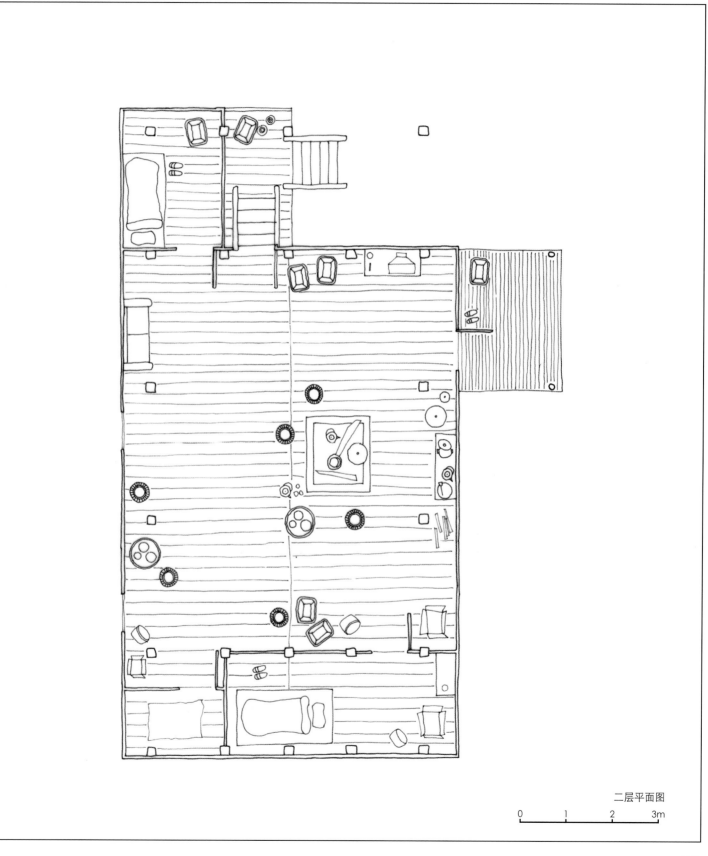

二层平面图

0　　1　　2　　3m

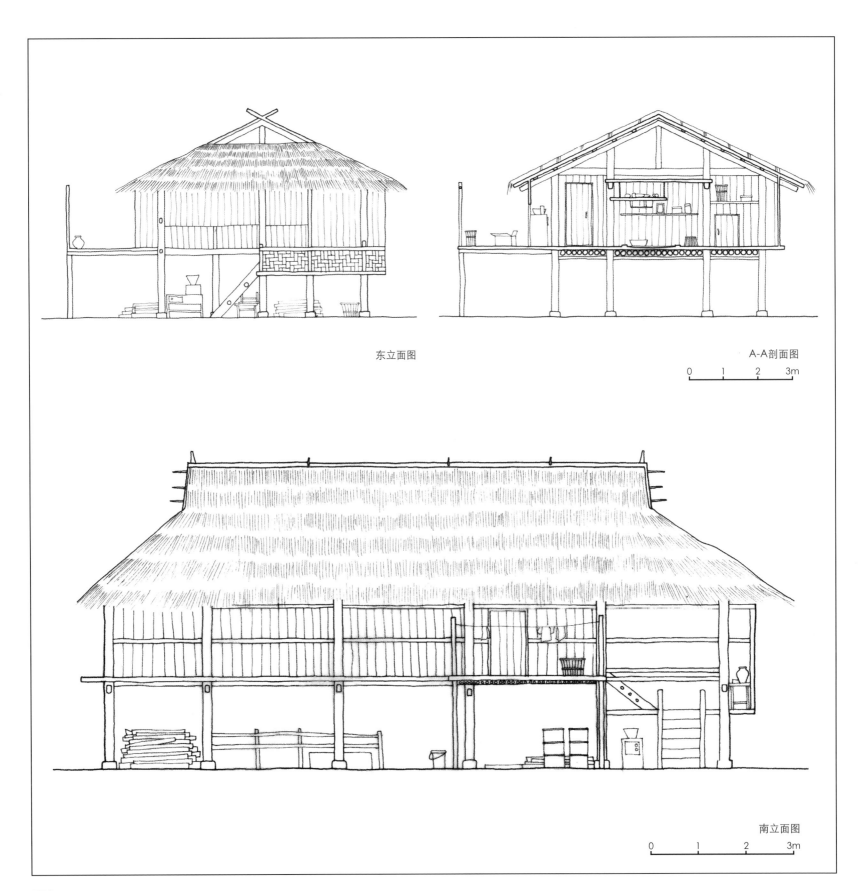

东立面图

A-A剖面图

0 1 2 3m

南立面图

0 1 2 3m

杨尼宝家住居为5×4的柱网结构，沿东西方向为5排柱子，柱子间的间距自东向西分别为2.1、2.6、2.8、2.8、2.6米。最东侧2.1米的开间为入口处的室外平台部分，两个2.8米的柱间距对应的是室内以火塘为中心的起居活动空间，两个2.6米的间距分别为入口处用于存放物品、原次火塘、存放生活用水的空间以及住居室内最私密的内室空间和供位空间。沿南北方向为4排柱子，柱间距自南向北分别为1.7、1.5、1.4、1.65米。中间的两个开间对应的是火塘区域，两侧较大的开间为餐厨及对外待客等功能空间

调查对象柒　杨岩嘎家

　　杨岩嘎家位于寨心附近靠近北侧的大寨门一侧，由于紧靠着进入村寨的主干道，杨岩嘎家在院子里进行了加建，开设了小商店和为游客提供的住宿单间。宅基地为一段高差明显的区域，住居地基外的道路随着基地高度不断降低，使得住居好像从地面上抬升起来。

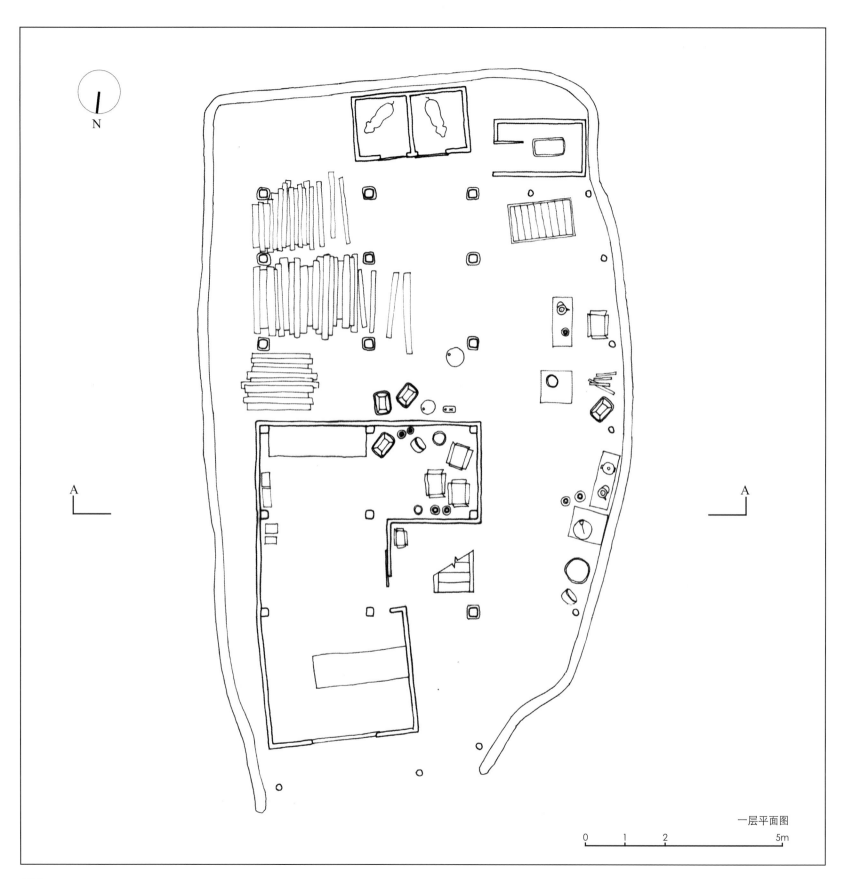

一层平面图

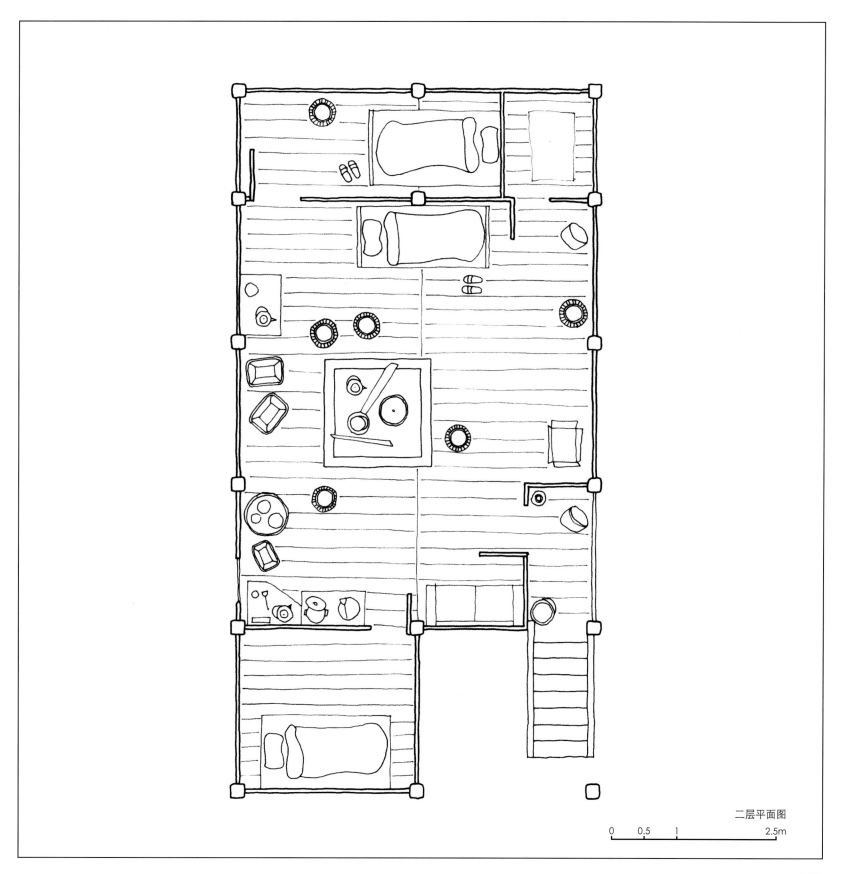

二层平面图

0　0.5　1　2.5m

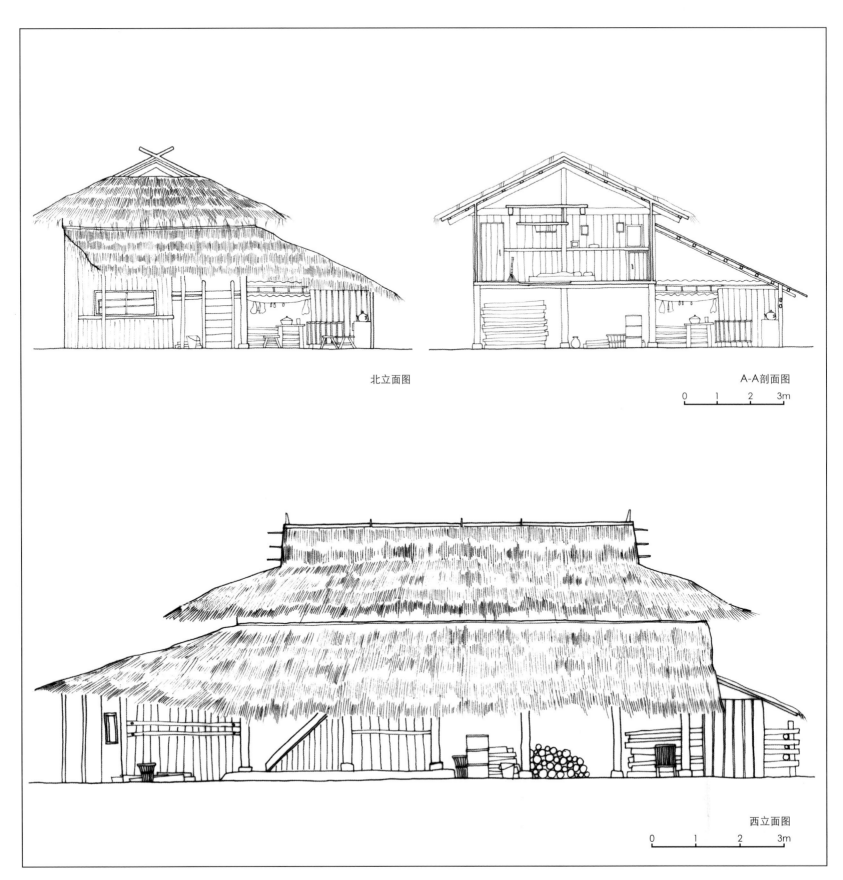

北立面图

A-A剖面图

0　1　2　3m

西立面图

0　1　2　3m

由于进行了加建，使得从外面观看杨岩嘎家时，住居的外形与其他的住居外形有很大的差别，但通过测绘的平面和立面图纸中可以发现，院落的整体布局以及作为主要住居的结构与其他住居并无太大差别，外观的不同主要是由于居民在北侧增建的房屋，通过两个增加的屋顶与住居连成了一体，使得杨岩嘎家从室外观看时像是一个不规则的巨大住居

由于增建商店，占据了原本入口平台的位置，所以杨岩嘎家住居的入口是通过一个直线的楼梯直接通到二层，并且住居的入口开在了住居平面长边的一侧，但与其他住居一样，入口仍然与供位所在的位置处在同一边上

在杨岩嘎家住居的西侧，加建了两片屋顶，一片下面是两间为游客准备的住宿房屋，另一片下面是作为招待住客就餐的餐厅。餐厅四周没有围墙，只用几根原木在周边进行支撑，形成了一个较为宽敞的空间。经调查发现，这种空间形态在翁丁村中并不常见，与翁丁村传统的佤族居民的生活也并没有直接的关联性，属于为了适应现代的旅游业所增建的满足使用功能需要的空间

调查对象捌　赵叶块家

　　赵姓家族与田家一样，属于后迁入的小家族。赵叶块属于赵姓家族中最大的一个分支家族，该赵姓家族居民住居都分布在寨心附近，其中赵叶块家的住居位于寨心的南边。

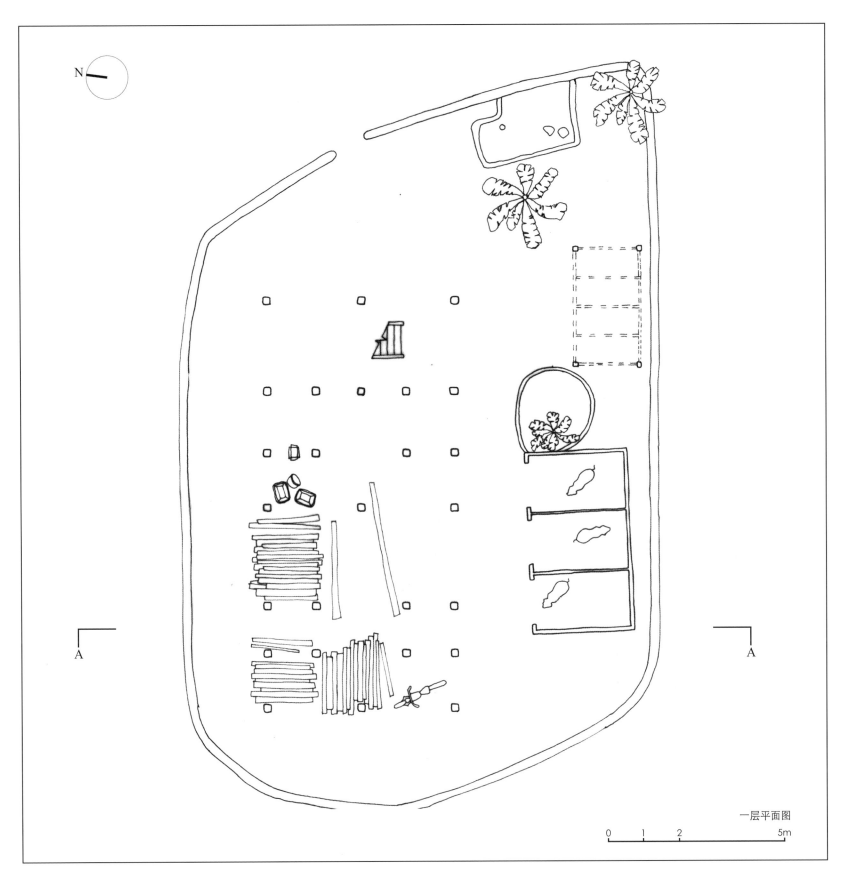

N

A   A

一层平面图

0　　1　　2　　　　　5m

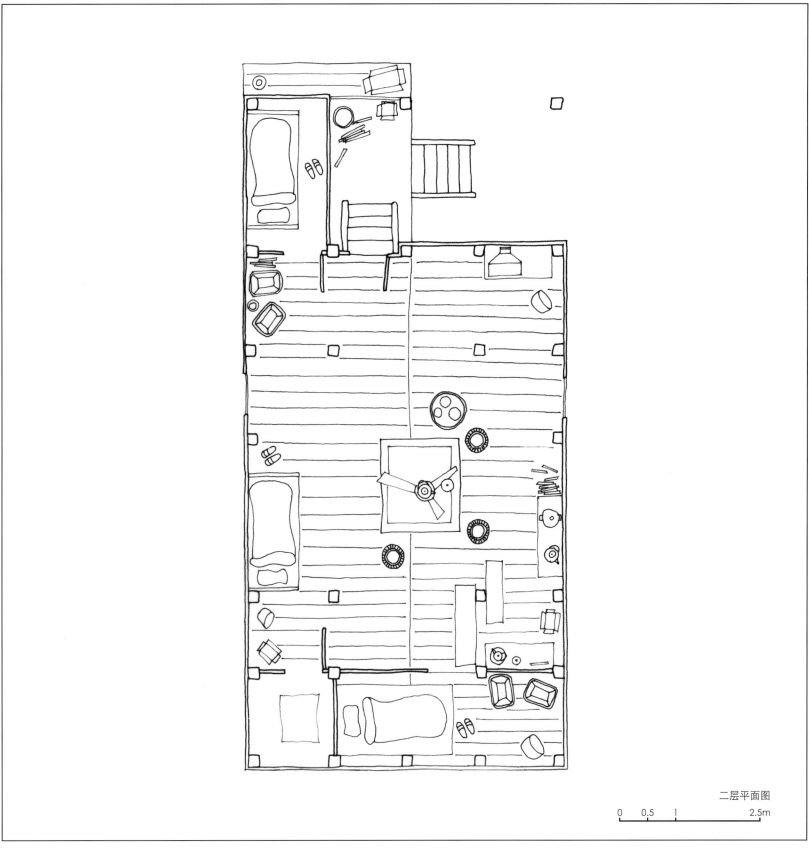

二层平面图

0 0.5 1 2.5m

赵叶块家住居为2002年建造，屋顶采用的是较为传统的两端圆弧形屋顶。室内四周为0.9米高的矮墙作为维护，墙与屋顶用一个横向的侧板进行交接，成为了室内屋檐下存放物品用的台子。圆弧屋顶的住居屋顶通常坡度更陡，相对于更扁的两端为方形的屋顶，更加节省结构支撑的材料，但相对地，室内可用的活动空间较之方形屋顶的住居来说更少。赵叶块家通过四周增加了矮墙，相应地扩大了可使用的室内空间，同时通过墙上台子的设置，增加了可用的储物空间

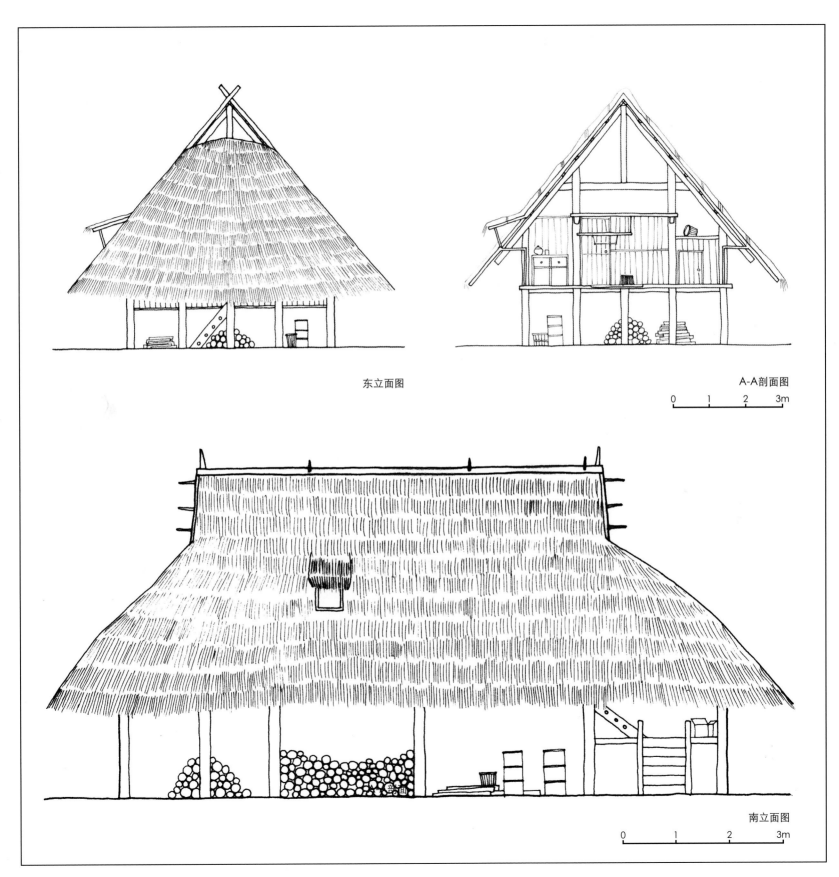

东立面图

A-A剖面图

0 1 2 3m

南立面图

0 1 2 3m

187

茅草是翁丁村中住居屋顶普遍使用的材料，即便周围的村庄都已经开始使用更为经济实用的石棉瓦屋顶，但作为重点保护村落的翁丁村，居民被要求继续沿用编织的茅草作为材料，这种屋顶虽然相对较为便宜，但每年需要重新铺设，替换掉被雨水侵蚀腐烂的茅草顶。在日常使用中，草顶也成为了居民随手存放生活用具的道具

赵叶块家的圆弧形屋顶主要分为两个部分。
一部分是一个双坡屋面，覆盖住居中火塘及周围
居民主要的活动空间，这部分空间中居民的活动
需要直立进行，所以对空间高度要求较高；另一
部分是两个半椎体屋面，覆盖着住居的入口以及
最内侧的内室以及供位区域，这两个区域是对使
用空间高度相对要求较低的空间。圆弧屋顶的结
构采用简单直接的捆绑形式，这样方便对于材料
和构件的建造和更换

翁丁村单体轴侧图
翁丁村民居为木结构体系，柱上架梁，梁上架短柱，屋顶较大，住屋长向前后用檩条对撑形成人字形构架，山墙侧用数根木构件搭在梁上，整个屋顶四周用若干环形檩条捆扎，起加强整体结构的作用，相当于圈梁。

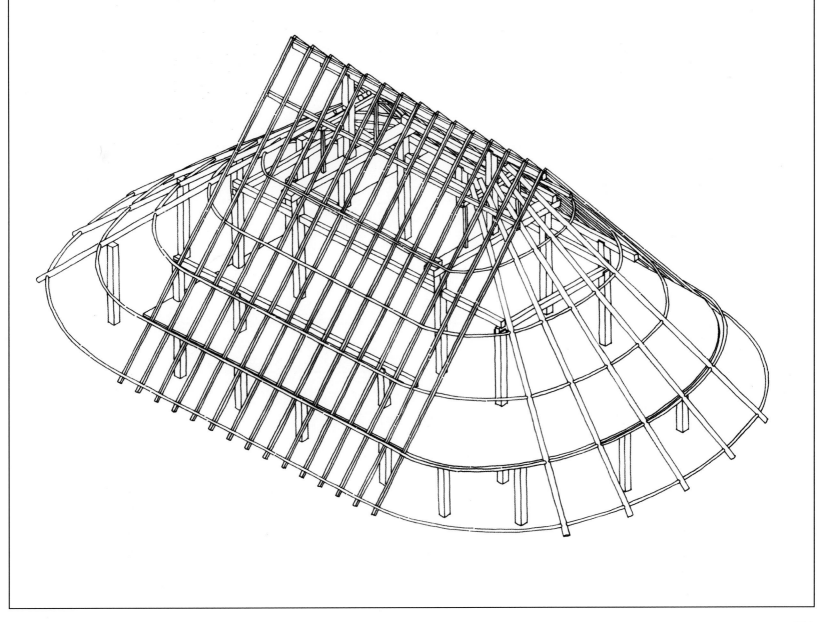

调查对象玖　肖尼茸家

　　肖尼茸家位于翁丁村的东南角，是村子的边缘地带。从肖家的小门出去即到了村外。根据村中的习俗，肖尼茸家因刚分家不久，所以居住的为一层的住居，由于远离拥挤的寨心区域，所以肖家可以拥有一个较大面积的院子来安置其他的功能空间。

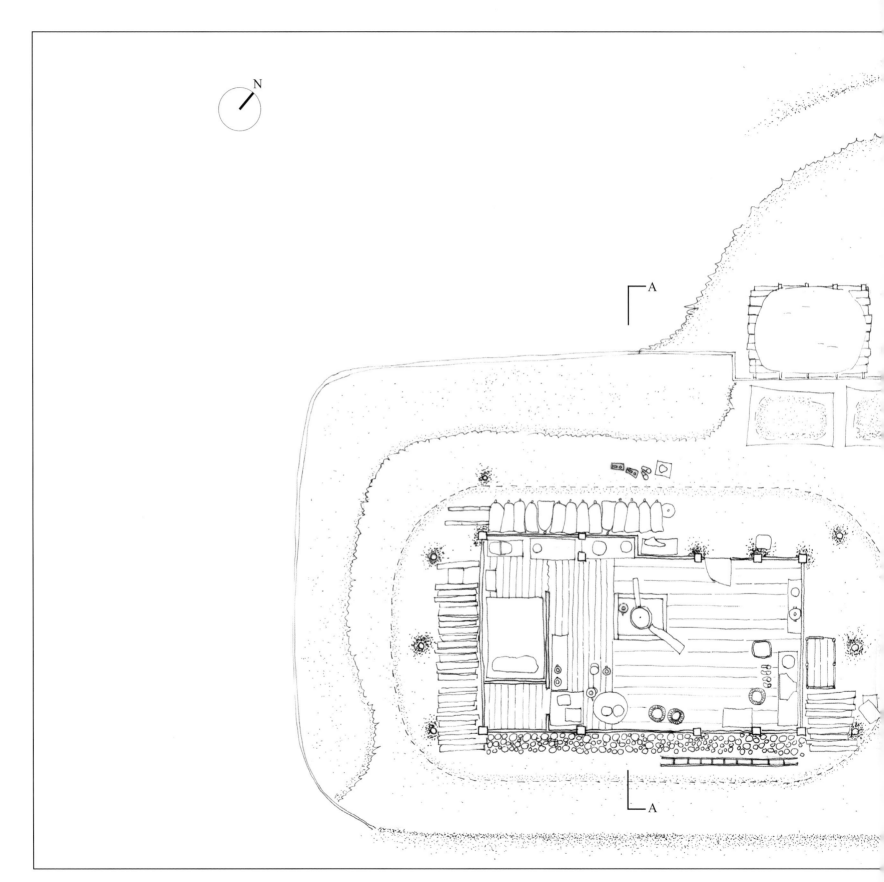

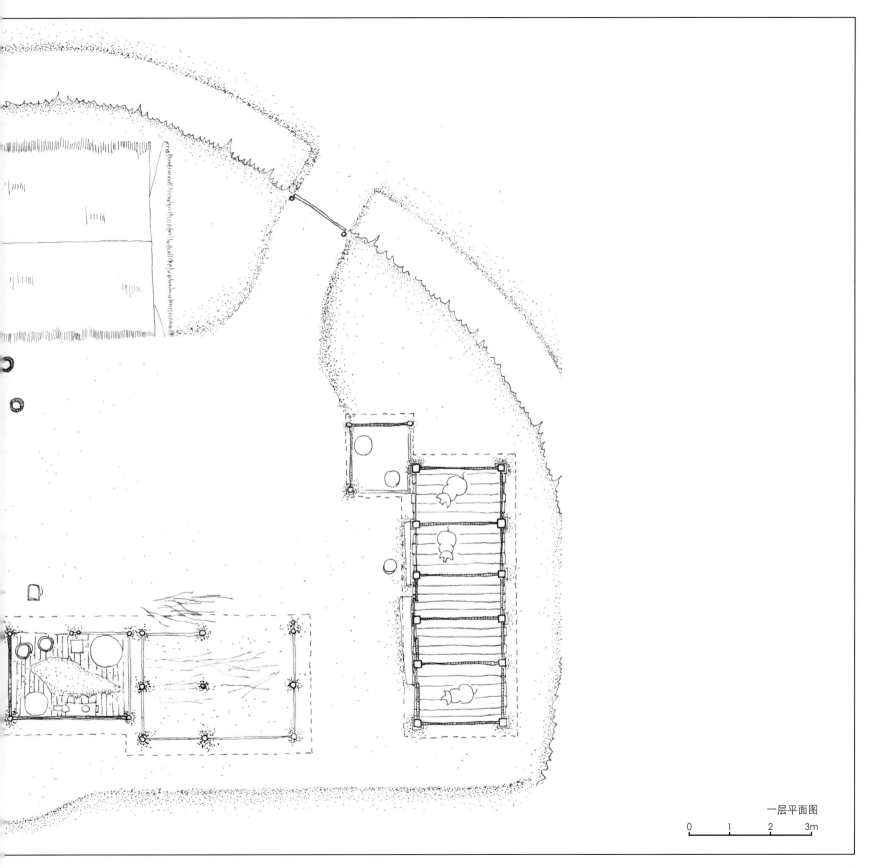

一层平面图

0　1　2　3m

东立面图

A-A剖面图

0 1 2 3m

北立面图

0 1 2 3m

198

肖尼茸家采用了双层屋顶的方式。屋顶外侧，采用统一的茅草屋顶；内侧，增加了一层用竹片铺设的内屋面，这样可以增加屋顶的防水能力，同时也可能是出于经济考虑，可以延长更换茅草屋顶的周期

由于肖尼茸家是一层的住居，通常设置在住居一层的储藏、饲养等功能空间就不得不被拆解到院子中，这也大大增加了院子所需要的面积。同时由于没有了二层的高度，晒台的设置也被拆解到院子中阳光较好的位置上

调查对象拾　肖三改家

　　肖三改家位于翁丁村最南部，住居院落北边
是村中的一条水渠形成的天然边界。肖三改家也
是新分家的居民，住居为一层的形式。

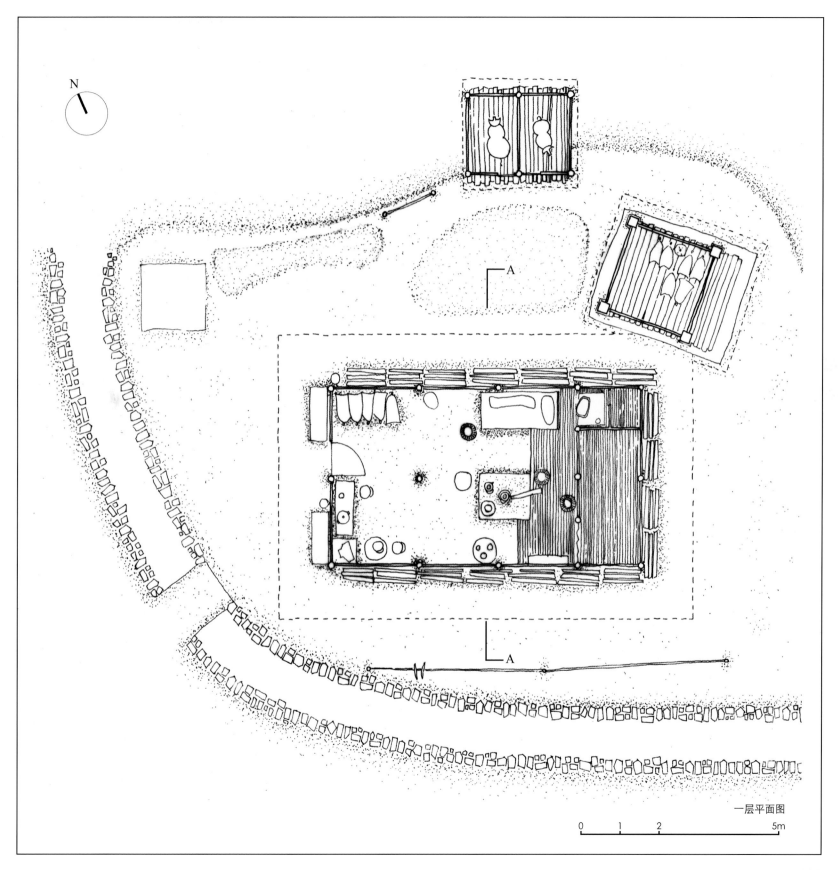

一层平面图

0 1 2   5m

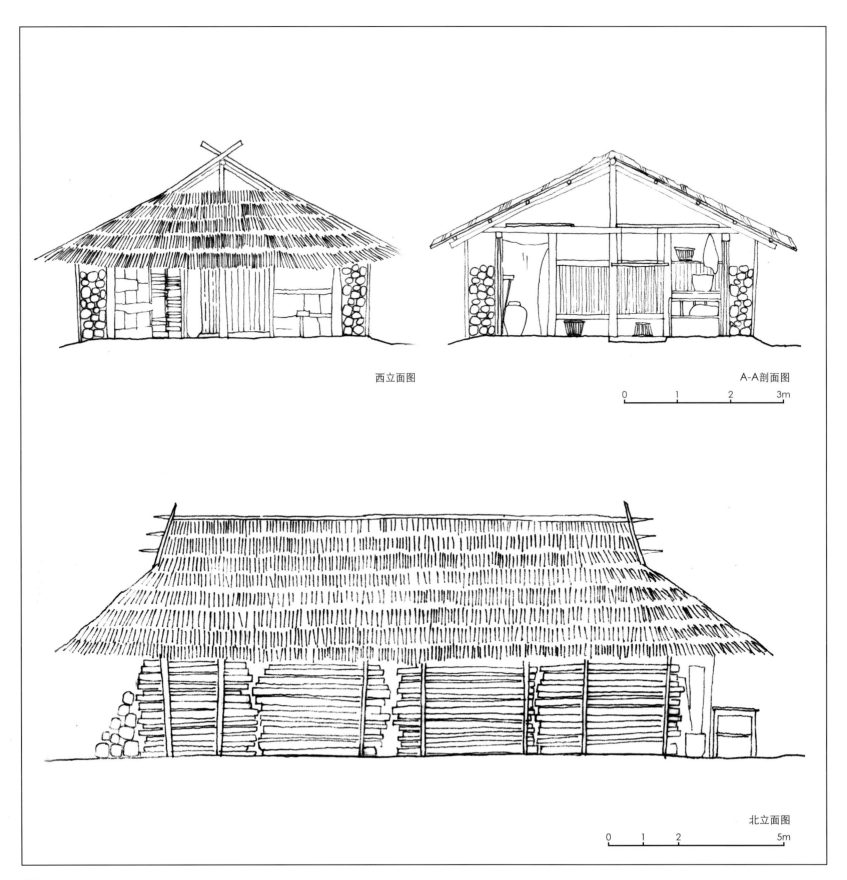

西立面图

A-A剖面图

0　1　2　3m

北立面图

0　1　2　5m

织布是翁丁村中妇女主要进行的生产劳动之一。在二层住居的居民家中，居民可以将一层的结构作为拉抻棉线的道具，而在一层的住居中，则需要单独搭建简易的支架。图中即为肖三改妻子王叶茸在住居入口处搭建的简易织布支架

调查对象拾壹　李岩灭家

李岩灭家位于翁丁村寨心广场东侧。寨心是传统佤族居民夜晚休闲活动的场所，同时也是游客集中的参观区域，所以李岩灭在自家院落入口处增建了作为小商店的房屋以及一个休息茶亭。

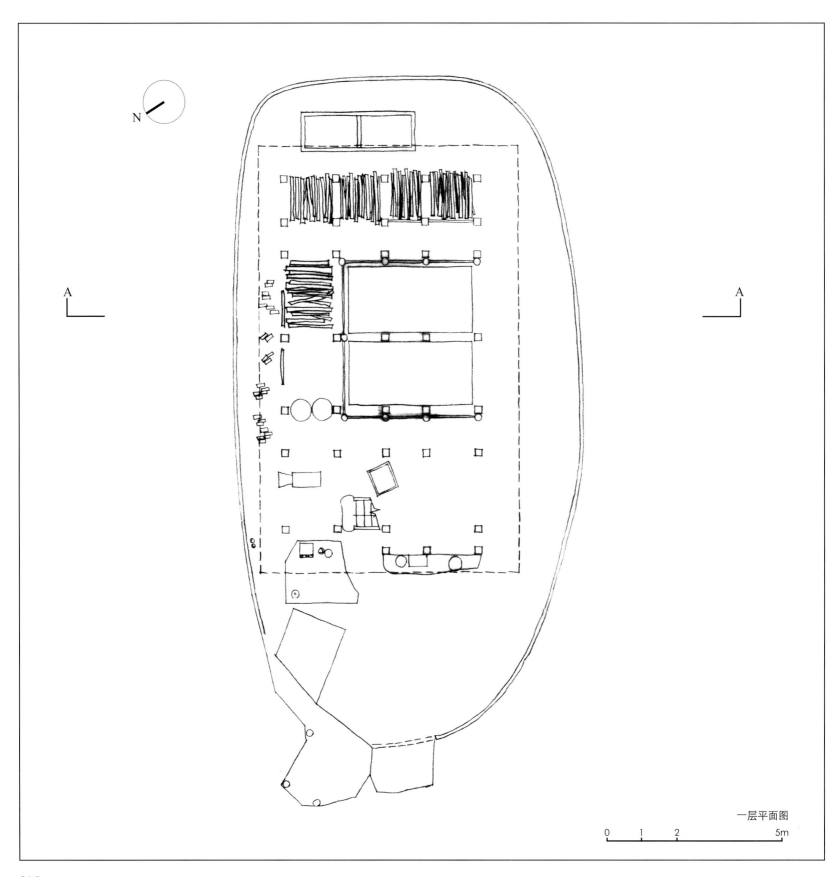

N

A   A

一层平面图

0   1   2   5m

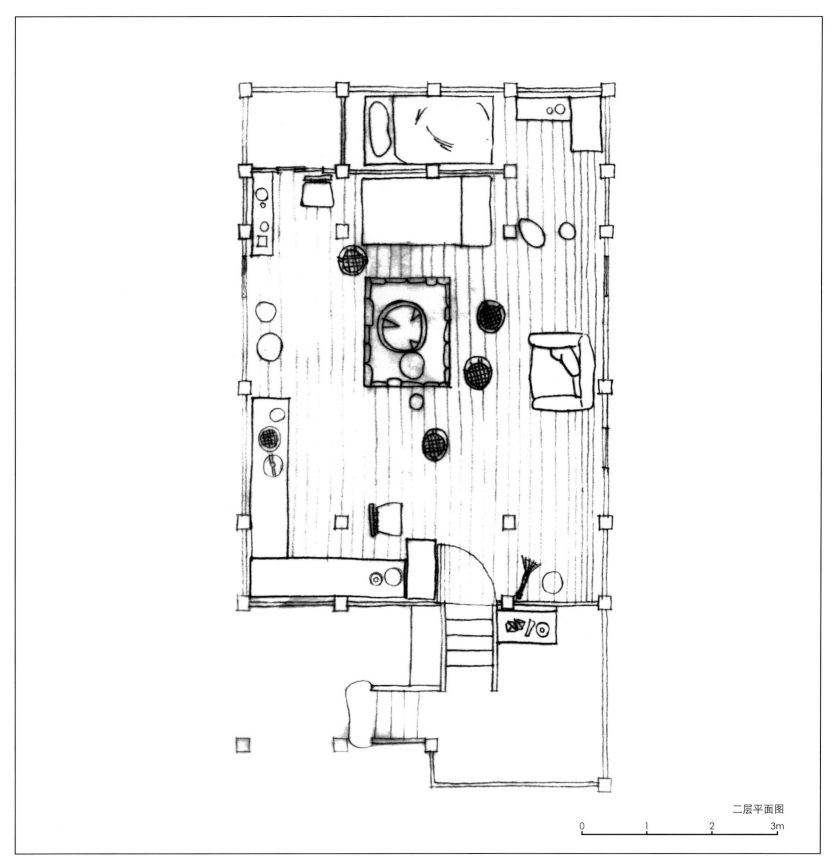

二层平面图

0　　　　1　　　　2　　　　3m

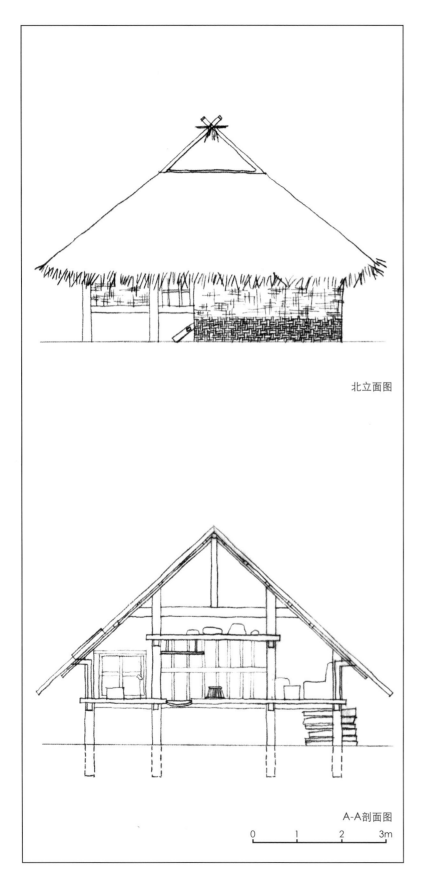

北立面图

A-A剖面图

0   1   2   3m

调查对象拾贰　肖艾门家

　　肖艾门家位于村子东南部，是翁丁村中肖姓家族中一个分支家族的老宅，这一支肖姓居民均由此住居中分家形成。肖艾门家除了传统的住居空间外，在自家院落的一棵树上建造了可用于俯瞰村子风景的观景台。

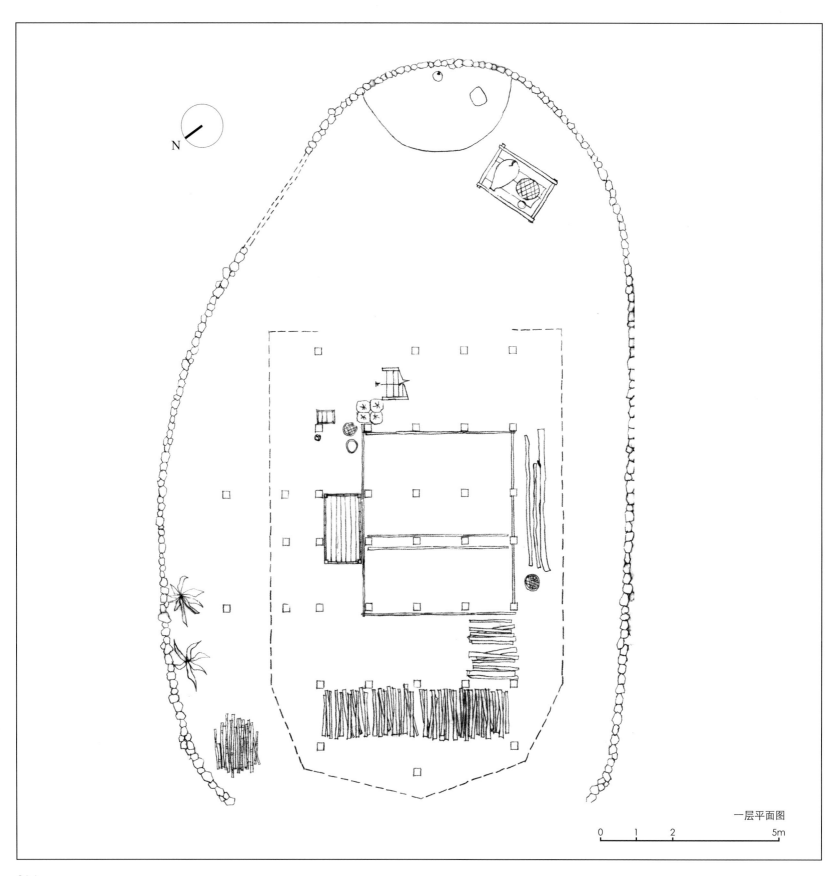

一层平面图

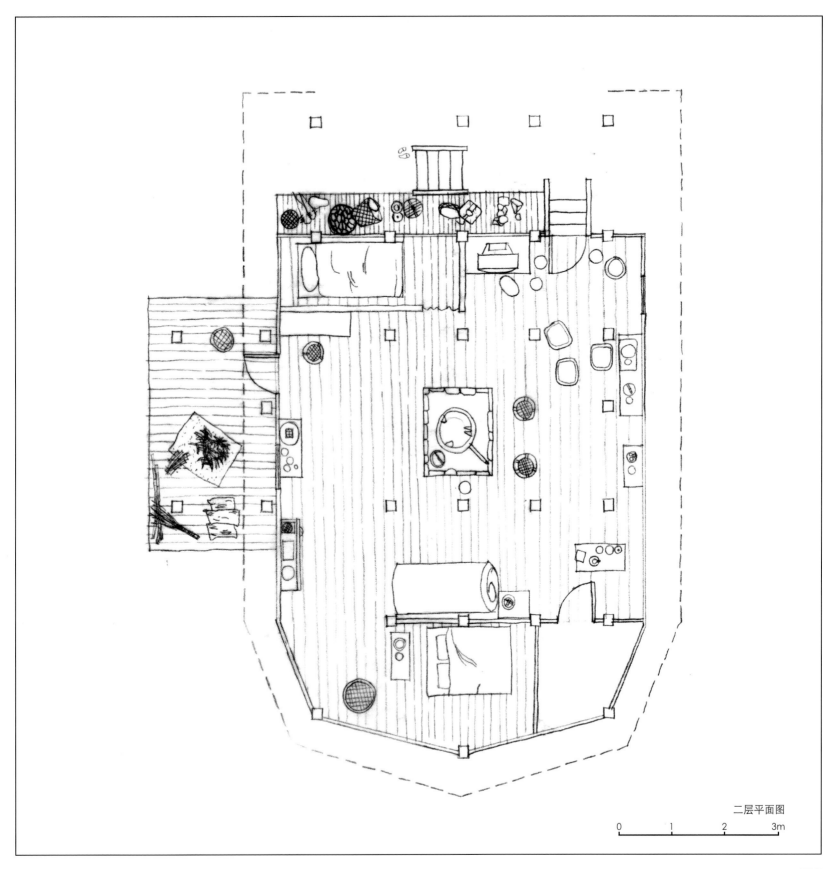

二层平面图

0　　　　1　　　　2　　　　3m

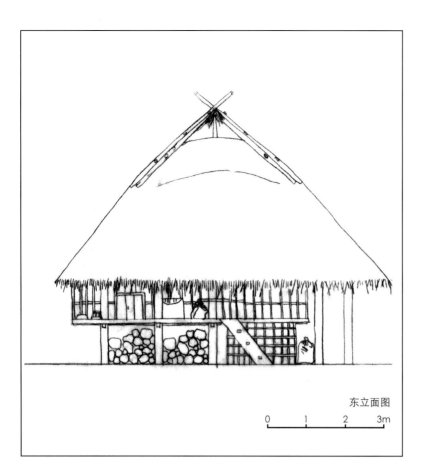

东立面图

0　1　2　3m

院子中的观景台利用一棵枯树搭建，使用木头梯子作为登上观景台的工具，观景台上使用住居中采用的搭建方式铺设简单的竹片地面，用竹筒作四周的维护栏杆，并用两根细长的竹竿作为梯子的扶手。观景台的搭建手法如同翁丁村中的住居一样，简单直接，但由于作为吸引游客的道具，观景台并不属于居民日常生活中所需要的功能用具

调查对象拾叁　杨尼块家

　　杨尼块家位于翁丁村的中心偏南的区域。这里由于地势较低，同时又距离西侧树林较近，与东侧和北侧的住居相比，日照时间相对较少，需要更多的室外晾晒区域的面积，所以杨尼块家在住居二层设置了晾晒平台外，还在住居院子入口旁边也设置了一块晒台。

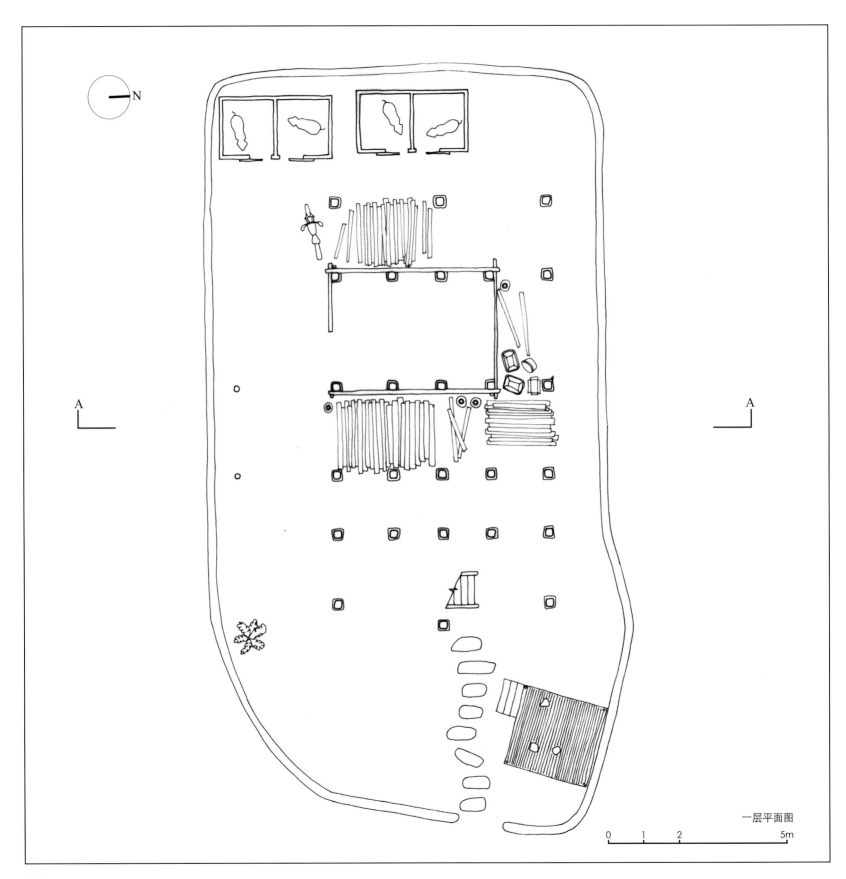

一层平面图

N

A A

0 1 2 5m

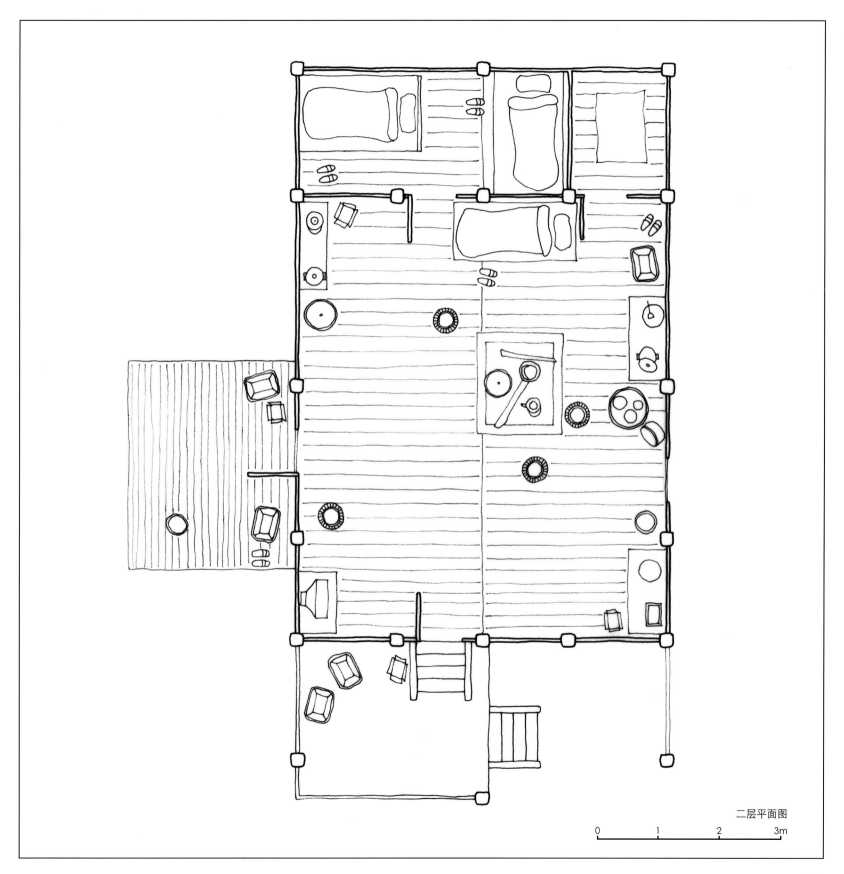

二层平面图

0　　　1　　　2　　　3m

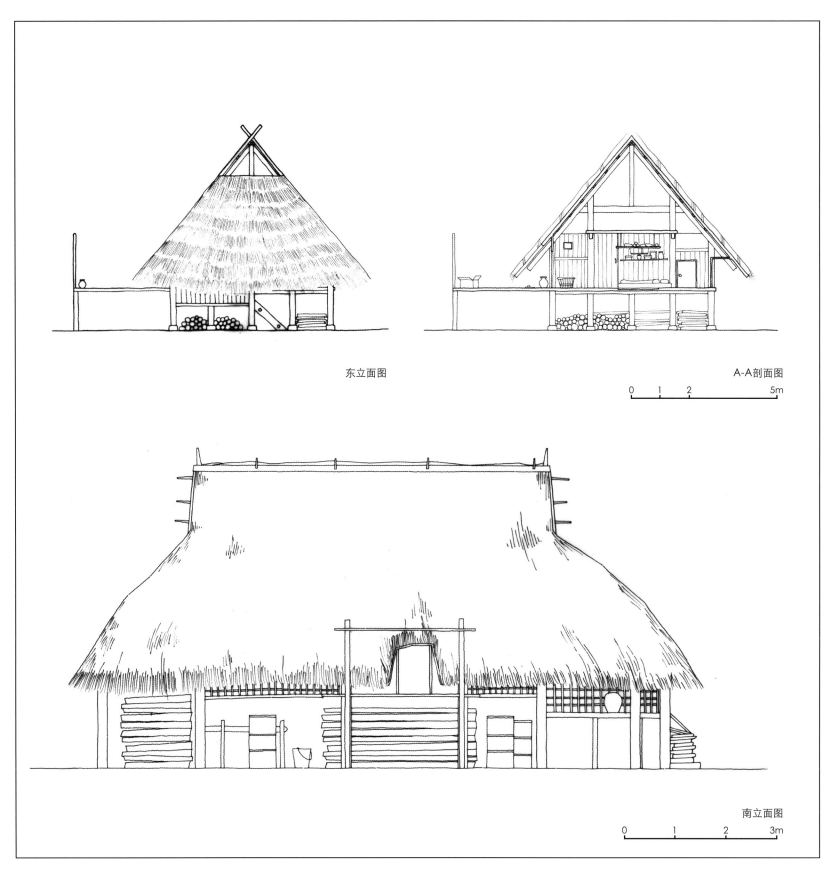

东立面图

A-A剖面图

0　1　2　　　　5m

南立面图

0　　　1　　　2　　　3m

在杨尼块家中的院子中可以清晰地看到居民铺设的行走路径。路径用碎石铺砌，连接院子入口、住居入口以及晒台

第三章　调查报告

1.聚落探访札记

建筑师在观察聚落时，是以空间的角度及人和人之间的交流作为出发点的。从调查研究和生活体验中可以发现，无论是村落的宅内空间尺度，还是宅间巷道的空间组织，都展现出了不同环境的空间行为特征与人的行为活动之间的密切关系。

1. 关于火塘

以火塘为特征的起居生活方式。火塘是干栏式民居的一个重要组成部分，也是干栏式建筑中富有特色的部分。《建筑四要素》中森佩尔将建筑的本质归纳为：土基、火塘（hearth）、框架/屋顶、围合物。每家都有火塘，它位于二层室内大空间的中部。火塘是在楼板上开一个方形的口，做成下沉式方斗，支撑火塘重量的木料架在梁枋上，铺底木垫和防火泥，在四边嵌边，隔热防火。火塘在家庭中相当重要，不仅具有炊事功能，更兼具家庭聚会、接待亲朋、休闲聊天等功能。客人来时，主人会招呼大家围坐在火塘旁，一起喝茶吃芭蕉等。火塘更重要的是它的精神性功能。火塘常年不熄火，生病的老人或者刚出生的小孩都会直接铺被子睡在火塘边上，可见火塘在人们心里的神圣地位。火塘使用炭火，油烟在室内弥漫，木楼里层都黏上了一层油烟，保护了木料，防腐防潮的同时也使得屋内阴暗，但天气晴朗之时，光从窗棂里射进来，微弱中伴着屋内火塘的烟雾能明显感受到光的颗粒感。阴影中的物品闪着一层暗光，古老而神秘。

2. 关于窗与光

根据笔者的走访和记录，开窗的位置一般不会朝向老人所坐的火塘一侧，也不会在神龛的小屋前开窗，开门的方向则会朝向寨心。所开的洞口通常很小，一方面是出于隔热防晒的气候原因，一方面则是对于光线的控制。置身于聚落的每一处，都会发现建造者对于建筑细部尺度与身体关系的关注，建筑与居住者形成的良好对话，设计只保留久经考验的、非感官的基本核心要素。

3. 关于造屋时的设计测量

通常村民们会根据各家自身需求，比如人口数、生活习惯等，自己规定房屋尺寸。当走访到寨心东侧有观景树的杨家住宅时，屋主给我们介绍了当初自己设计的经由。比较老的柱子都是夯入泥土中，而新房则是石质柱础，木柱直接架在上面。盖房子之前会去看别家的房子，有共通的经验。设计时规定尺寸通常跟身体尺度有关，如柱子夯入土地三"拿"（即拇指到中指的距离）约60厘米，屋面开间为4"排"（即将双臂平展开的长度）约8米，然后请村里的建筑师来帮助测量尺寸，找好位置立柱子等，以使结构精确，房子安全牢固。通常盖房子当天全村人都会来帮忙，之前的准备工作大约用两个月砍树、抬树。根据经验，冬瓜树通常被用来做梁。劈木头建成需要20天。柱子截面大约是20×20厘米，高约1.8米，都是砍来的树稍加修整，比较充分地利用原始木料。

4. 身体的尺寸

表示居住空间的尺度有各种单位，古今中外都把人体各部位的尺寸作为基准。英尺（feet）是以脚（foot）的长度（约30.48厘米）为基准的长度单位，从古埃及到希腊、罗马，其长度是在29~31厘米之间，与起源期相比不差上下。其中频繁被使用的是张开两个手臂的尺度，在西洋称"fathom"，在中国称"寻"，在日本称"庹"（tuǒ），是用于土地和水深测量的，据说是因为以此测量过绳、纲。此外"庹"等于身长的"杖"。从肘到中指指尖的长度在日本称"肘"，在西方把基本长度单位称为"cubit"。手的长度经常被使用。手掌的下端到中指指尖的长度在中国称"咫"，在日本称"阿塔"，这等于拇指和中指指尖伸开的长度。按照尺蠖（huò）的要领也可以测量圆的东西。握拳的幅度或者除去拇指其他4指的幅度为"束"，在西洋是"pale"，在中国是"握"。"束"的2倍为"咫"。"寸"是一个手指的宽度。

图1 村民围绕火塘饮食

图2 同乐村民居的窗与光

图3 翁丁村观景树家主人正在量房测量

5.关于柱子的意义

傣族民居的大小通常由它的柱子决定：一般的民居有40~50棵柱子，较大的民居有70~80棵柱子。在傣族传统社会中，柱子的数目标识了一个人的社会地位。柱子越多，表明房主的社会地位越高。另外，所有的柱子都有它们的名字，其中"扫召"（王子柱）被认为是男性并且是所有柱子中的首领，其位置与户主的床铺最接近。"扫嫡"（公主柱）与火塘或家庭主妇的床铺接近。"扫朗"是房屋结构中最重要的两颗柱子，是从地面延伸到屋脊的通柱。中柱在第二排木柱的中间，不允许触摸倚靠，这根柱子只有死者才能停靠。傣族民居最突出的结构特点就是屋面的主脊由这两颗柱子支撑而不是屋架支撑。当这两颗柱子要竖立起来时，人们要放鞭炮来祈求房子及住户的好运。由于柱子意义不同，堂屋中形成了统一的功能区域划分。在传统傣族民居营建中，为防白蚁、蛀虫，木材多用质地坚硬的杂木，如臭椿、铁刀木、毛栗及"麦干令"等，并按照"七竹八木"（即7月砍竹子，8月砍木材）的经验，八月份伐木备料。

6.关于建造中的材质

以经济建设为中心的社会主义现代化建设——包括物质层面和精神层面都正在毫不留情地冲击着中国传统民居聚落。乡土建筑如何应对挑战，实现可持续发展，是一个不容回避的问题。"在将空间与地点相结合，地点从而得到确立之中，建造实现其本质。"通过建筑的建造，地点被标识而获得了意义，建筑在构成空间的同时也实现了与地点的结合。这种结合一开始是有机的。在经济技术条件有限的情况下，建造活动完全呈现地方特色。利用地方地形，采用地方材料，利用地方技术。传统民居任何一种模式的文化内涵及其表象的特征，都是与其实际生活需要和可能的材料结构等物质条件共生的。天然建筑材料既有可持续利用其价值的一面，也有对生态构成破坏的一面。可持续的价值在于它的生态适应性、经济性、就地取材的方便性，但对乡土建筑材料的开发和生产也应建立在不破坏环境的基础上。各民族对于本地区天然建筑材料的使用都有着丰富的经验，工匠是这些经验的主要载体，以口传身授的方式传播，文字资料很少。

云南傣族聚居地区多采用通透的干栏式建筑，在香格里拉等藏民聚居的地方由于气候干冷则采用夯土墙。夯土墙俗称"椽冲墙"，也即孟子的"傅说举于版筑之间"的"版筑"，是我国古代土工建筑技术史上的重要成就之一，源远流长，使用广泛。对云南各民族来说，夯土墙除了取材方便、经济便宜之外，更坚固耐久、整体性强、热工性能优越。

图4 汤满村的夯土墙体

7.结语

有些聚落是人们在贫瘠的土地上延续生命而建设起来的，我们从中可以发现浓密的共同幻想，具有实践精神，包含着不安与梦想，是挑战性行为。生活是最残酷的淘洗，只有适合生活的器物，才能代代相传，躲过漫长时日的侵袭。而艺术也好，文明也好，借着这些物质存在，才为我们所感知、认识、欣赏、继承。住居不仅为人提供了住所，传统民居的建造也支持了人内在的微观宇宙观的发展。传统民居最宝贵也最值得保留发扬的，并非仅仅是空间形象，符号语言或装饰细部，而是蕴藏在建造过程中的整体思维和综合的思想方法与价值观。聚落是一部令人惊叹不已的生存记录。这里的人们温厚、纯良，他们坚持的生活方式和聚落本身能够延续至今的性格令人钦佩。聚落不断发生着细微的变化，处处都重复着形成与消亡。不管怎样，我们要充分理解领会建筑细节中蕴藏的人类智慧。时光流转，像进行"旅行"那样做建筑。

图5 九龙牧场的木结构

2. 翁丁村居民姓氏家族及关系解析

在调查时，翁丁村居民共由五个姓氏家族组成，分别是杨、肖、李、赵和田姓家族。

在翁丁村中的这五个家族中，杨姓家族时间最长，是最早来到这里建立翁丁村的家族。村寨最开始是由从现在缅甸境内迁来的杨姓兄弟所建立的。在保持着原始的社会秩序的翁丁村中，寨主一直是在杨姓家族中世袭传承，而村中的大小事务也均由杨姓家族的寨主来掌握。李姓家族和肖姓家族是翁丁村中的两个主要大家族，两个家族辅佐杨姓家族，分担和参与村中大小事务。两个家族各有分工，李姓家族主要负责承担翁丁村与其他村落之间的联络、交易等外事活动；肖姓家族主要负责村中内部的组织、协调等各项事务，可以说李、肖两家是在村中握有实权的家族。赵姓家族和田姓家族由于迁入时间较晚，人口数量又少，所以并不在村中承担重要职责，是翁丁村中的两个小家族。

五个姓氏家族中，目前人口户数最多的为肖姓家族，在翁丁村中101户居民（有一户居民因久无人住，情况不详）中占据39户，分为了12个支系家族，其中最大的肖姓支系家族是肖俄嘎家，共有7个家庭组成；其次是杨姓家族，共有27户居民，分为6个支系家族；李姓家族，有18户居民，分为7个支系家族；田姓家族有9户居民，分为4个支系家族；赵姓家族有7户居民，分为3个支系家族。

观察翁丁村中每个姓氏家族的规模可以发现，作为村寨主人的杨姓家族虽然并没有最多的人口和户数，但却拥有村子中最大的支系家族，也是现在寨主所在的家族，共有12户组成，在这个支系家族中，以编号A04杨岩块家居住的住所为老房，其他居民均由此住居中分

家迁出，建立新的家庭和住居。观察整个杨姓家族可以发现，杨姓家族的人口集中在两个大的支系家族之中；只有很少的几户独立于大家族体系，成为独立的支系家族。肖姓家族拥有最多的人口和户数，推测这可能是因肖姓家族实际掌管翁丁村中内部的各项事务，使得本家族可以得到比较顺利地扩大，并且肖姓家族中各支系家族规模差距并没有像杨姓家族那样悬殊，支系家族之间规模的差异性存在着明显的连续性，只有2户居民是独立的，其他均存在有联系性的家族关系。相比肖姓家族，负责村寨外事活动的李姓家族明显人口和户数就少了许多，并且有一半为独立的支系家族。纵观五个姓氏家族之中，每个家族中都有一个具有绝对人口和户数优势的大家族的存在。

而之所以在五个姓氏家族之中可以产生出新的支系家族，是由于佤族居民的"分家"制度，成年男性居民在成家后要外迁，一般由年龄最长或最幼的居民继续生活在老房里，而老房便成为了每一个支系家族发展的中心。经过对五个姓氏家族的所有老房位置的观察可以看到，规模最大的肖姓家族的老房主要集中在翁丁村的西南部，在翁丁村中这里地势较高，住居的采光、通风环境也都相对较好；寨主所在的杨姓家族老房集中在村寨北侧，在通往寨门的主要道路旁边，距离寨门及广场距离都非常近，进入村寨后走主干道便可以很快到达；李姓家族的老房普遍集中在翁丁村的西南部；赵姓和田姓由于户数较少，老房穿插在三个大家族之中布置。而结合总图来看，翁丁村的三个寨门分别布置在北侧、西南和东南侧，方便三个主要家族的居民进出村寨。

肖姓家族

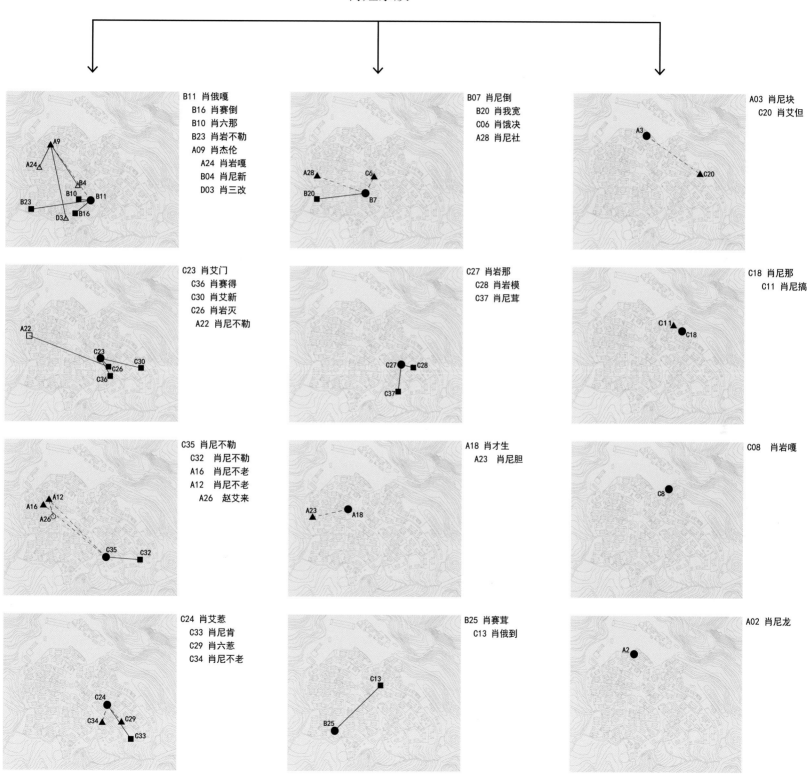

B11 肖俄嘎
B16 肖赛倒
B10 肖六那
B23 肖岩不勒
A09 肖杰伦
A24 肖岩嘎
B04 肖尼新
D03 肖三改

B07 肖尼倒
B20 肖我宽
C06 肖饿决
A28 肖尼社

A03 肖尼块
C20 肖艾但

C23 肖艾门
C36 肖赛得
C30 肖艾新
C26 肖岩灭
A22 肖尼不勒

C27 肖岩那
C28 肖岩模
C37 肖尼茸

C18 肖尼那
C11 肖尼搞

C35 肖尼不勒
C32 肖尼不勒
A16 肖尼不老
A12 肖尼不老
A26 赵艾来

A18 肖才生
A23 肖尼胆

C08 肖岩嘎

C24 肖艾惹
C33 肖尼肯
C29 肖六惹
C34 肖尼不老

B25 肖赛茸
C13 肖俄到

A02 肖尼龙

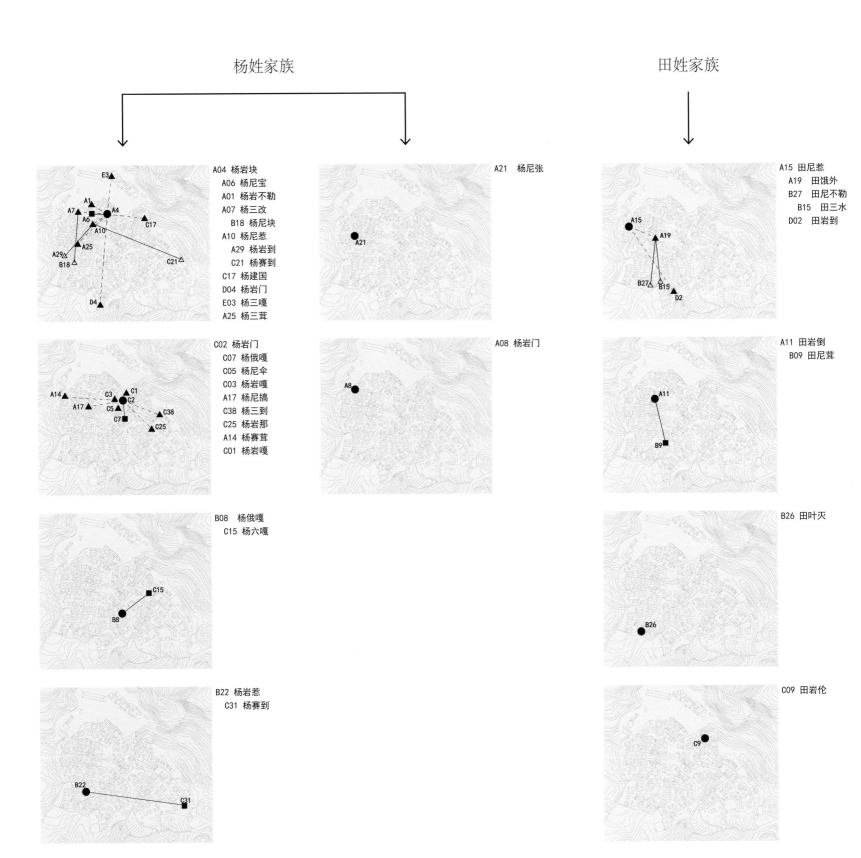

杨姓家族　　　　　　　　　　　　　　田姓家族

A04　杨岩块
　A06　杨尼宝
　A01　杨岩不勒
　A07　杨三改
　B18　杨尼块
　A10　杨尼惹
　A29　杨岩到
　C21　杨赛到
　C17　杨建国
　D04　杨岩门
　E03　杨三嘎
　A25　杨三茸

A21　杨尼张

A15　田尼惹
　A19　田饿外
　B27　田尼不勒
　B15　田三水
　D02　田岩到

C02　杨岩门
　C07　杨俄嘎
　C05　杨尼伞
　C03　杨岩嘎
　A17　杨尼搞
　C38　杨三到
　C25　杨岩那
　A14　杨赛茸
　C01　杨岩嘎

A08　杨岩门

A11　田岩倒
　B09　田尼茸

B08　杨俄嘎
　C15　杨六嘎

B26　田叶灭

B22　杨岩惹
　C31　杨赛到

C09　田岩伦

236

李姓家族　　　　　　　　　　　　　　　　　　　　　　　　赵姓家族

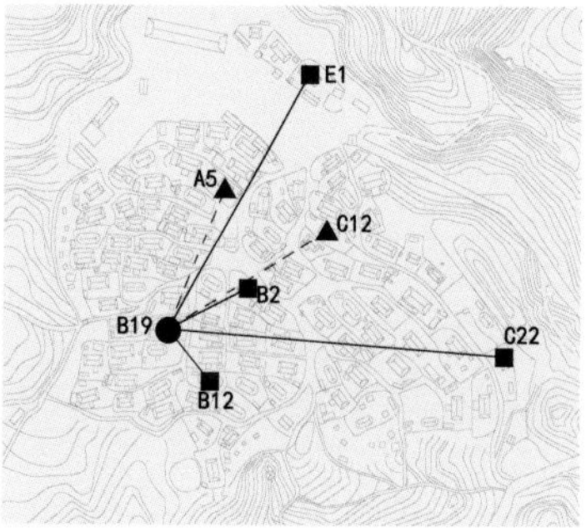

B19 李尼倒
　　B02　李三木嘎
　　B12　李饿宽
　　C22　李应生
　　E01　李艾门
　　C12　李赛惹
　　A05　李六那

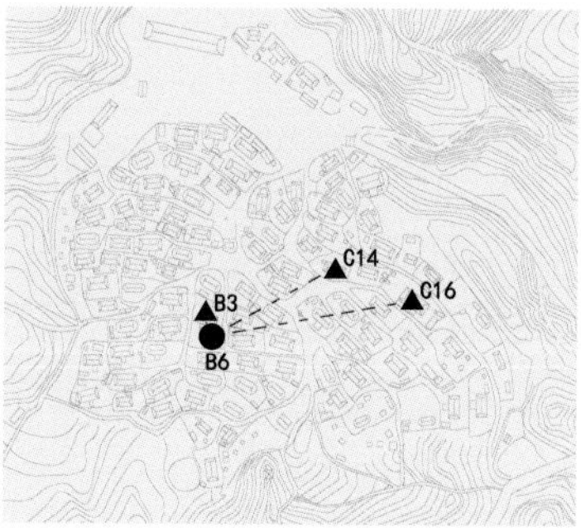

B24 李尼块

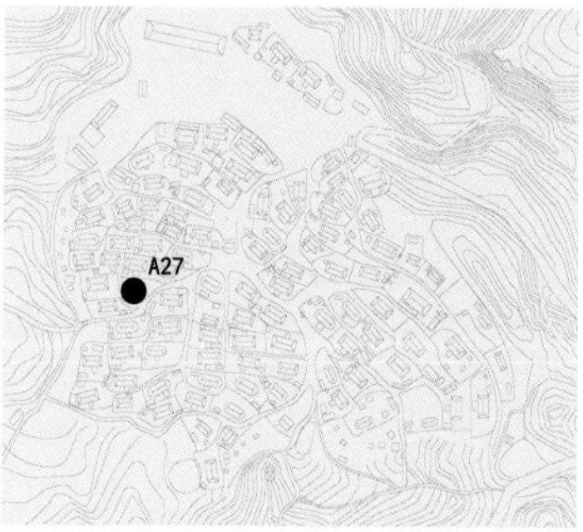

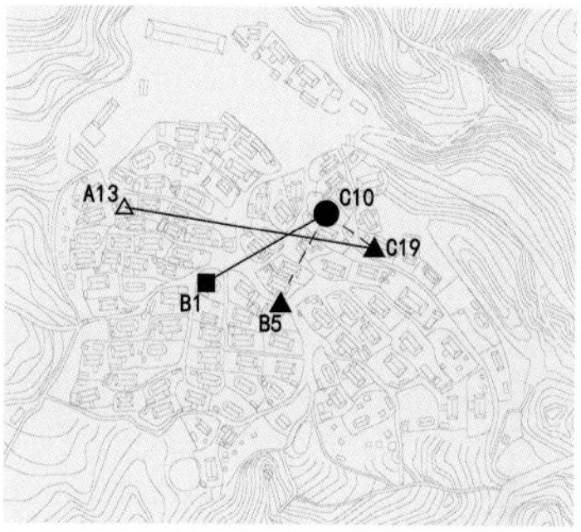

C10 赵尼那
　　C19　赵艾改
　　A13　赵三块
　　B01　赵叶块
　　B05　赵宾

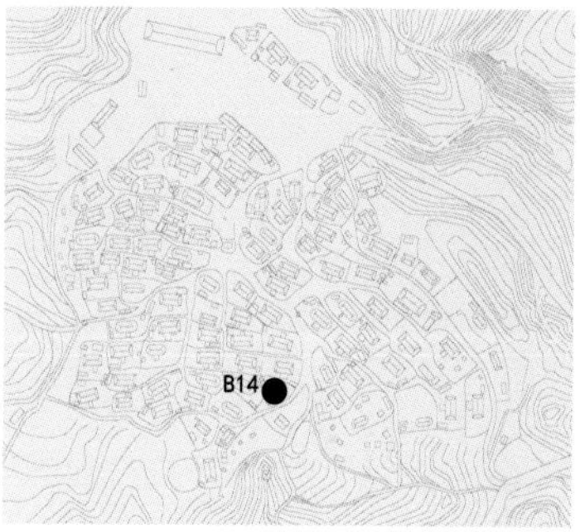

B06 李岩块
　　B03　李成
　　C16　李宏
　　C14　李赛惹

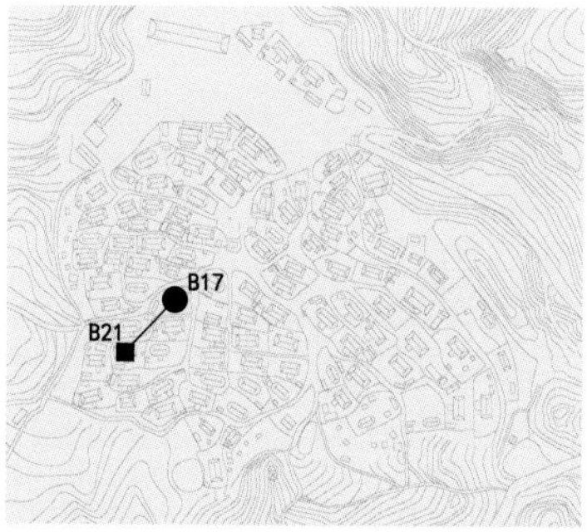

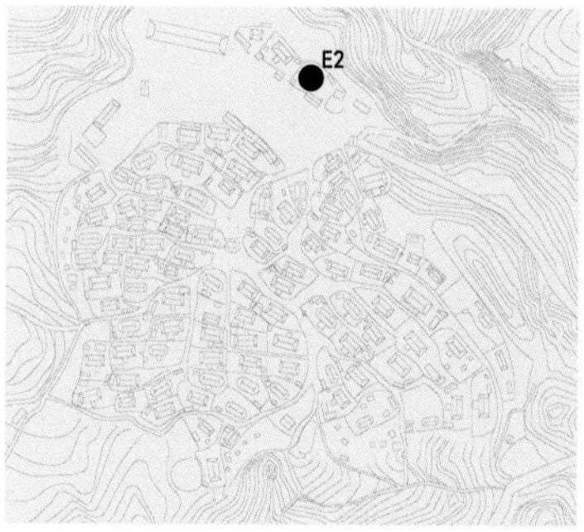

A27 李饿惹

B14 赵锋

B17　李岩块
　　B21　李俄倒

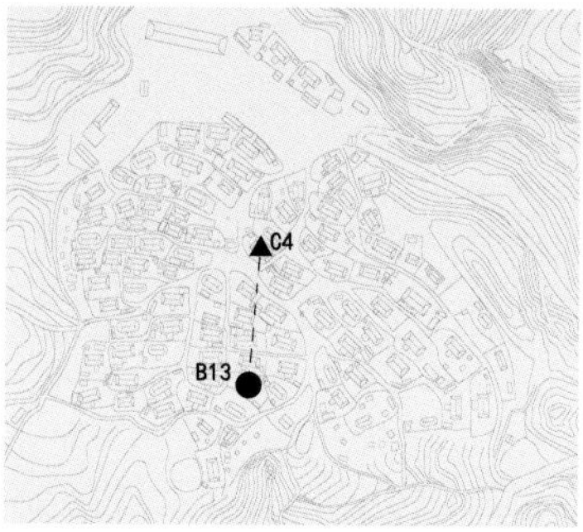

E02 李艾抗

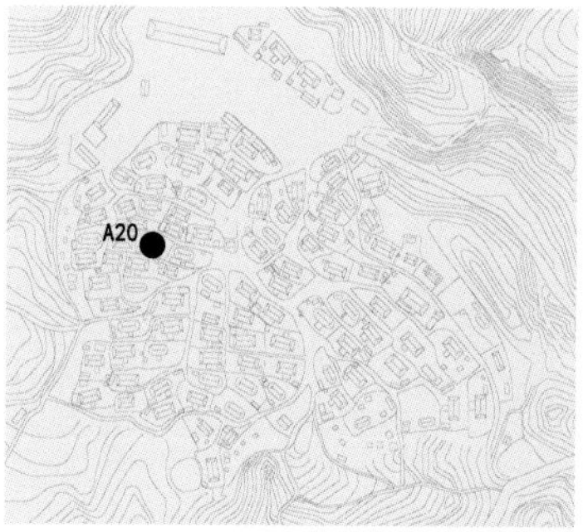

A20 赵岩来

B13　李岩到
　　C04　李岩灭

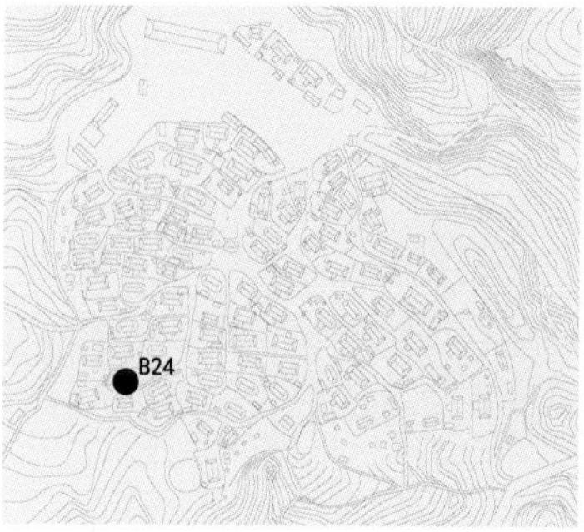

237

3.翁丁村佤族民居中的披檐

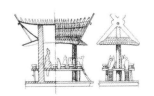

图1 晋宁铜贮贝器上小铜房

图2 翁丁村传统佤族民居

图3 大马散永俄村佤族民居

1963年，云南晋宁石寨山出土了大约公元前100年的几件小铜房子，屋面均为悬山屋顶长脊短檐的倒梯形屋顶，可能是为了防止山墙面受雨淋。其中一铜贮贝器盖上的小铜房两山墙面增加了披屋面，这样更利于防雨，形式上就很接近现在常见的歇山式屋顶了。比如汉族的殿式建筑和傣族的竹楼，脊部到两侧山墙位置处断开，再分向四角，形成左右侧檐。

与这样的长方形歇山顶相比，调研中沧源翁丁村很多佤族民居的披檐却是弧形的。其顺着与长向的屋面相接，上覆茅草，看不到脊线，屋顶呈一个完整的长圆形，让人印象深刻。披檐的屋架上部搭在主体山墙面的梁架上，呈扇形展开，结构上更像一种从原始社会就有的长圆形住居。几根主檩条的下部搭在外沿呈扇形布置的柱子上，出檐1米左右，檐口离地面1.7米左右，人就从这里进去，上到檐下的平台，再进入屋里。平台介于室内和室外之间，因为光线充足，可以在这里做些家务活，同时也是储藏间，存放粮食农具和生活杂物。

这样的弧形屋顶也出现在同样是佤族的西盟大马散永俄村。虽然这里大多的房屋已是瓦顶和混凝土柱结构的，但在山墙外侧同样呈扇形分布着柱子，因不能做成草顶那样的整弧面，瓦顶分成三个折面搭在柱子上，同时檐口还保留成弧形的，在形式上与村中尚存的一些竹木草顶房相呼应。这里同样是作为房屋的入口，上一段台阶就可进到室内平台。但由于一层过高，出檐过短，常常还要在披檐底部加上一段石棉瓦或草顶以避雨。如此坚持半圆状的型制，似乎其已成为佤族住居共有的一种形态特征，以区别于其他的民族，即使材料和建造方式已发生变化，但过去的空间观念还是以相同的形式表现出来。

其他地区的佤族住居又是怎样的呢？由八九十年代出版的《云南民居》及其续编可见，西盟、沧源、孟连和耿马的佤居大体都还有长圆或半长圆的型制，但由于地方性的差异和受到其他民族影响的不同，其功能和具体形式也各不相同。按记载，佤居室内主要分为主、客间。主间是家人住处，设主火塘做饭烤火，环火塘设木板竹席为睡处，有两外门，相对设于长向靠客间位置，一为主人平时出入，一为上晒台、入菜园。客间，设为客人做饭或煮猪肉的客火塘和祭祀用的鬼火塘，现多合用，多布置祖先神家神人头袋等宗教性设施，在山墙侧设鬼门，门外不远有家人坟地。

可见，翁丁村看似保留了传统的形式，但由于宗教性活动的减少，住居内已无主客间之分，火塘减至一个，平时也只从山墙侧的"鬼门"进出。而《续编》中的西盟岳宋村还保留了一些过去的布局。其中，鬼门在半圆形披檐一侧，而屋顶另一侧却是悬山草顶。相比之下，客间一侧半圆形披檐除了覆盖出入鬼门的平台，似乎也与祭祀性的活动联系在了一起，是否如同西方巴西利卡教堂中半圆形的神龛？另外，是否也象征着佤族起源传说中的洞穴？

与观念的变化相伴的是物质的变化。翁丁村中便宜耐久的石棉瓦渐渐取代了茅草，巨大的材料差异使得山墙披檐不可能再采用弧形衔接，而是采用常见的方形歇山，功能上与同村的老房子相差无几。所谓"复茅"工程也不过是在石棉瓦上铺层草而已，"神"已不在。

翁丁村地处僻远，在过去或许还能在自给自足的封闭环境中延续一个聚落从物质到精神上的完整性，但在现代社会中，却不可避免地会受到外界的影响，或者是根本性的改变。调研中，有时感觉像是穿越时光，回到很久以前，看到曾经的生活是怎么样的，人是怎么走过来的；有时感觉像是在跟时间赛跑，晚到几年，就像已错过了几十年，几百年。

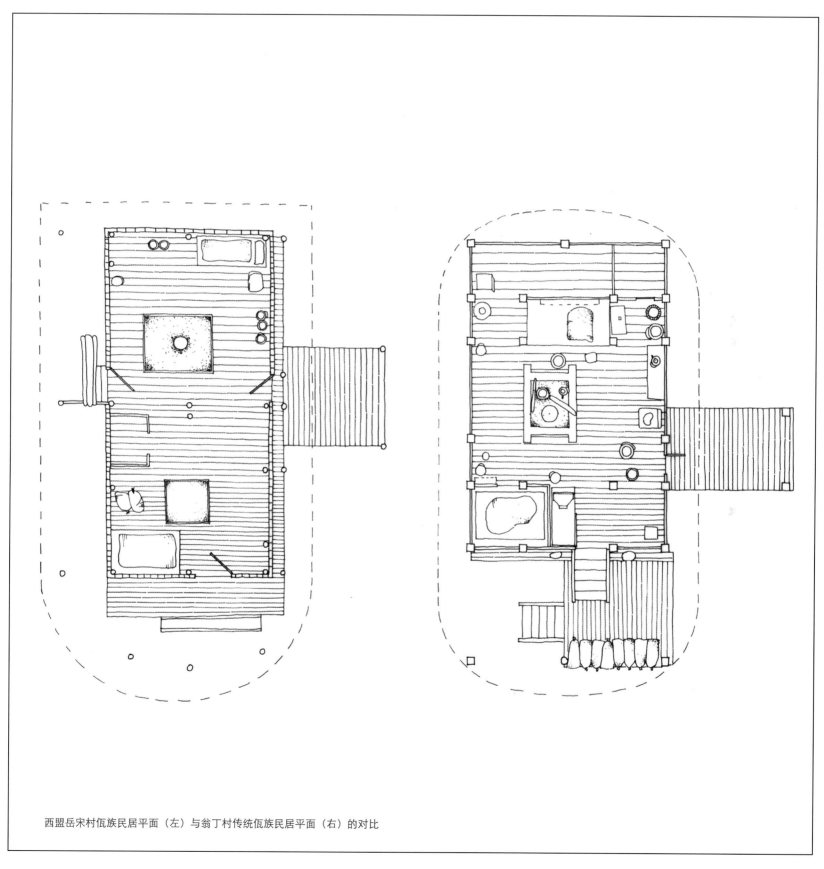

西盟岳宋村佤族民居平面（左）与翁丁村传统佤族民居平面（右）的对比

4.聚落调查的三点启示

从聚落调查者的角度去观察聚落，那些被调查的对象，从聚落空间格局到屋宅、家什、装饰等都格外不同于我们所理解的"设计"的产物。这一层差异实际上正体现出非专业者与专业的设计人员，在面对生存、居住问题时所输出的观念的不同。因此，调查、认识并理解聚落中的人造产物是如何被确定材料、尺寸，并在建造者代代相传的实践经验中被选择，对于认识聚落、学习建造者的经验与智慧来说是一项十分必要的工作。向建造者学习并从中得到启示，便是在"非设计"与"设计"之间寻找建造智慧的弥足珍贵的一课。

1. 向心

永俄村位于大马散村南部，隶属西盟县区域。聚落呈现阶梯式下降的空间走向，道路的高度与下一层的屋檐相接。引人注意的是，在寨子的中心区域从地面凸起，形成巨大的向上升起的锥状土坡，在土坡的中心植有一小树，周围一圈的房宅均朝向这棵小树布置。从卫星图上观察，这些房宅与土坡的中心保持了一定的距离，形成一种足以表达敬畏的空间张力。寨心在聚落中被住民认为是最接近神灵的地方，与同样是佤族聚落的翁丁村的寨心不同的是，永俄村的寨心选择以树为寨桩，而不是用象征财富和生殖崇拜的手工制作的木雕为寨桩。

向神灵与祖先祈福，并不是对虚构的神灵的想象物寄托信仰，而是创造出实体的对象物。步步上升的空间意向与寨民对心中神灵的敬畏心是吻合的，而寨中村宅围绕这个寨心布局也强调了这棵树的高度支配性。永俄村的寨心及周边呈现出屋宅围绕上升的土坡展开，并与寨心树保持相当的距离的配置构成关系。这正是聚落中的每一个个体对祖先与神明的由下到上、单方向的敬畏心理趋向的体现。而这一带有浓烈精神指向的空间场所的存在反作用于村民，更加剧了寨民心中这种单纯的精神信仰。

不仅如此，村落中另一种向心性则体现在每一户住宅的内部——火塘的配置上。火塘在本次调查的诸多村落中都成为屋宅的中心，具有室内空间的主体支配性。火塘的位置通常呈偏心的状态，因为入口总是不在中轴线上，这样火塘稍向另一方向偏轴位移一米左右的距离，为从入口进入的人预留出一定的空间。

火塘上方架起烘干架，木料燃烧的烟气向上攀升从屋脊的洞口飘出；围绕火塘，一天的生活得以展开，吃饭、聊天也都是围着火塘而坐，但由于操作不便，火塘并不适合用来取火烧饭，而只是时常架起铁箍烧水。实际的烧饭另有灶台可以使用，因此火塘对于村落中的居民来说如同我们客厅中的茶几，是家庭内部进行交流活动的核心场所。

2. 尺度

在村落民宅单体测绘的过程中发现，底层柱桩的高度、间距之间存在着微差，使用者会根据自身家庭的实际需求，对柱桩的尺寸进行具体的设定，体现出较大的灵活性。

以翁丁村的两户村宅为例，A图村宅的主人是村中的"建筑师"，这样的匠人在村中共有四人，他们主要通过与每户人家交谈，了解具体的人口、牲畜、家具及拖拉机大小等家庭情况，确定柱桩尺寸、高度及使用面积。他自己的家宅的柱距、柱高、柱截面的尺寸都是村中最大的，长向柱距基本在2.6米以上；柱桩木材的切割也较为娴熟，边缘规整，这样的自宅显现出他对木房屋做法的自信。而在调查中得知，他所用的测量与建造的工具只是角钢尺、螺丝刀、小刀和锯这样的简单工具。

"建筑师之宅"的底层空间容纳了牛棚、柴火堆和搅拌机等各种杂物。由于底层的柱距较大，整个底层可以满足喂养牲畜、堆放杂物等功能性的尺度需求。而另一所住宅B，柱距明显小于住宅A，长向的柱距最大也仅为2.7米，相当于住宅A的长向平均柱距。这座住宅的底层

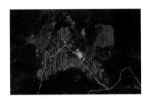

图1 永俄村卫星图

图2 永俄村寨心树

图3 翁丁村寨心桩

图4 呈偏心状态的火塘

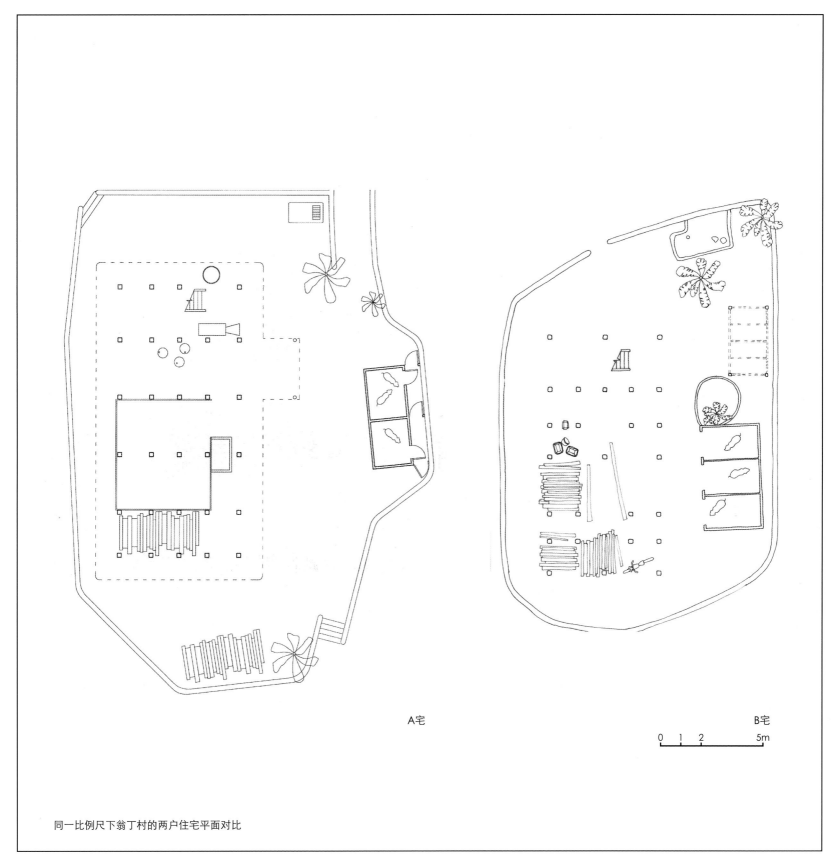

A宅   B宅

同一比例尺下翁丁村的两户住宅平面对比

0 1 2   5m

图5 "建筑师"的工具库

图6 "手尺"示范

图7 翁丁村尼勒家光线

图8 永俄村屋内天窗

柱网排列采用了明显不同于住宅A的"十字"减柱法则。在翁丁村的调查中发现有一部分住宅采用了这种法则，而这些住宅的一致性特征便是柱距通常不大，因此需要通过减柱的方式预留出便于使用的空间。这种"十字"减柱法则的规律是以最中心的柱子为中心，向三个方向分别减少一个柱子，同时向另一方向减掉两个柱子，得以形成围绕中柱的灵活的空间，这样住宅B最大的柱距变为5.5米，可以用来放置长条木料、圈养牲畜。

至于底层柱高，我们在翁丁村的一户村宅调研中了解到，一般住民对于底层柱高的选择通常是用"手尺"作为标准单位，进行丈量和选材的。在这户杨姓人家的调查访问中得知，他最初的设定是柱桩入土三"扎"（拇指与中指尖的最远距离），地面以上部分为八扎。调查中发现，村中男子的身高普遍为1.5米左右，与这八扎的高度是吻合的，这家主人在底层的空间内可以活动自如，而笔者身高1.8米左右，在底层的测绘工作中经常头撞横梁，不失为一种对聚落尺度感知和认识的深刻记忆。

3. 用料

聚落的构成时常充满了让人惊异的点，让人不禁追问建造者做出选择的动机，得出的答案更让人尊敬建造者的智慧。

我们在调研中发现，室内的环境在光线的照射下呈现出橘红色的温暖色调，极具场景戏剧性。进一步探访得知，这种戏剧性的效果得益于一块普通的透明薄板。根据翁丁村村民的叙述，这种薄板可以在勐德县买到，拿回家的时候是乳白色的半透明板，安置在窗口上，在火塘的烟熏作用下，再经过日积月累便附上了一层深浅不一的橘红色。阳光穿过这层橘红色的窗洞自然被过滤成为温暖色调。因此这种选择在起初是一种偶然，但经过实际的使用，暖色的窗投进的光线更被村民所接受，并幻化到日常之中，逐渐成为了这些茅草屋中非常具有戏剧性的构成物。

对于村宅的建造，建造者同样在材料的选择上积累了丰富的经验。火塘在室内比地面凹进十至十五公分，通常周圈选择梨木，因为梨木较为坚固，房屋的横梁也用梨木搭建。烧火区域之下覆以黄土，火塘中心点与边缘的距离保持在五十到六十公分，有利于防止火苗烧向边缘，减少火灾风险。

在每户宅院的底层都堆放一些木料，有些是用来烧火，有些用来拼装搭建鸡笼、猪圈以及各种家具。在调查中随处可见建造鸡笼、打制家具的活动，村民可以轻松地根据需要量取需要的木料进行加工。

4. 总结

探访聚落中的表观现象，观察聚落的主人在建造他们的家园时做出的各种选择。不难发现，这些选择都保持了基本的人对于生存空间的积极的探求，这种探求或许是缓慢的、日积月累的，但正是这种通过不断试验、实践而累积的建造的智慧，成为聚落在漫长的日月山河中得以存在至今的缘由。村民的选择与我们的设计虽然都是进行对生活空间的营造，但不同在于，聚落建造者的选择永远从自身的经验与需求出发，其中建造的真实与直接性，是当我再次认识"设计"时的最大收获。

5.翁丁村住居的结构研究

每一个聚落的形成以及住居形式的确立均经历了时间严格地筛选，聚落中的居民对其生存环境所作的每一次微小"设计"都在解决问题。相对于其所处的时间和空间来说，这些"设计"都是精确且必要的所在，而其载体则是具体的建造活动。笔者在田野调查的基础上，对佤寨翁丁村中的建造活动进行了考察，发现聚落中住居的结构与建造方式不尽相同，划分为"传统"与"新式"两种类型。本文则是对此两种类型住居结构与建造方式的阐述与比较。

1. 传统住居的结构及其特点

在传统住居的结构中，单品屋架由两根中柱支撑横枋。横枋上立有短柱，短柱呈Y形，利用带有枝杈的树干加工而成，形成凹口用来支承和固定脊檩。横枋的两侧立有两根细杆，支起一块木板，木板中间凿孔，以便穿过短柱。木板两端以及横枋两侧出挑的梁头用来承托其余的檩条。一般，整个住居结构体系中包含了两至四品这样的屋架。屋架间的联系有三处，首先是在屋架的上部，横枋上的短柱上凿有小孔，用细杆穿过作为联系，两端有插销。其次是每品屋架的两根中靠近横梁的位置都凿有榫眼，两根梁穿过这些榫眼起主要的联系作用。最后是在中柱的下端开有榫眼，穿地板梁作为底部屋架联系的加固。地板梁承托楼楞，也用于架火塘。屋架的两侧对称地立有边柱，边柱高出地板。柱端有榫头，用凿有榫眼的边梁将这些边柱联系在一起。边梁还有檩条的功能，将屋顶荷载传递至边柱。同样的边柱也穿过地板梁作为纵向联系。

屋架的端部，立三根柱子，用来承托端部的三根承檩斜梁。三根柱子与主屋架没有上述的穿插联系。并且为了屋顶呈现弧形形式，这三根柱子并不是布置在一条水平线上，中间一根的位置往往向外位移，使得三根柱子连线呈弧形布置（图1）。

传统类型的屋架结构类似于抬梁式的屋架结构，分级架设檩条，用以捆扎承托椽子。其纵向联系相对较强，而横向联系较弱，只有横梁发挥此作用，并且中柱与边柱之间也缺少横向联系之构件形成整体框架体系。因此传统型的屋架抗侧向力较弱，所以柱子深埋于土中，使整体结构能够保持稳定。同时住居的底层空间较矮，即楼板至地坪的距离近，使得住居的重心下移，同样也是为了增强整个屋架结构抗侧力的目的。

图1 传统住居端部屋架构造

2. 新式住居的结构及其特点

新式住居的结构类型相对于传统住居来说，其屋架结构变得复杂并且多样。新式住居屋架有两类：一类是与上述传统住居结构类似的屋架，相对应的平面呈现的也是四柱至八柱堂屋；另一类是单开间屋架，相应的平面呈现的是无柱堂屋（图2）。

第一类屋架结构与传统类型类似，两根大柱支撑横枋，横枋上支撑短柱承托脊檩。与传统屋架不同之处在于斜梁的架设。斜梁的一端与短柱连接，另一端与边柱连接并出挑以承托屋檐，这种做法增强了屋架的构件之间的联系。斜梁上承托其余檩条。

第二类屋架结构则属于单跨屋架，两根大柱不再位于屋架中部，而是与住居的围护处于同一轴线上，取消了边柱的辅助承重。依然用斜梁承檩，然而斜梁的端部不再与边柱通过榫卯方式搭接，其端部构造有两种方式，一是由出挑的托木承载，托木则通过榫卯与大柱扣合；二是直接将斜梁端部搁置在横枋上。

图2 无柱堂屋

3. 两种类型住居结构的比较

传统住居采用的是长短柱承重的支撑框架体系与整体框架体系的结构，强调构件竖向支撑性能，而水平联系较弱。新式住居则通过穿梁、斜梁等将构件编织形成整体框架体系，从而获得更稳定的力学性能。

传统类型的住居结构中，屋顶兼顾了庇护与围合两种功能意义，因此屋面坡度较大，脊檩的位置很高，而靠近檐部的居室空间则低矮。新式住居中，屋顶仅仅

左上为传统住居的纵剖面
左下为新式住居的纵剖面
右上为传统住居的横剖面
右下为新式住居的横剖面

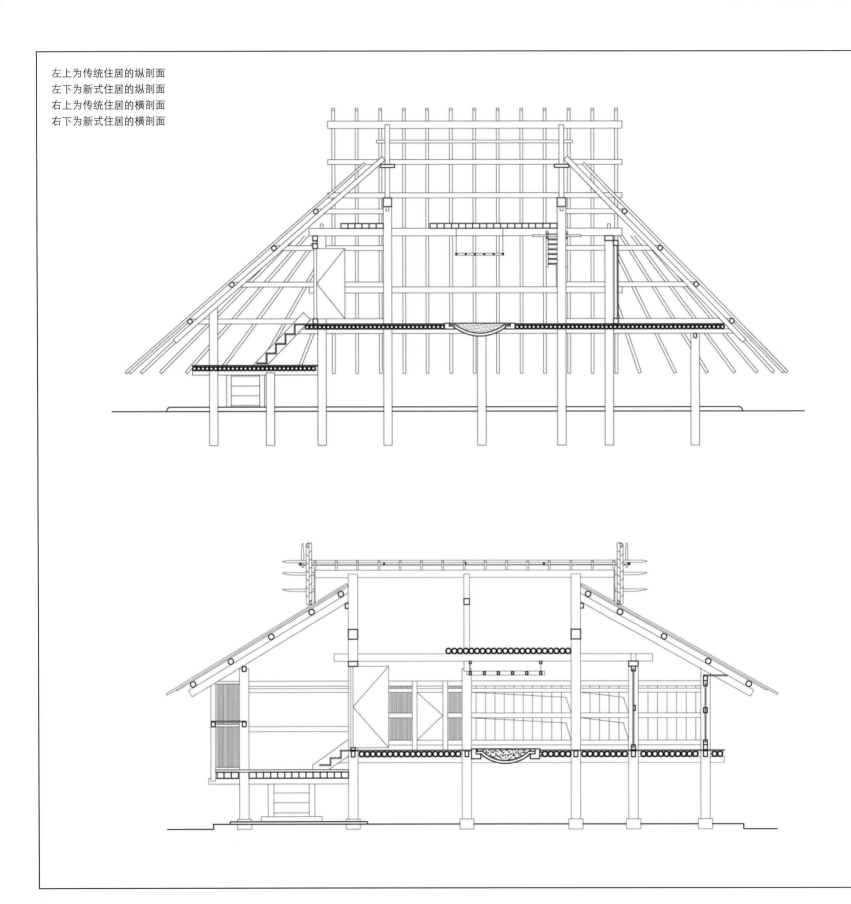

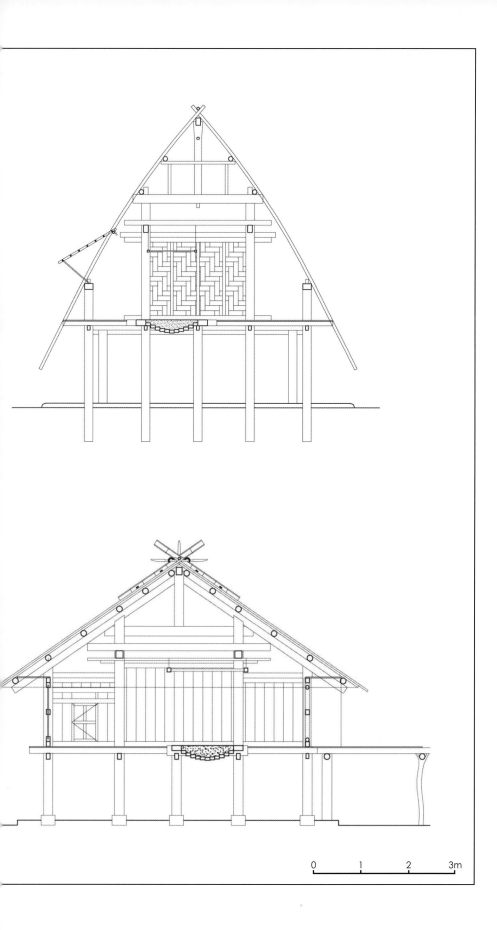

起到庇护覆盖的作用，围合则由墙体（木板和篾巴）承担，屋面的坡度相对于传统住居较为平缓，脊檩的高度降低而檐台部分空间高度增加，便于日常活动。然而较缓的坡度使得雨水不容易滑落从而会加速草片的腐烂。因此新式住居的屋顶是复合结构，檩条不直接架设椽子，而是先敷设一层防水层（石棉瓦、油毡、篾巴）然后再架设椽子、捆绑草片。而在住居屋面交接的脊部，传统民居的做法优于新式住居。由于新式住居使用方正的框架体系，致使草片在屋面交接的脊部不容易很好地衔接，往往留有缝隙，不能形成一个整体，在风吹日晒的情况下，脊部的草片更容易腐朽。而传统住居弧形的屋顶形式，则能满足草片相互叠加的衔接方式，使得脊处的过渡更加自然，能够形成一个整体，从而使得住居的屋顶更加耐久。

0   1   2   3m

本书执笔人名单一览

概述及村子简介撰写：
第一章　概述　　　　　　　　　　　　　　　　　　　　　王萌
第二章　五个聚落的村子简介
　　1. 云南省西双版纳傣族自治州勐海县打洛镇勐景来村　　郭婧
　　2. 云南省西双版纳傣族自治州勐海县西定乡章朗村　　　何松
　　3. 云南省景洪市勐龙镇曼飞龙村　　　　　　　　　　　刘禹
　　4. 云南省普洱市西盟县勐卡镇马散村永俄新村　　　　　张振坤
　　5. 云南省临沧市沧源县翁丁村　　　　　　　　　　　　张捍平
村子图说撰写：
第二章　八个聚落的村子图说
　　1. 云南省西双版纳傣族自治州勐海县打洛镇勐景来村　　余飞
　　2. 云南省西双版纳傣族自治州勐海县西定乡章朗村　　　何松
　　3. 云南省景洪市勐龙镇曼飞龙村　　　　　　　　　　　余飞
　　4. 云南省景洪市勐龙镇曼干边村　　　　　　　　　　　余飞
　　5. 云南省景洪市西双版纳傣族自治州大巴拉寨　　　　　余飞
　　6. 云南省普洱市西盟县勐卡镇大马散村　　　　　　　　杜波
　　7. 云南省普洱市西盟县勐卡镇马散村永俄新村　　　　　杜波
　　8. 云南省临沧市沧源县翁丁村　　　　　　　　　　　　张捍平

第三章　调查报告
　　1. 聚落探访札记　　　　　　　　　　　　　　　　　　郭婧
　　2. 翁丁村居民姓氏家族及关系解析　　　　　　　　　　张捍平
　　3. 翁丁村佤族民居中的披檐　　　　　　　　　　　　　何松
　　4. 聚落调查的三点启示　　　　　　　　　　　　　　　张振坤
　　5. 翁丁村住居的结构研究　　　　　　　　　　　　　　刘禹

书中图纸绘制：
王智峰
P18-19
刘禹
P22-25、P30-34、P52-56、P70-71、P73-74
雷阳
P48-49
余飞
P60-61、P66-67、P114、P124-125、P191
郭婧
P132-133、P210-212、P216-218
何松
P136-138、P144-146、P154-155、P157、P196-198、P203-204
张振坤
P162-164、P170-172、P176-178、P184-185、P187、P222-223、
P224（上左、上右）
董昕颐
P224（下）

图书在版编目（CIP）数据

　云南民居. 全3册 / 北京大学聚落研究小组，云南省
城乡规划设计研究院著. -- 北京 ： 中国电力出版社，
2017.1
　ISBN 978-7-5123-9976-1

　Ⅰ. ①云… Ⅱ. ①北… ②云… Ⅲ. ①民居－建筑艺
术－云南 Ⅳ. ①TU241.5

　中国版本图书馆CIP数据核字(2016)第264968号

云南民居

北京大学聚落研究小组
云南省城乡规划设计研究院

中国电力出版社出版发行
北京市东城区北京站西街 19 号 100005
http://www.cepp.sgcc.com.cn
责任编辑：王　倩
封面设计：王　昀　赵冠男
责任印制：蔺义舟
责任校对：王开云
北京盛通印刷股份有限公司印制•各地新华书店经售
2017 年 1 月第 1 版•第 1 次印刷
787mm×1092mm 1/12•63.5 印张•798 千字
定价：898.00 元（全三册）

云南民居
2

北京大学聚落研究小组
云南省城乡规划设计研究院

中国电力出版社
CHINA ELECTRIC POWER PRESS

本书学术委员会

主任：张辉

委员（按姓氏拼音首字母排列）：
方海　黄居正　王昀　张辉　张晓洪　任洁　王珂　沈斌

主编：王昀　方海

编委：
刘禹　张捍平　赵冠男　余飞　张靖　王萌　雷阳　庞昊田　赵普玉

参与本书调研工作的全体成员

2011年10月第一次调查成员名单：
王昀　方海　黄居正　郭婧　何松　刘禹　苏之云　唐浩　王伟　叶存玉
俞文婧　张聪聪　张捍平　张振坤　赵冠男　朱曦

2012年3月第二次调查成员名单：
王昀　方海　黄居正　李华　刘禹　唐浩　叶昱莹　俞文婧　张捍平　张振坤　赵冠男

2013年7月第三次调查成员名单：
王昀　方海　黄居正　杜波　郭婧　甘丽婵　贾慧思　兰会军　雷阳　刘禹　孙瑛
谭春梅　王萌　余飞　俞文婧　张振坤　赵冠男　赵普玉　祖国平

调研工作统筹：张晓莉　王志雄
版式设计：张靖　雷阳
图纸绘制：董昕颐　杜波　郭婧　甘丽婵　何松　黄吉　雷阳　刘禹　宋帆　谭春梅
　　　　　王萌　王智峰　余飞　俞文婧　张捍平　张靖　张逸凌　张振坤　赵冠男
　　　　　赵普玉　朱曦

序　言

大学的宗旨离不开对人文价值的深层关注。作为基础研究，其中又尤其着眼于人居环境中衣食住行的全方位研究以及由此引发的对当代国民经济建设的合理化建议，北京大学在这方面具有悠久的历史和精湛的研究传统。民国时期的北京大学工学院即有建筑学科，1949年以后因院系调整诸原因并入清华大学，直到20世纪末时再次建立北京大学建筑学研究中心。

北京大学建筑学研究中心自建立以来，除了建立在国际交流基础上的常规建筑设计、城市规划方面的教学及科研之外，由王昀和方海两位老师主持的聚落研究小组进行了大量工作，完成了一批具有国际视野同时又扎根本土文化的学术专著。该小组已经完成的学术研究包括北京周边传统民居、湖北恩施土家族民居等，正在进行的调研及研究项目包括湖北鄂东南民居、广西民居、广东碉楼民居、贵州黔东南侗族民居等，而刚刚完成的三卷本《云南民居》是该小组过去四年中师生实地调研及多学科理论研究的全方位总结。

云南是我国少数民族聚集最多的地区，全国56个民族当中，有38个民族都在云南聚居，因此国内外对云南民居的各种研究从来没有停止过，某些日本学者的研究中甚至断言日本民族住居传统中的主流模式即源自云南，从而引发全球相关学者对云南民居的加倍关注。我国学者对云南民居的关注和研究始自朱启钤先生开创的中国营造学社，即使在极其困难的抗日战争时期，以刘敦桢和梁思成为核心的中国第一代建筑学者就已开始对云南民居的基础调研，并取得了极其关键的第一手资料和开创性研究成果。1949年以后，刘敦桢教授主持的南京工学院建筑系又派出以郭湖生教授为负责人的云南民居研究小组对当时的主要少数民族进行了更加全面的调研，其成果迅速奠定刘敦桢主编《中国古代建筑史》和中国科学院主编《中国古代建筑技术史》的基础。此后的云南民居研究成果不断出现，例如中国建筑工业出版社1986年出版的《云南民居》和1993年出版的《云南民居·续篇》就是其中的代表性作品。然而云南民居毕竟博大精深，但同时又面临不断被毁，尤其在改革开放的三十年中，一大批经典村落日渐消亡。在这样的情况下，北京大学聚落研究小组认为有责任为云南民居做一些抢救性的调查工作，在云南省城乡规划设计研究院张辉院长的大力支持下，王昀和方海两位老师率领北京大学建筑学研究中心前后四届研究生分五批前往云南，深入最偏远的山区测绘、采访及图像调研，对目前尚存完好的傣族、哈尼族、佤族、白族、纳西族、彝族、拉祜族、景颇族、怒族、独龙族、傈僳族等典型聚落村寨进行了详细测绘、影像录制等田野调研工作，力争为宝贵的民居资源留下史料。

中国的大建设时代经过三十年的轰轰烈烈后正开始日趋稳健，这套三卷本的《云南民居》在这样的环境和语境下，或许能够成为一份留给未来的礼物。

北京大学聚落研究小组

N

秋那桶村　雾里村
　　　　　王期村
桃花村　　　茶腊村
　下卡村

迪庆藏族自治州

九龙村牧场

同乐村

丽江

怒江傈僳族自治州

诺邓村

大理白族自治州

白沙河村

石头寨

门坎山村

红木村　保山

楚雄彝族自治州　　昆明

乐居村

大窝子村

信法村

腊者村

大岭岗村　德宏傣族景颇族自治州

出冬瓜村

城子村

临沧

冷狄村　　小红坡村

郑营村

大红坡村　里标村

红河哈尼族彝族自治州

闷龙村　曼坤村

坝兰上寨　　苍台村

翁丁村

作夫村　坝兰小寨

文山壮族苗族自治州

普洱市

大马散村

永俄新村

西双版纳

章朗村

曼飞龙村

勐景来村　　大巴拉寨

曼干边村

■　《云南民居1》一书收录的聚落

■　本书收录的聚落

■　《云南民居3》一书收录的聚落

该地图中黑点所标示的
是北京大学建筑学研究中心
师生三年来走访的云南地区
的村落。红色字体为本书所
选录的云南省西部及北部地
区的十六个村落。

目　录

第一章　概述

1. 云南西、北部的地理文化特征概述

1.1 地理及气候环境

云南西、北部分布有迪庆藏族自治州、怒江傈僳族自治州、丽江市大理白族自治州、保山市及德宏傣族景颇族自治州等，西北接西藏自治区，北临四川省，东与本省的楚雄彝族自治州为邻。云南西、北部地区南面外临缅甸。

云南西、北部地区属全省海拔最高的一级，逐渐向东南呈阶梯状下降，迪庆平均海拔在3000米以上，到德宏海拔降低到1000米以下，地形以山地为主，怒江、澜沧江和金沙江集中蔓延在此区域，高山和峡谷彼此相间，两江之间的分水岭为高黎贡山、云岭及怒山，基本都呈南北走向，平行排列。

云南属于典型的低纬带高海拔地区，冬季受干燥的大陆季风影响，夏季则盛行湿润海洋季风。云南全省共有七大气候类型，西北部为高原气候区、寒温带、北亚热带及中亚热带气候类型的分布区域，整体特点是年温差小、日温差大、降水充沛、干湿分明。

图1 怒江河流蜿蜒景象

1.2 民族分布与文化特征

云南是中国少数民族最多的省份，就地名来说，就有8个民族自治州，而西、北部就占了4个，分别是藏族、傈僳族、白族及傣族景颇族自治州。滇西北金沙江、澜沧江、怒江三江并流地带集中了纳西族、藏族、傈僳族、独龙族、德昂族、景颇族、普米族等少数民族，有的民族甚至延伸到了缅甸等周边的国家。

云南自然与人文环境的多样化造就了多元的文化特征，同时由于交通的闭塞、信息交流的匮乏，各地区独自的文化保留得比较完整。傈僳族、阿昌族、景颇族、独龙族等具有相同的族源，同属于氐羌系的文化类型，即氐羌文化，而德昂族、佤族及布朗族等同属于相同族源的百濮文化。宗教文化除了各民族的原始自然崇拜以外，也有其他的宗教信仰，例如藏族主要信仰藏传佛教，景颇族、怒族、傈僳族及白族等主要信仰基督教、天主教。

2. 云南西、北部民居聚落的分布

图2 山坡上的雾里村远景图

本书中的16个村落主要集中于滇西北的丙中洛和腾冲两地。丙中洛地区集中了怒族的村落，这一地区山峦起伏、河流纵横，环境优美，是比较理想的聚居地点。第二次调查中走访的村落如桃花村、雾里村、秋那桶村等大多位于山坡的下部和山腰上，海拔在1500~1800米不等。第三次调研的德宏以阿昌族为主的大岭岗村位于半山腰上，山前是梯田，山后是树林茂密的山坡，海拔在1300米左右。腾冲地区主要集中了汉族的门坎山村、大窝子村民组、白沙河村及红木村，村落多位于两山之间的鞍部或山脚下的缓坡上，海拔一般在1400米以上，其中门坎山村的所在地达到了2300米的海拔高度。

图3 茶腊村，该村民居分布在山腰及山间的
鞍部，周边群山环绕

3. 云南西、北部民居聚落的布局

3.1 聚落的整体形态

聚落通常呈现一定的形态特征，通过实地的考察走访，滇西北地区的16个村落大体分为以下几种类型。丙中洛地区的村落由于多位于缓和的山腰上，民居沿着等高线排列，大多呈线型状态，而迪庆傈僳族的同乐村则呈现密集的聚集形态，为聚集型村落的典型代表。腾冲地区的村落则各不相同，有的呈现离散型，如大窝子村，也有的如大岭岗村为部分呈现聚集、部分呈现离散的状态。

图4 山腰上的同乐村，聚集型村落，海拔2700米

3.2 道路

道路作为聚落中最重要的结构脉络，是聚落的骨架。道路与聚落整体的关系大概可分为如下几类。第一类为一条主要道路贯穿或位于聚落一侧，例如彝族的九龙村牧场和腾冲汉族的门坎山村。第二类为若干道路呈线性方式穿行于聚落之中，这种形式的村落多半由一条主要的过村道路横贯整体，中间由不同的并列小路通向不同区位的民居，如腾冲的大窝子村及丙中洛的王期村。第三类为道路呈网状分布，横纵交接，支路繁密，这种道路形态的村落居多，由于地形地势的因素，很多村落内的道路多是自然形成的，形态自由随意，连绵起伏，如丙中洛地区的雾里村、茶腊村、桃花村及大理白族的诺邓村。

图5 九龙村牧场里的道路

3.3 耕地

传统聚落从经济上观察基本都为农耕文化或畜牧文化，耕地作为自给自足经济的支撑体，在聚落选址时自然成为比较重要的考核要素之一。滇西北地区地形多为高山和峡谷，村落多半建于半山腰上，一来靠近山底的水源，二来沿着等高线建设房屋可以节省较多的土地

图6 雾里村民居前的庄稼地

用于耕作。以丙中洛地区的村落为例，耕地位于聚落内部，分散布置，毗邻房屋，建筑与耕地相融合，而德宏的大岭岗村则属于耕地位于聚落周边的情况，房屋集中建设，聚落一侧或两侧为集中的大片耕地。

3.4 广场

迪庆市维西傈僳族自治县叶枝镇同乐村有一条主要道路贯穿村落，在道路的尽端为后期建立的民俗展览馆与中心广场，平日里为孩子嬉戏、村民集会的场所，节日便是村民们欢歌载舞的舞台，表演作为国家非物质文化遗产的"阿尺目刮"，是一个重要的精神文化活动的载体。在云南的传统村落中，虽然没有如西方严谨意义上铺砖讲究的广场，但是其本身作为聚落中的一块空地却起着重要的氏族聚合和文化传承的作用。广场的重要性不在于物质层面的丰富有致，而在于其所承担的精神文化作用。

4. 云南西、北部民居的内部空间

4.1 民居空间平面布局

　　民居是构成聚落的基本单元，传统聚落中的民居有很多共有的特征，皆源于村民的共同幻想。云南西、北部的16个村落民居从建筑类型上可以分为两类：井干式与合院式。其中丙中洛地区的6个村子、维西傈僳族的同乐村及迪庆九龙村牧场等位于高黎贡山北部的村落民居为井干式，一般为一层的木制房屋，底层多为石砌的猪舍。例如同乐村民居的基本布局是一个单独的厨房加一个兼做卧室与火塘屋的起居室，间或围成一个小院。这种形式的民居平面布局简单，类似一个个的箱体，一个箱体一个功能。腾冲及大理等地区的村落民居多为合院式。例如阿昌族的大岭岗村民居平面多为"一正两厢"三合院，各个房间相互连通，通透性比较强，左右厢房并不对称，正房为单层且进深大，中间为堂屋，堂屋内靠近门的一侧设置火塘，堂屋的正门对面墙上设置供奉神的案几，左右为卧室和餐厨空间，厢房为干栏式，底层架空，一侧作为住居的主入口，其余空间多作储藏和饲养，厢房二层则住人。有一个专门储藏谷物的空间，用土坯建造，四壁中有一面墙开窗洞通风，底部做墙沟保持干燥。汉族的门坎山村民居为"一正一厢"或"一正两厢"的布局，功能布置类似大岭岗村，但是主入口位于院落围墙的一侧，而非厢房底部。正房中央是堂屋兼火塘屋，布置类似大岭岗村，左右为卧室和餐厨、储藏空间。卧室、堂屋、餐厨空间前方皆有前廊，其中堂屋前方有入口空间。耳房底层用作储藏、卧室，二层作为晒台，晾晒粮食。在厢房和耳房之间有高耸的熏烟草、贮藏烟草的塔楼。

4.2 仪式性空间——堂屋、火塘屋

　　井干式民居由于其平面尺寸偏小并没有类似合院式民居的正堂屋，而代以简易的火塘屋作为居民的日常精神空间。例如走访的维西傈僳族同乐村，火塘多位于平面的正中间，多抬高10厘米左右，支撑起三角的火塘，周边为就寝的卧榻，居民可以围坐、就餐、闲聊等，而更重要的是，在昏暗的木制井干式民居中，由于火塘的存在，使得居民在日常生活中存在一个凝聚家庭的向心空间，同时火可以提供照明，赋予房屋以生命。腾冲地区汉族的合院式民居，正房多为三开间，中间尺度最大的多为堂屋兼火塘屋，两侧为卧室、储藏等空间，主入口开在厢房或倒座一侧，精神性空间与生活空间界限较清晰。

图7 家庭仪式空间——火塘屋一角

4.3 生活空间——卧室、起居室

　　丙中洛地区怒族的井干式民居中，生活空间多为一个一个的独立房屋，也有的村落就寝等生活空间与火塘屋相重合，同乐村即为一例。大理白族的诺邓村、腾冲汉族的红木村、白沙河村等，生活空间基本占据合院式民居三开间的一个开间，多位于两侧。

图8 秋那桶村某民居的起居室一角

5.云南西、北部民居的建筑形式、结构与材料及聚落调查情况概述

5.1 地基

分布于迪庆及丙中洛等地区的井干式民居为木楞房，从地基开始，使用的材料及其形式基本分为两类，一类为石块叠砌的基座，多用来平衡地块的高差，同时可以用来圈养牲畜，另一类为用篱笆或木板围护的底层架空层，代表村落有同乐村、九龙村牧场、桃花村、雾里村、秋那桶村、下卡村、王期村、茶腊村等，以同乐村为例，由于地理位置相对偏远，住居取材于山林，并且有三种形式：一是"念谷"（傈僳族语），即半山区主要的木楞房建筑群，主要用于长期居住和节日庆典。二是"重很"（傈僳族语），即同乐村村民在自己的田边修建简易的瓦房，既标示着村民的田地范围，又成为粮食收获后的临时仓库。这种简易的江边河谷住房由一间间极小的木楞房搭建在垒高的石块堆之上，房下贯通溪流，并由粗树枝支撑防止地板断裂，这类房子巧妙地结合周边的树木、溪流形成舒适的休憩环境，并且防潮遮阳。三是"很举"（傈僳族语），位于山谷溪流的一侧，是高山上村民放牧、狩猎、垦种时的临时住房，房子只用几根柱子支撑起屋顶，用粗糙的木板做隔断，墙面则是悬挂着的一束束捆绑的牲畜草料，透光透风适合晾晒，这些瓦房旁边便是村民打谷晾晒的场地。

腾冲地区的合院式民居，正房台基一般较高，约有六个台阶高，多由条石、毛石、混凝土等砌成，而厢房的台基则较矮，约为一个台阶高。当然，各个地区的材料质地不同，如大窝子村、红木村、诺邓村台基材料条石大且规整，而门坎山村、白沙河村、石头寨台基材料的石头大小不规整，为毛石台基。

图9 茶腊村某民居的架空层

图10 大岭岗村某民居用竹条编织围合而成的墙体

5.2 墙体

井干式民居的墙体为木楞直接垒叠而成，例如迪庆的同乐村、香格里拉的九龙村牧场与丙中洛的雾里村的墙壁为两种类型的组合：木楞交叠直接垒成，四角木楞合榫相接，木楞起到承重与维护的功能，其次木板横向或纵向排布，墙壁中间用木枋固定，在角部卡在柱内，墙壁只起到围护功能，柱子起到承重功能。门窗虽然开洞较少，但也分为两种做法：一种是直接留洞，整块留出门窗空间，另一种是在墙壁中间截断木楞或木板，断口与门窗边框左右凹凸相扣，门窗边框再与上下完整木楞或木板凹凸相扣。

合院式民居，如阿昌族的大岭岗村正房的正立面多是木板竖向围护，堂屋前有前廊，正房的层高较厢房高。正房的其余立面、厢房二层和院落的围护多为竹条编制的墙体，通风性能更好。而有些住居的正房墙面由土石垒成。傈僳族的门坎山村正房墙壁为木板竖向排布，窗洞比较讲究，窗框多有造型，厢房底层为木板排布或竹条编制的墙壁，二层晒台无墙壁围护，只有柱子支撑。烟草塔用土石垒成，屋顶下开高窗洞。诺邓村外墙为白色、土灰、土黄色的土坯墙，青灰色的毛石作为勒脚，内部墙体采用竖向木板围护，大门装饰精致，飞檐翘角，墙面、照壁上为白墙灰边，有彩绘和书法。

5.3 屋顶

同乐村、九龙村牧场等井干式民居的屋顶多为悬山式，坡度平缓，檩上无椽，上铺"闪片"，即屋顶叠盖薄而直的木片，用石头压实，并用长条细木板横向固定。丙中洛地区的怒族、傣族、傈僳族聚落的屋顶也多为悬山式，但不同的是"闪片"的材质为石片。

大岭岗村、门坎山村、大窝子村民组中民居的屋顶正房和厢房多为悬山式，内部为穿斗式或抬梁式结构，某些阿昌族、回族民居中厢房的屋顶下局部横梁是木料弯曲加工，上垫木条，增强结构的稳定性。不同的是，阿昌族的民居因正房和厢房间隔比较大，屋顶未连通，而傈僳族、回族的合院式民居屋顶皆是连通的。白沙河村与红木村均为悬山式筒板瓦布成的合瓦屋顶，且正房、厢房、倒座的屋顶不连通。诺邓村普通民居的屋顶为悬山式或硬山式筒板瓦铺成的合瓦屋顶，一、二层之间有腰檐，正房、厢房的屋顶和腰檐各不相接，错落有致，也有一些厢房和正房的腰檐相接。纳西族石头寨的屋顶为悬山式，且基本构架暴露，博风板、悬鱼板钉于出挑的正脊下部。

图11 大岭岗村民居的屋顶形式

5.4 写在案例之前

在整个云南民居的三次调查研究中，本书收录的十六个村落和一座桥，是第二次和第三次的调研中所收集的。其中桃花村、雾里村、秋那桶村、王期村、茶腊村、下卡村、诺邓村、石头寨，另外还包括一座通京桥是第二次调研所去的村落；同乐村、九龙村牧场、大岭岗村、门坎山村、大窝子村、白沙河村、红木村、出冬瓜村则是第三次调研所去的部分村落。

这些村落并未按调研次序来分类，而是按村落的地理位置来进行分类的。因为按地理位置分类在地图上更清晰也更直观，在相近的地理位置上不同村落的整体风貌也更具有关联性。在本书以下的内容中，将依次介绍各个村落的具体情况和单体测绘图纸。

图12 雾里村民居的屋顶形式

第二章　十六个聚落 + 一座桥

1.云南省贡山县丙中洛乡
桃花村

桃花村紧邻丙中洛乡，位于怒江东岸，与乡镇隔江相望。当地称之为扎那桶村，村落所在地形由于怒江环绕形成半岛形状。村中民宅依据地势及等高线横向前后排列，调查时村子里大约有20多户人家，以怒族为主。

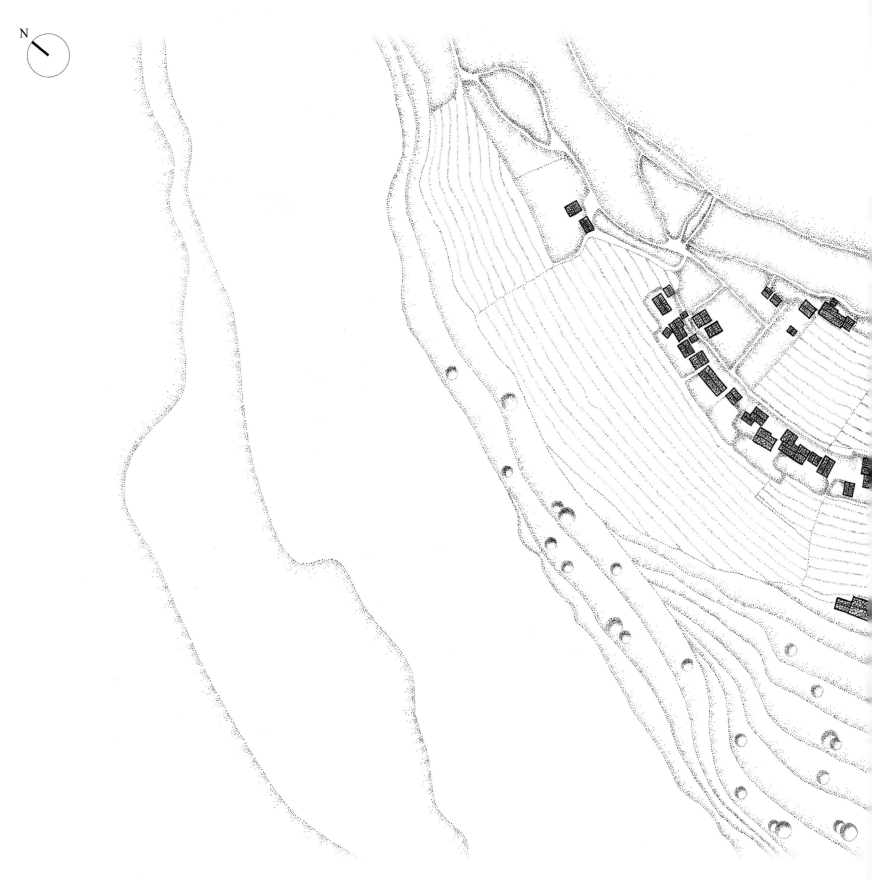

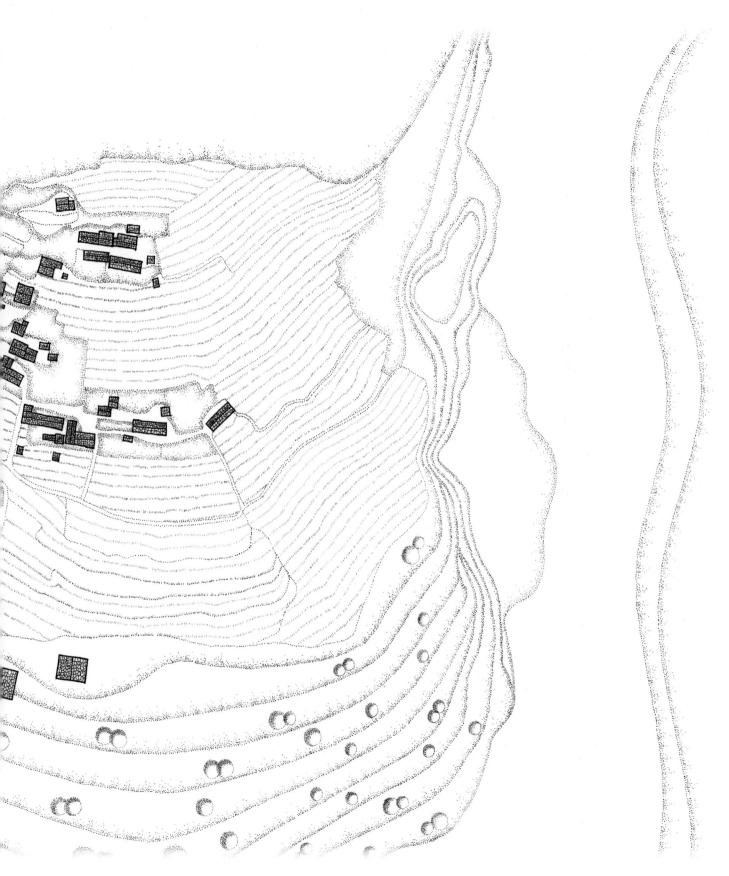

桃花村总平面图

0　20　40　　　　100m

14

调查对象壹　住宅甲

　　住宅甲由一间夯土房及若干间木板房组成，其中夯土房与一间较大的木板房构成主要的起居空间，其他的小间作为储藏空间使用。住宅一侧面向由石砌矮墙围成的长条院落，另一侧面向山坡下的低地。

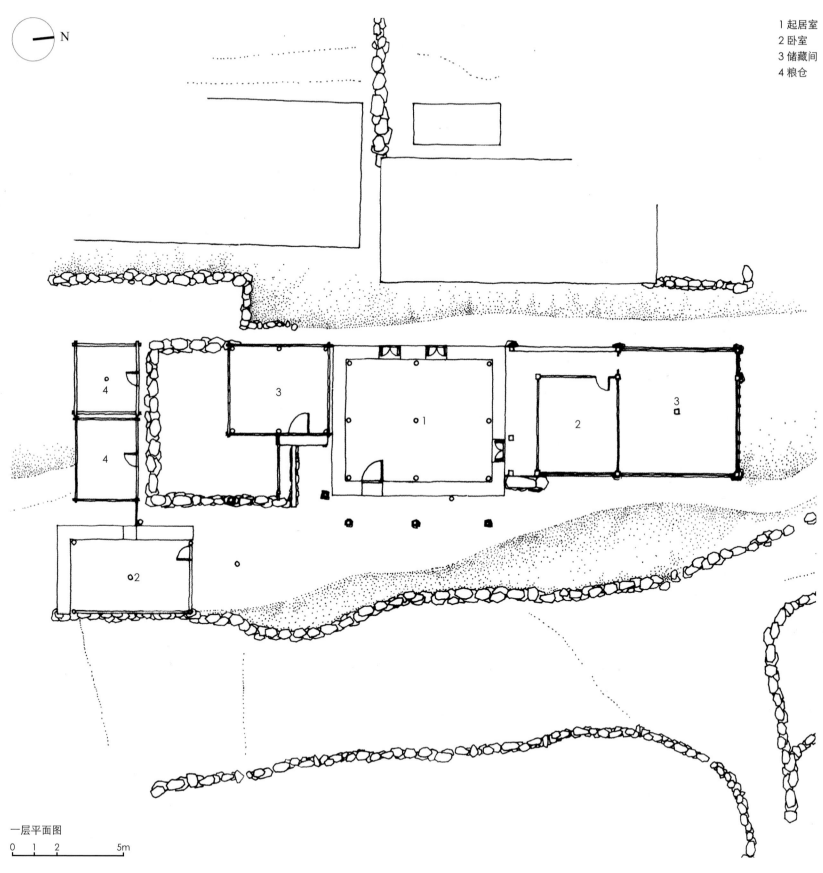

N

1 起居室
2 卧室
3 储藏间
4 粮仓

一层平面图

0 1 2 5m

住宅中的木屋采用架空的建造方式，一定程度上隔绝了地面的潮气，同时架空的底层作为圈养家畜的空间，这种处理方法合理地利用了地势由高到低的特点

调查对象贰　住宅乙

　　住宅乙由三部分围合而成。其中南侧部分由夯土作为墙体材料，是主要起居空间；西侧一小间由木板拼成，作为卧室；北侧部分以石块垒砌为基座，可以防潮，上部用木板作为墙体材料，主要功能为储存木料与粮食。

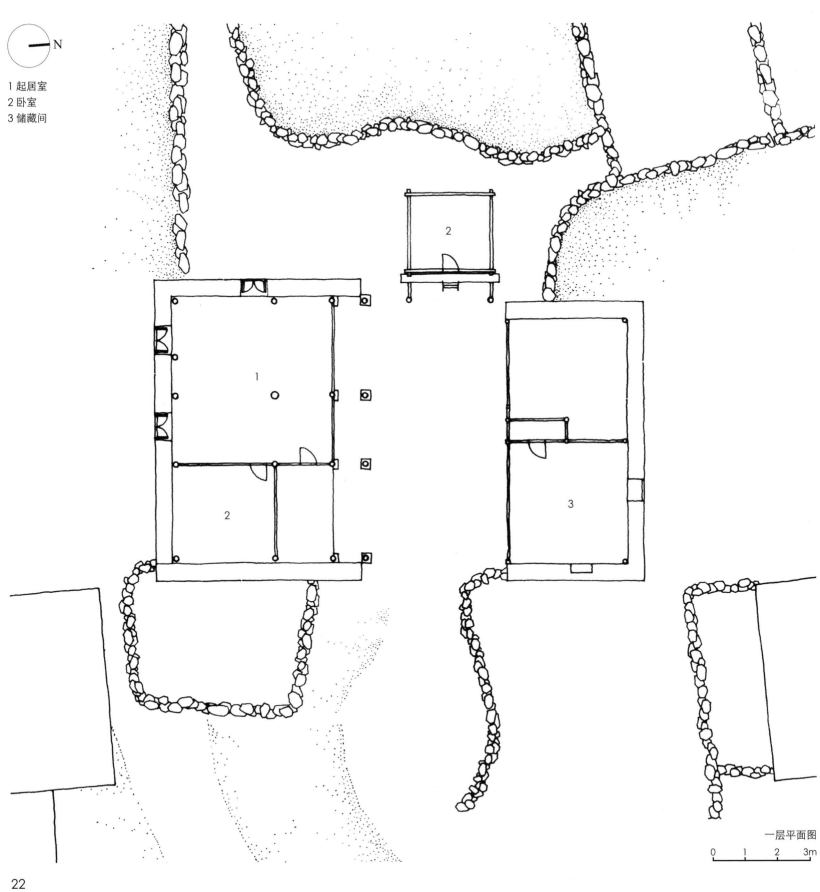

N

1 起居室
2 卧室
3 储藏间

2

1

2

3

一层平面图

0　1　2　3m

调查对象叁　住宅丙（村长家）

　　住宅丙位于桃花村中心部位，整体呈东西走向，南侧和西侧围合成一个开放性的院落，住宅从西侧进入，院落周边并未设置明显的围墙或界线。该住宅由四个房间组成，总体形态为L形，起居室、厨房和储藏室布置在西侧，北侧为两间卧室，起居室室内中心布置有火塘。

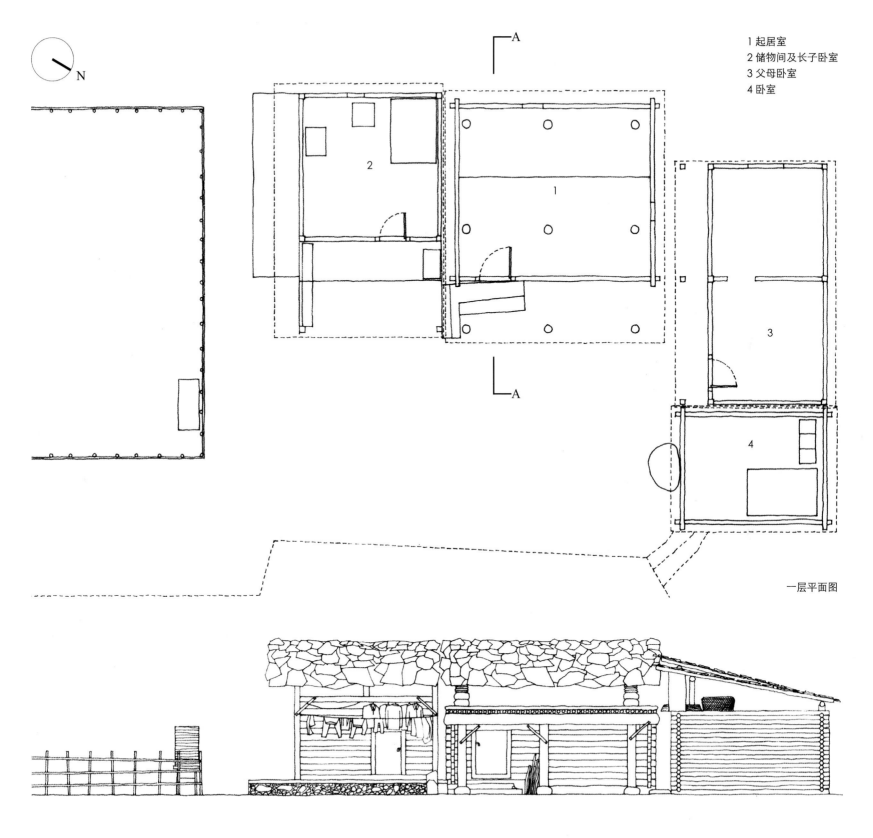

N

1 起居室
2 储物间及长子卧室
3 父母卧室
4 卧室

A

A

2

1

3

4

一层平面图

东立面图

0 1 2 5m

如右侧照片所示，住宅上的坡屋顶与住宅的
使用空间完全脱离，居民的起居空间是使用木材
搭建起的一个个方盒子，柱子伸出盒子上方支撑
起坡屋顶，居民使用当地的碎石片作为瓦铺设在
屋顶表面

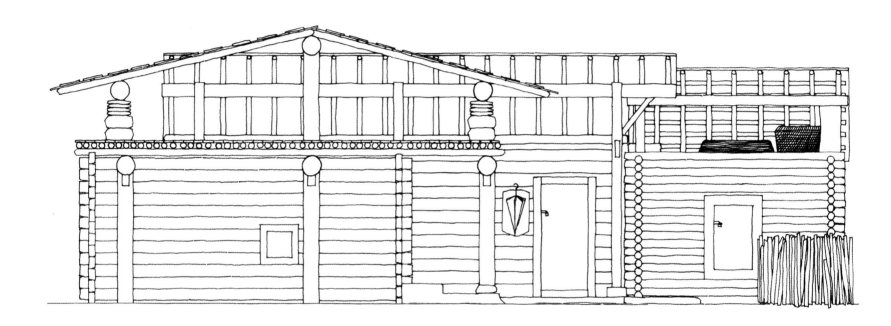

A-A剖面图

0　　　1　　　2　　　3m

2.云南省贡山县丙中洛乡
雾里村

　　雾里村位于丙中洛乡北部，怒江东岸一处相对平缓的山谷地带。整个村子依怒江展开，由一条汇入怒江的小河分为南北两部分，并被一座桥连接起来。村落北部布局相对较为集中；南部居民因亲缘关系分为若干个组团，组团间以大小相近的田地作为间隔，整体布局较为分散。

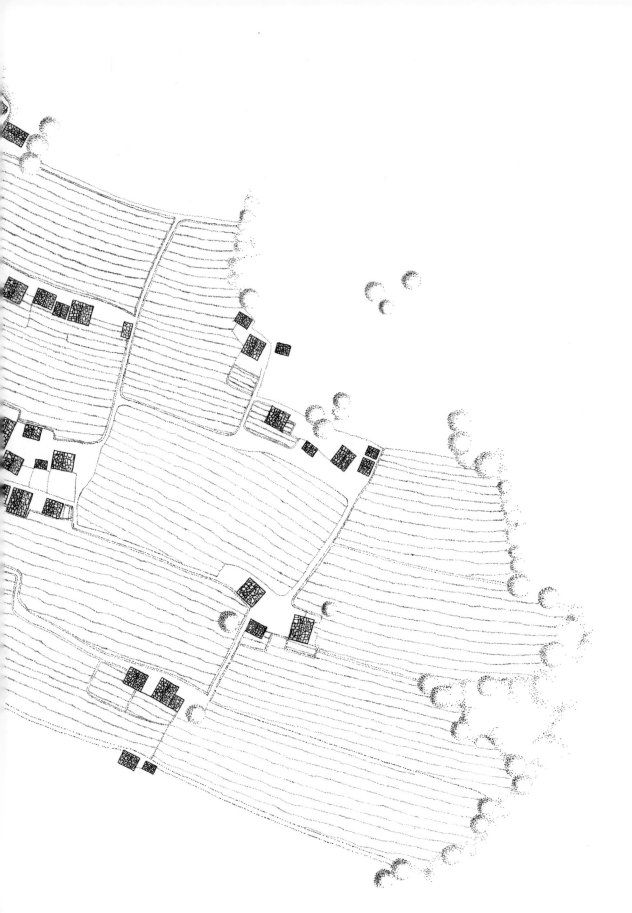

雾里村总平面图

0 20 40   100m

33

左图所示为一条在山腰凿出的通道，曾经是马帮通商所用的茶马古道，现在是进入村落的唯一途径，宽度仅够两人并肩行走

右图所示为一座村民共用的水磨坊，村中共有四处，供研磨谷物使用

调查对象壹　大金迪家

　　大金迪家位于雾里村北侧，地势较高，由一栋主屋及一个附属谷仓组成。主屋东侧有一高差变化的台地，与主屋间形成一个院落空间。大金迪有一独生子，现居住于该住宅西北侧，大金迪现在独居于此。

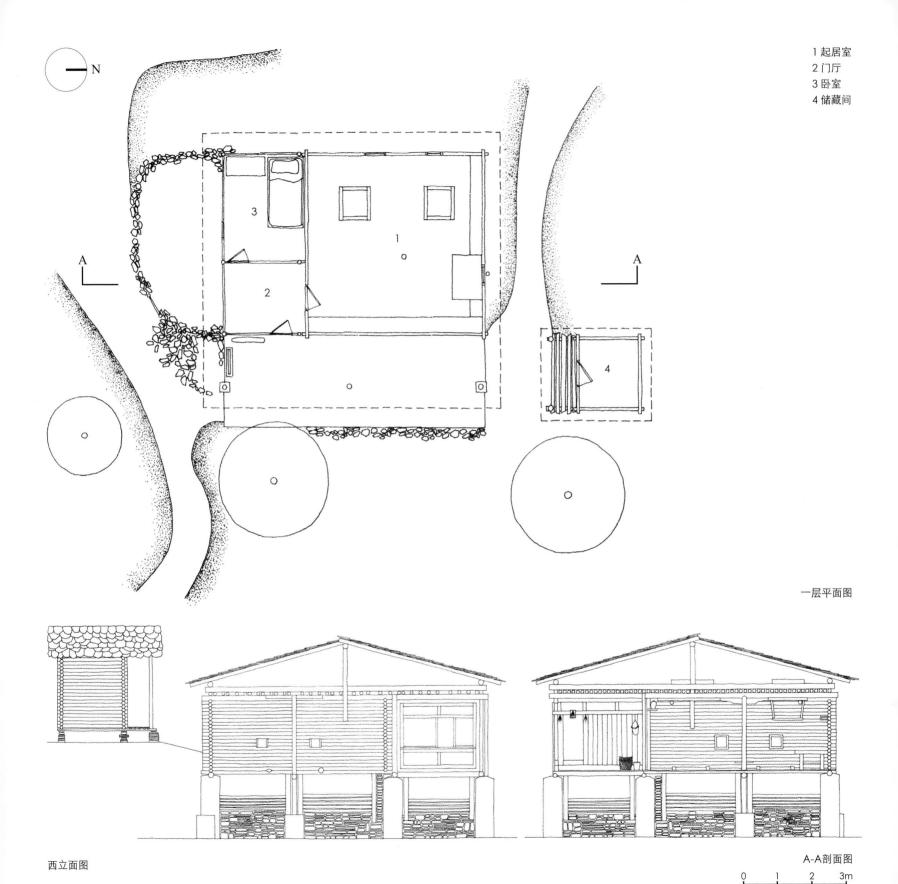

1 起居室
2 门厅
3 卧室
4 储藏间

N

A

A

一层平面图

西立面图

A-A剖面图

0   1   2   3m

主屋由三个房间组成，居室空间与堂屋相互独立。由于大金迪是一人居住，西南侧相对独立的卧室较少使用，主要生活行为在堂屋中展开。该住居相较其他住居较为特殊的是，其堂屋中有两个火塘

调查对象贰　罗葵春家

　　罗葵春家位于雾里村最北端，由新旧两组建筑共同组成。其中位于东侧的一组房屋为她家原有住宅，由于结构损坏无法使用，故在西侧新建了一栋新的住居。新建住居由一个门厅、一个居室和一个堂屋组成。

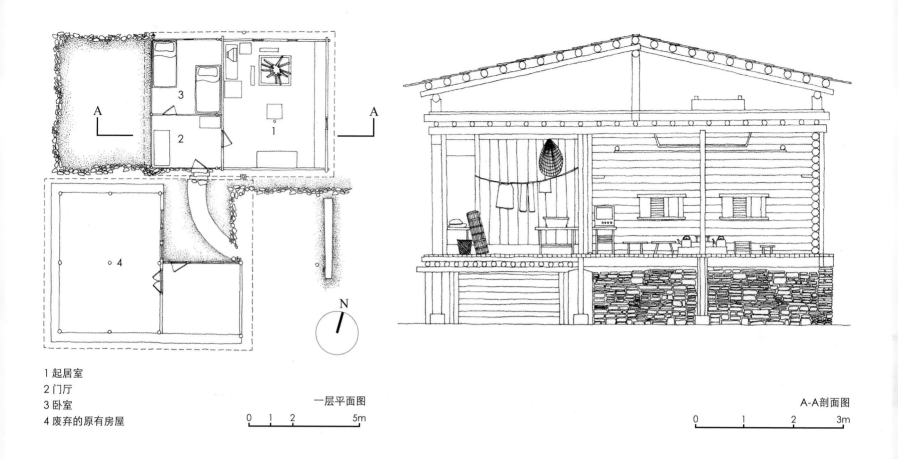

1 起居室
2 门厅
3 卧室
4 废弃的原有房屋

一层平面图

0 1 2 5m

A-A剖面图

0 1 2 3m

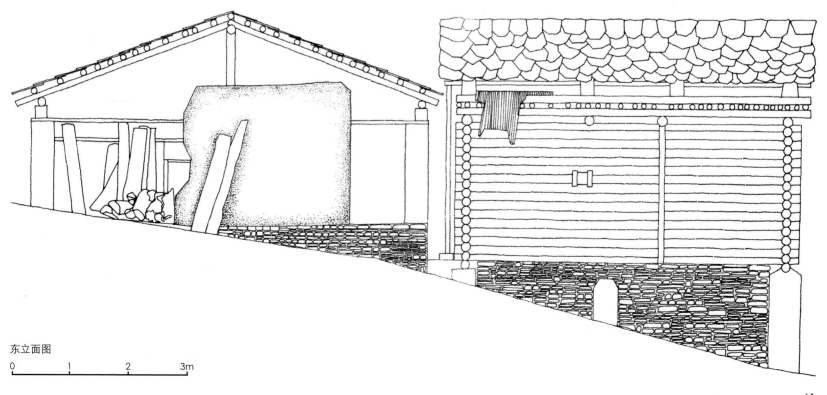

东立面图

0 1 2 3m

41

3.云南省贡山县丙中洛乡
秋那桶村

　　秋那桶村是由多个村小组共同组成的较为分散的村落，聚居的主要民族是怒族和部分傈僳族。它位于丙中洛地区各个村落的最北端，村落处于东西两侧山体所夹的山坳空间，在南北方向上整体呈线性分布，北高南低，怒江从村落的南侧穿过。

秋那桶村总平面图

0 20 40   100m

调查对象　住宅组团

　　这一组团位于秋那桶村的中南部，在贯穿各组团道路的东侧。住宅院落地势明显低于主路。组团由两户组成，房屋包括两个主屋和四个粮仓。从建筑组团西北侧较高地势的道路岔口可分别进入两户各自的院落。两户间因地势落差，自然形成了院落空间的独立性。主屋尺度比丙中洛地区其他村落略大。

N

1 厨房
2 女儿卧室
3 父母卧室
4 女儿书房
5 起居室
6 粮仓

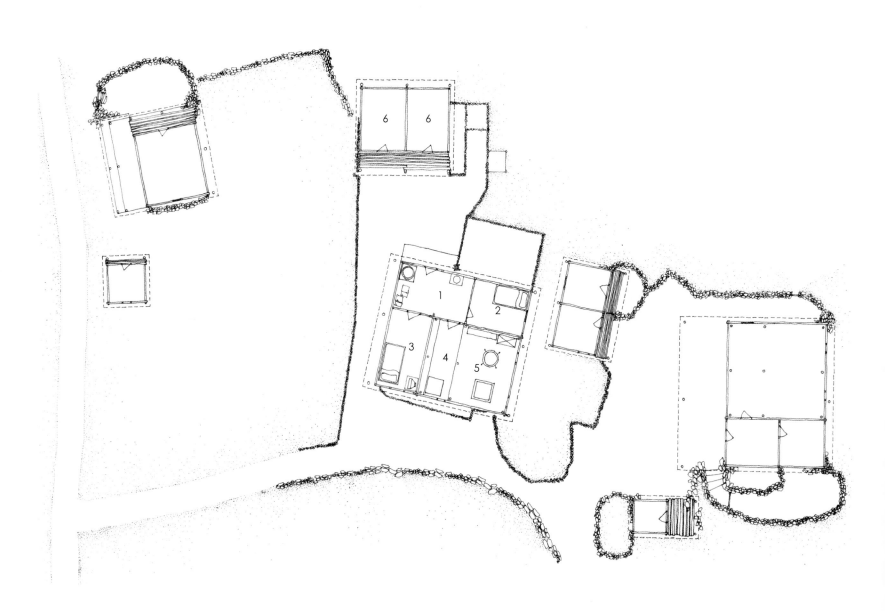

一层平面图

0 1 2 5m

北侧住居主屋高于南侧主屋，主屋与东侧的粮仓围合成平台庭院。主屋入口自然设置在朝向庭院和粮仓的东北角，入口处为厨房空间，空间较为明亮。主屋共有两个卧室，西南角为堂屋空间，房间内设置火塘

4.云南省贡山县丙中洛乡
王期村

王期村全村共50余户居民，是一个以怒族和傈僳族为主聚居的村落，也有少数藏族居民。村落整体位于怒江东侧山脚下一处地势较平缓的台地，建筑沿北侧山脚分布，南侧至怒江边为村落的耕种用地。从主要公路到达需经过北侧的一处吊桥。西北方向紧邻"怒江第一湾"，村中部分居民在第一湾处新建的房屋居住。

1 调查对象壹
2 调查对象贰

王期村总平面图

0　　　10　　20　　　　　　50m

59

调查对象壹　村口家

　　该住居家中共有3口人，南侧平行相连的两个主屋是夫妻的卧室和厨房，西北侧的独立小屋是儿子的房间，东侧有两个谷仓。房屋前的地面与南侧进村的道路间有3、4米的高差，与主屋间有一个院落空间。两个平行并置的主屋的屋檐在两个建筑单体间相接，地面铺设木质的架空地板，形成了一个可以休息的室外空间。调研时，刚好是午饭后，家人在此空间与邻居聊天休息。

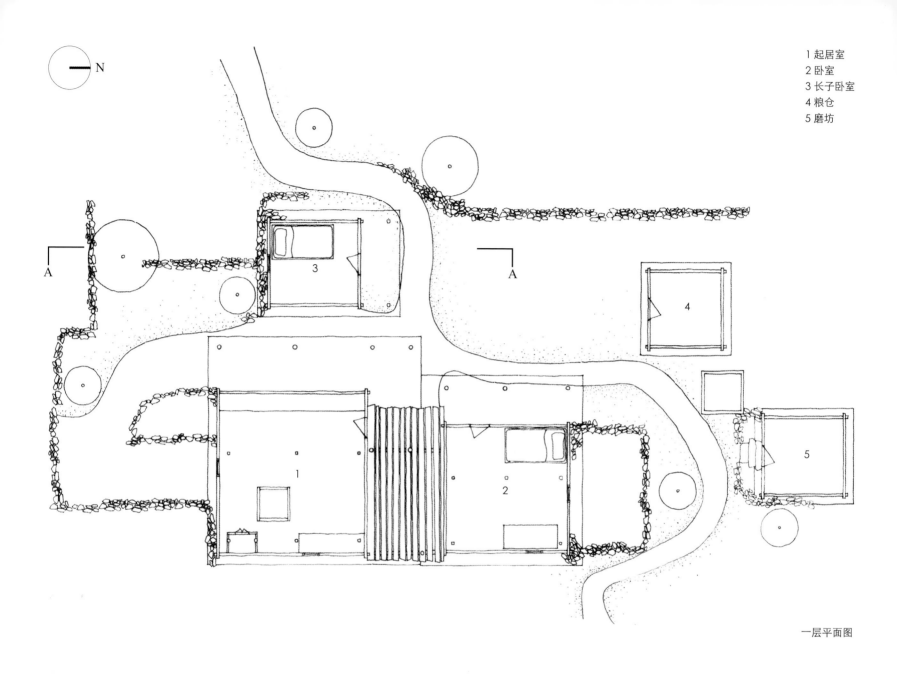

1 起居室
2 卧室
3 长子卧室
4 粮仓
5 磨坊

一层平面图

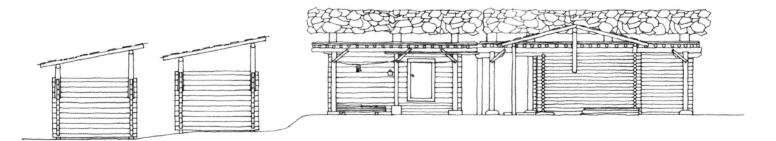

A-A剖面图

0 1 2 5m

调查对象贰　李家

这户人家为傈僳族，三代人的房屋建设在一起，形成了一个相对独立的组团。家中共有5间主屋、4个谷仓及一个水磨房。整个组团处在地势较高的位置，从南侧经过一段台阶才可到达组团中间的位置。

1 叔叔起居室
2 叔叔居室
3 卧室
4 父母居室
5 爷爷居室
6 谷仓
7 水磨坊

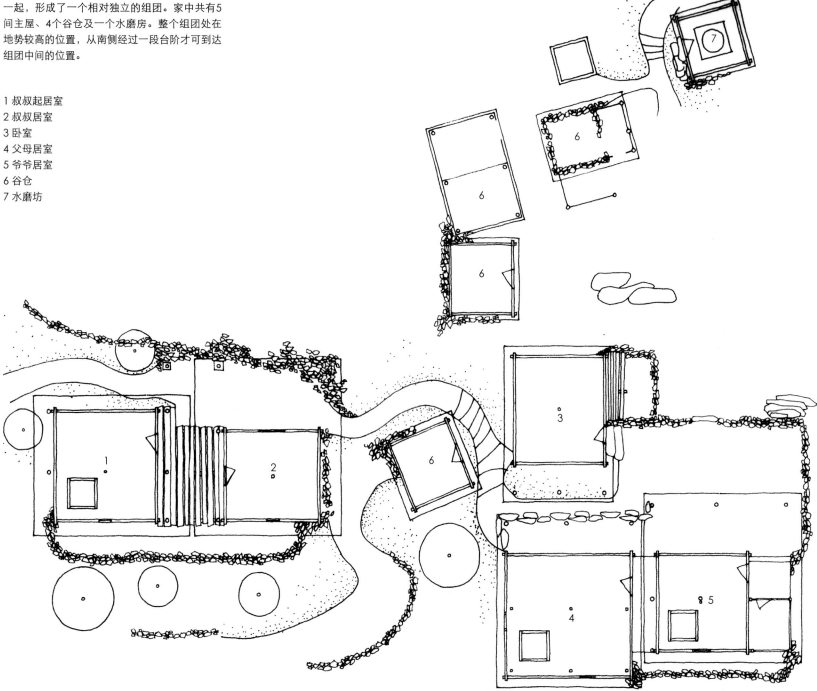

一层平面图

0　1　2　　　5m

南侧为叔叔李志军住的主屋，东侧的一组大组团是李红灵与她爷爷李荣军住的主屋。李红灵的父母住在沿怒江往北的"第一湾"处。北侧是4个谷仓和一个磨房，5个附属房屋与南侧的主屋围合出一个院落空间

5.云南省贡山县丙中洛乡
茶腊村

　　茶腊村处在丙中洛地区的南部，以傈僳族和怒族聚居为主。村落位于怒江的东侧，进入村庄需经过吊桥跨过怒江。民居组团式地分布在一个坡地上。北部的民居相对集中，此区域内有一座教堂。村落中的耕地围绕分布于民居建筑单体的周边。

1 调查对象
2 教堂

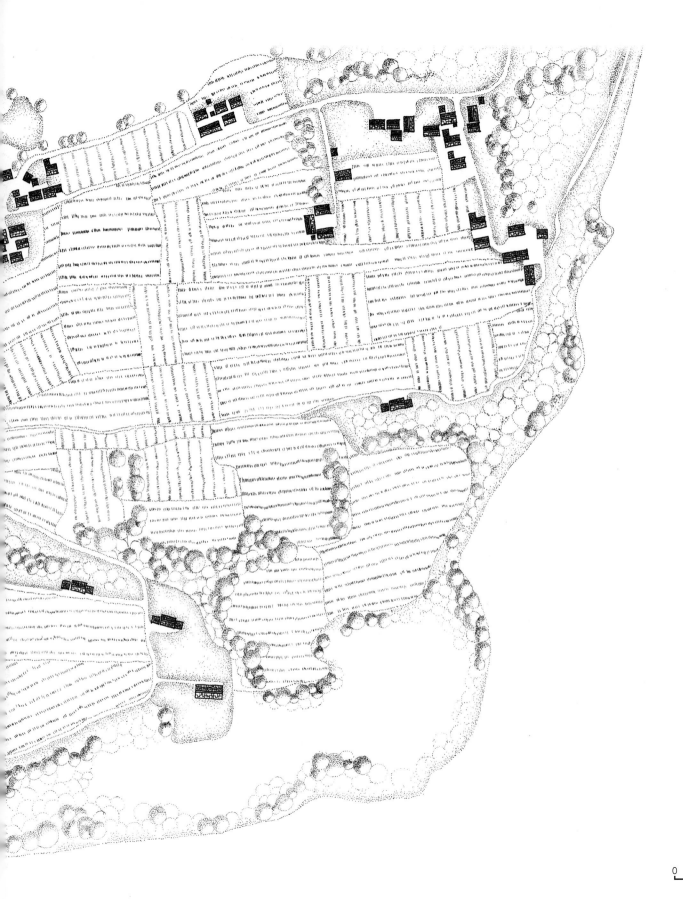

茶腊村总平面图

0 20 40 100m

调查对象　萧建华家

　　萧建华家的建筑组团较具有代表性。由于整个茶腊村处于一个坡地上，各建筑单体大多通过将底层架起的方式化解地形的高差。此外，该组团分为两个部分，中间自然形成一个室外坡道联系地势较低的两个粮仓空间。

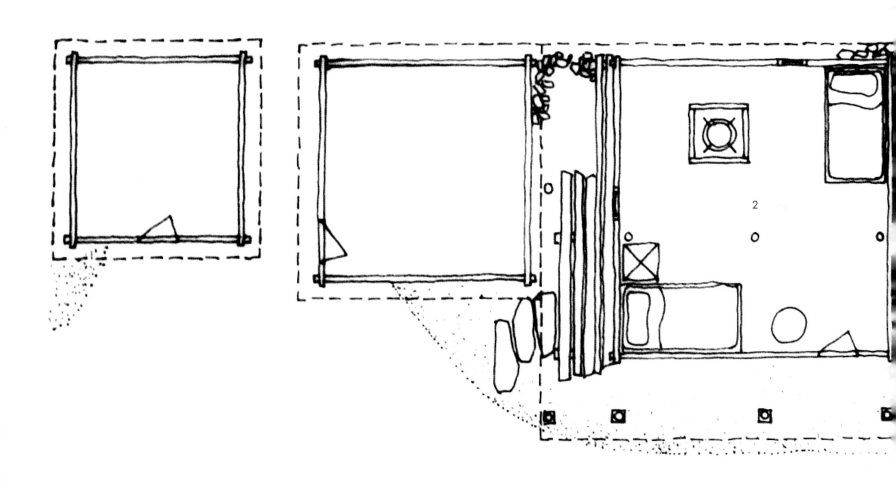

2

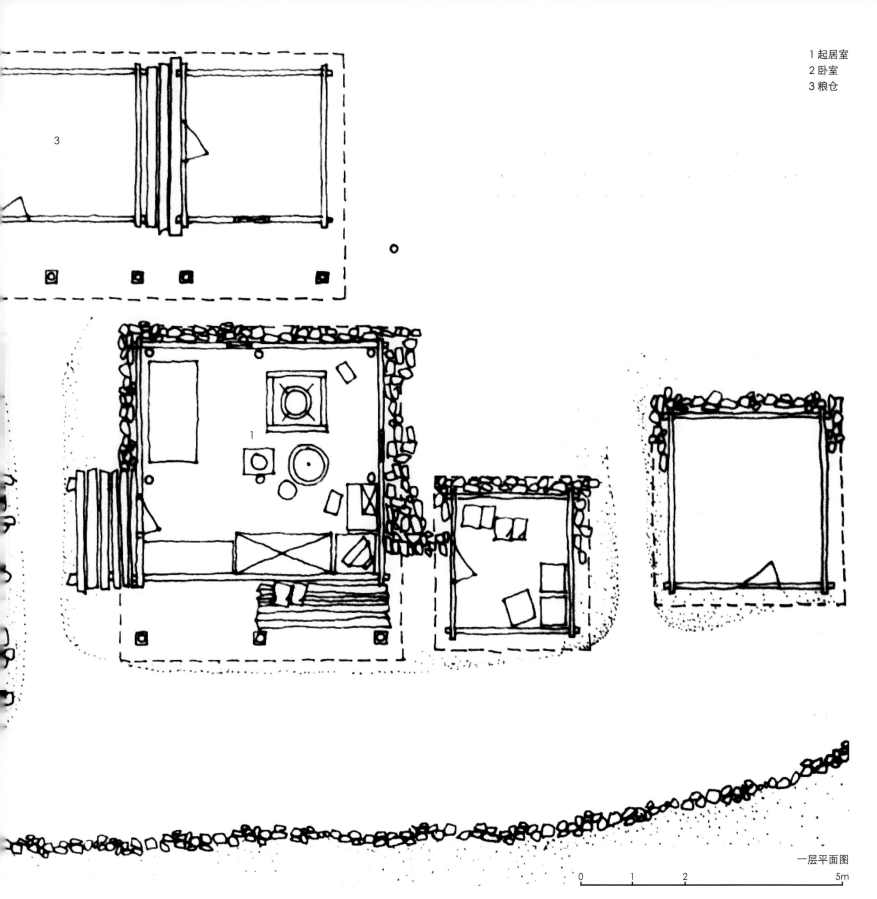

1 起居室
2 卧室
3 粮仓

一层平面图

0 1 2 5m

75

6.云南省贡山县丙中洛乡
下卡村

下卡村位于怒江东侧，沿山腰南北呈线性排布。跨过索桥后，进入村中的唯一路径是一条连续弯折的石台阶道路。村落整体以弯折道路为界分为南北两部分，民宅依据地势一字展开，道路和民宅则沿等高线上下布置。

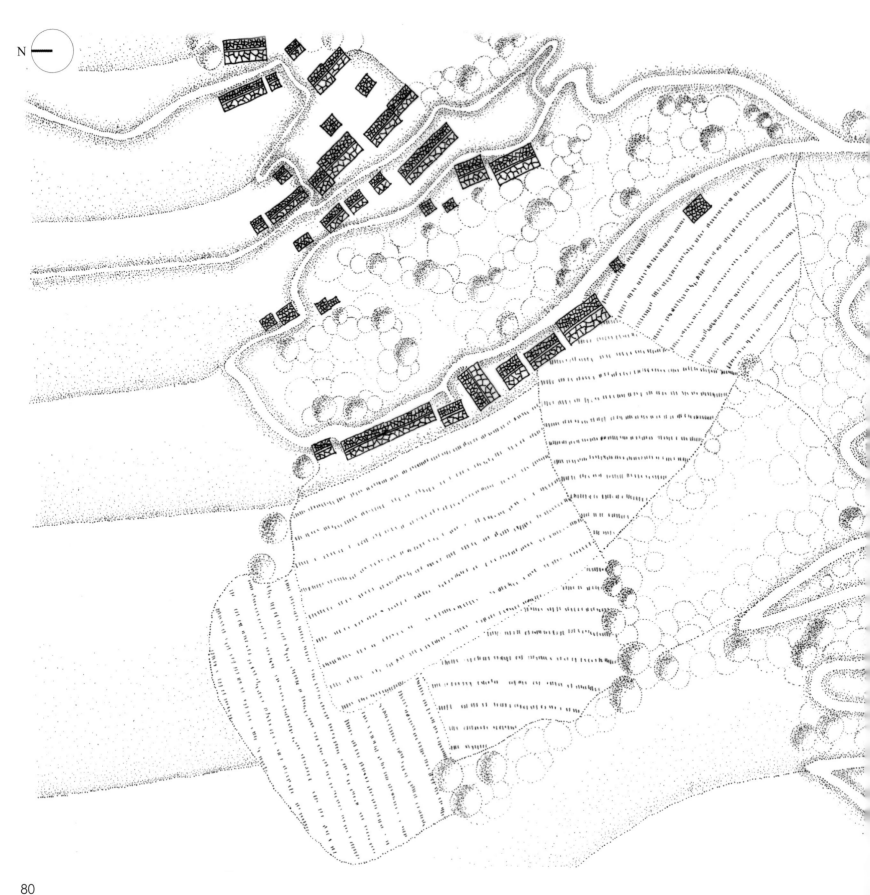

80

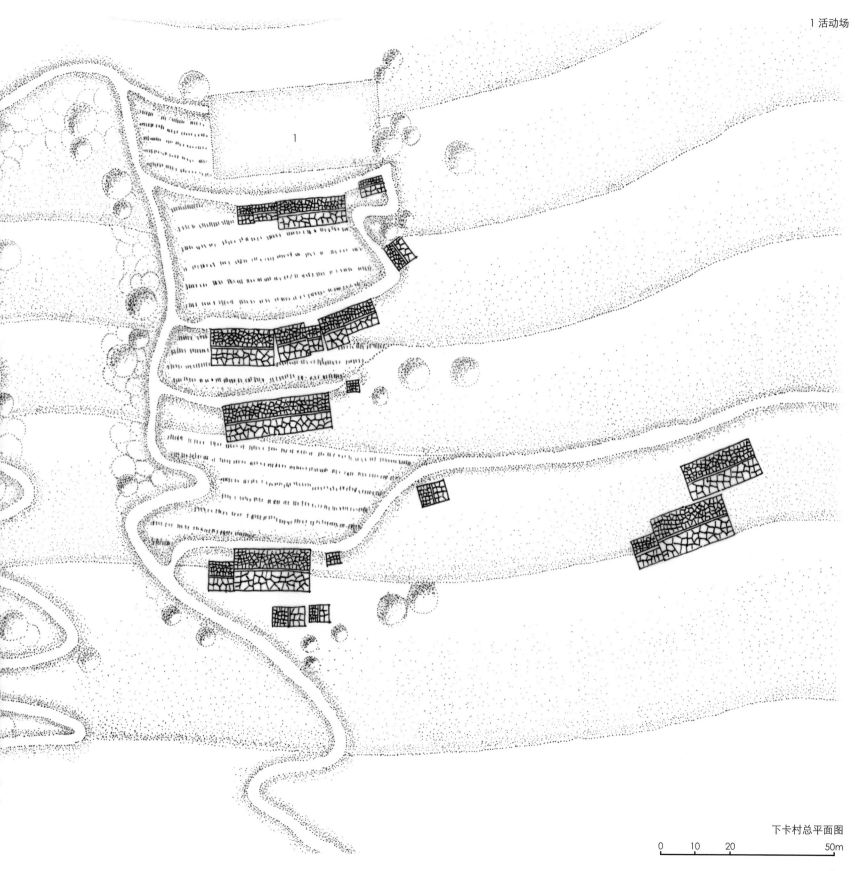

1

下卡村总平面图

0　10　20　　　　50m

在陡峭的地势环境下，下卡村居民开辟了阶梯式的水平路径。民宅沿着这些横向的窄路紧密排列，形成退台形态上下错落的建筑组群方式。村中的房屋通过立柱出挑于陡坡之上，使得房屋的室内地面与道路基本持平，每一间民宅都可通过外廊或窗洞眺望山中的风景

下卡村在怒江东侧山坡横向展开，在山体上形成若干组团。村中房屋的屋顶均以薄石片为瓦，层层叠扣，屋檐出挑于木板墙体。房屋通过木桩架空在倾斜的泥土地面，扩展了家宅可以使用的空间，同时架空的空间又可以被充分利用，如晾晒衣物等

7.云南省香格里拉县洛吉乡
九龙村牧场

　　以彝族为主的洛吉乡九龙村牧场，位于半山腰起伏微小的缓坡上，北接连绵起伏的高山，南邻一条通往外界的公路，海拔高约3000米。牧场中的小房子及栅栏围合的菜地均呈现离散状态，分布于山地之中，牧民们主要的聚居地并不在此处，牧场中的小屋只是提供游牧时节的临时居住地而已。

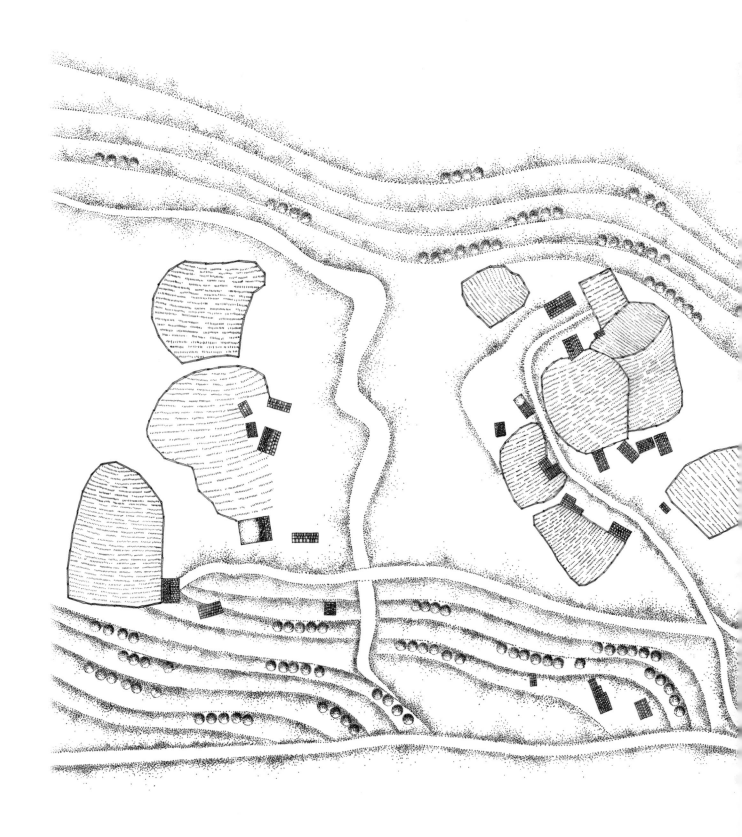

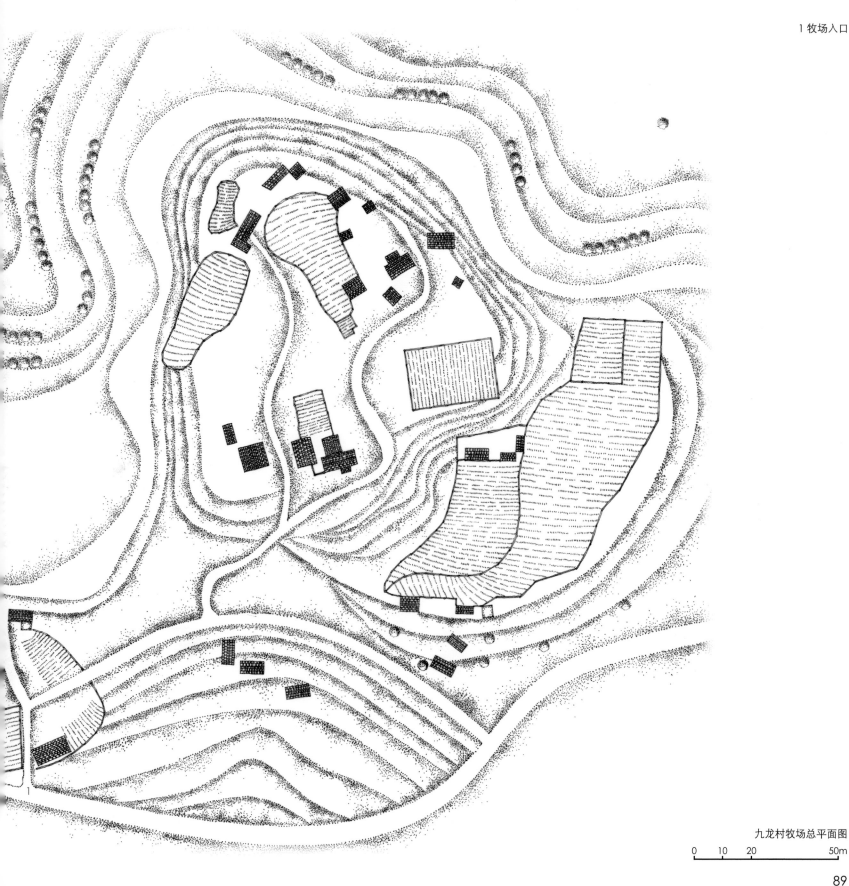

九龙村牧场总平面图

0　10　20　　　　50m

调查对象　住宅

　　九龙村牧场中的房子属于井干式的木楞房型制，构造简单，占地面积较小，为一层的住居，层高偏低，用木楞交叠直接垒砌而成，屋顶采用了木片"闪片"的形式，坡度平缓，檩上无椽，顶上叠盖薄而直的木片，用石头压实，并用长条细木板横向固定。

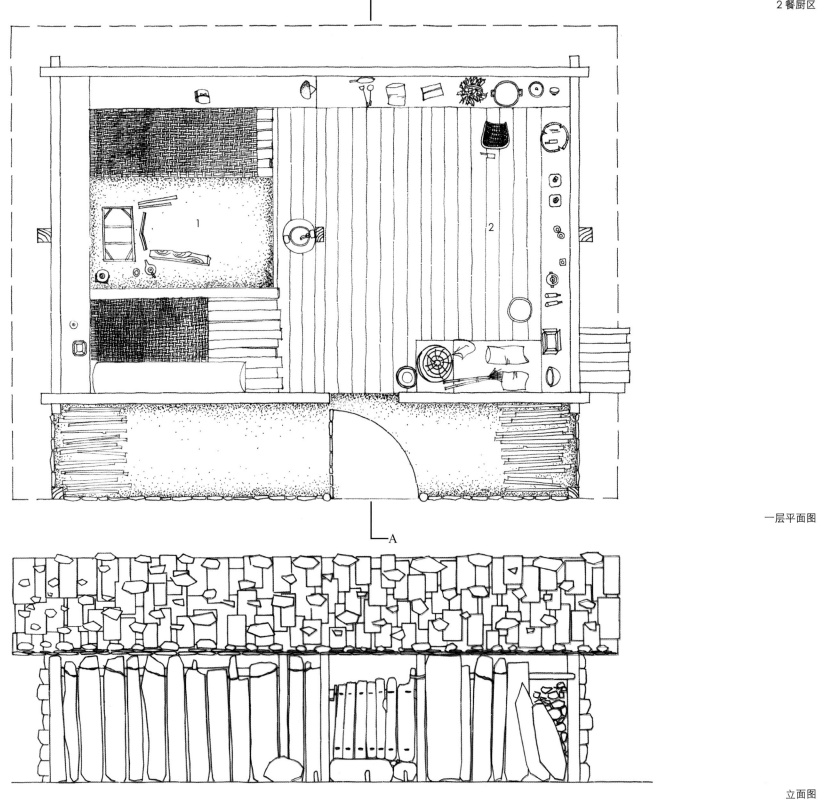

1 火塘
2 餐厨区

一层平面图

立面图

0   0.5   1   2m

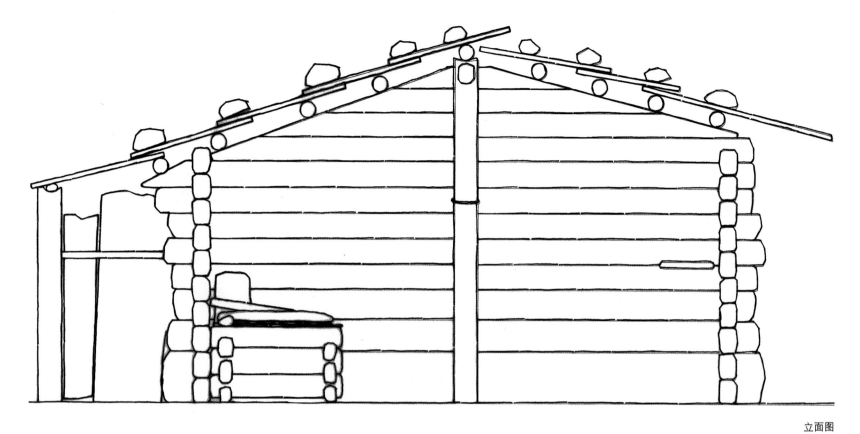

立面图

A-A剖面图

0   0.5   1   2m

8.云南省迪庆市维西傈僳族
自治县叶枝镇

同乐村

　　同乐村位于山谷的一侧，需经由山谷另一侧绕过山谷尽端后从聚落东北侧的主要道路进入。山谷中地势较低的区域集中分布粮仓。建筑顺应山地高差沿等高线分层排布，每户的主屋山墙面向山谷中心，因此呈现出"人"字型交错叠落的整体立面特征。主道路从村落整体的中部穿过，通过垂直于等高线的阶梯联系不同高度上的街道和住居。

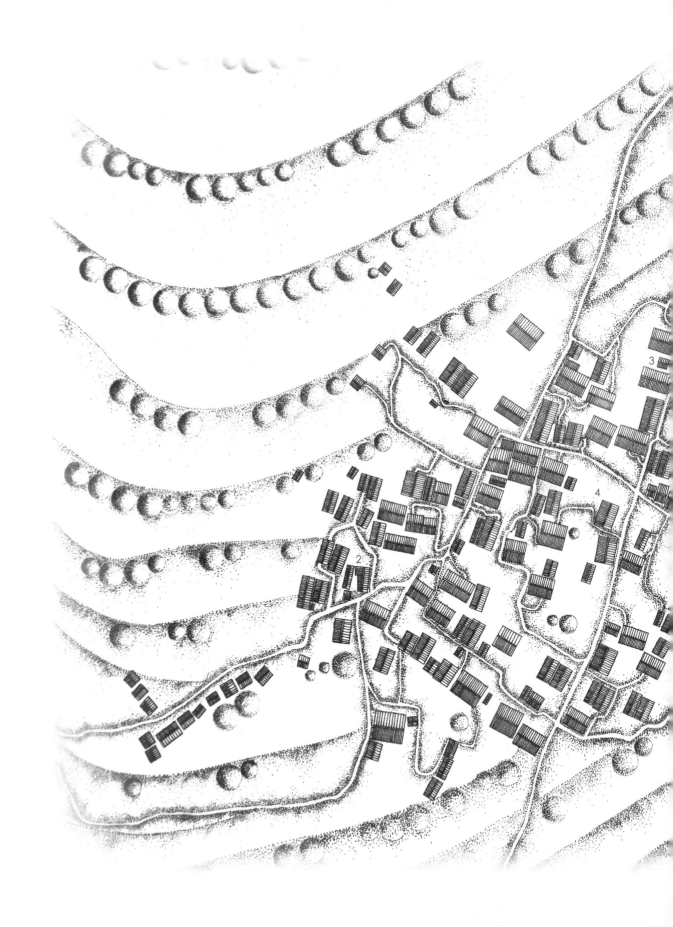

1 中心广场
2 调查对象壹
3 调查对象贰
4 调查对象叁

同乐村总平面图

调查对象壹　住宅甲

　　此住居建筑平面布局整体呈"L"形，自然形成院落半围合空间。带有火塘的空间为一层，在整体建筑的东南侧。北侧建筑有两层，一层为厨房空间，二层为粮食储藏间和卧室。利用山地高差，建筑南侧堂屋下形成牲畜畜养空间。

N

1 柴房
2 禽圈
3 猪圈

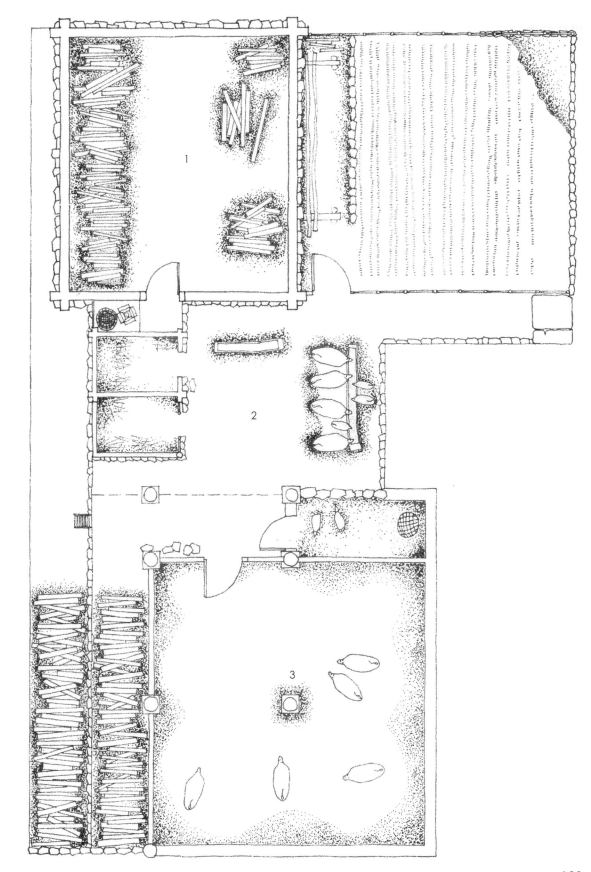

一层平面图

0　　　1　　　2　　　3m

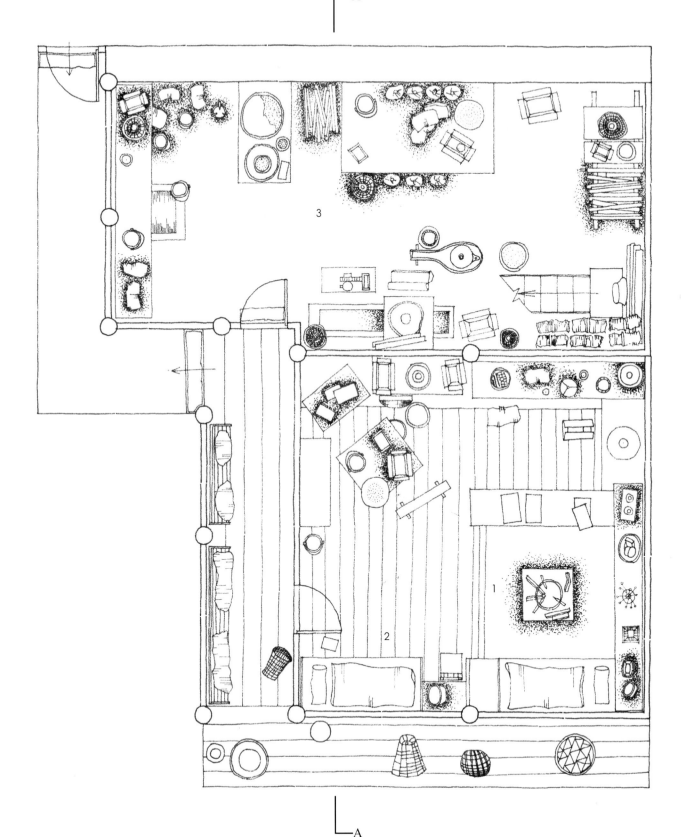

N

1 火塘
2 卧室
3 厨房
4 柴房
5 储粮间

二层平面图

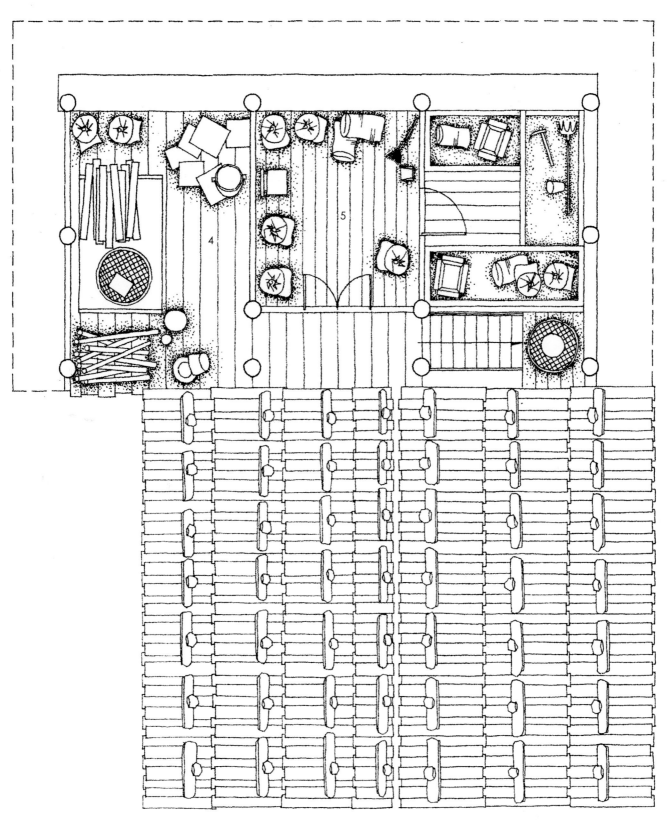

三层平面图

0　　1　　2　　3m

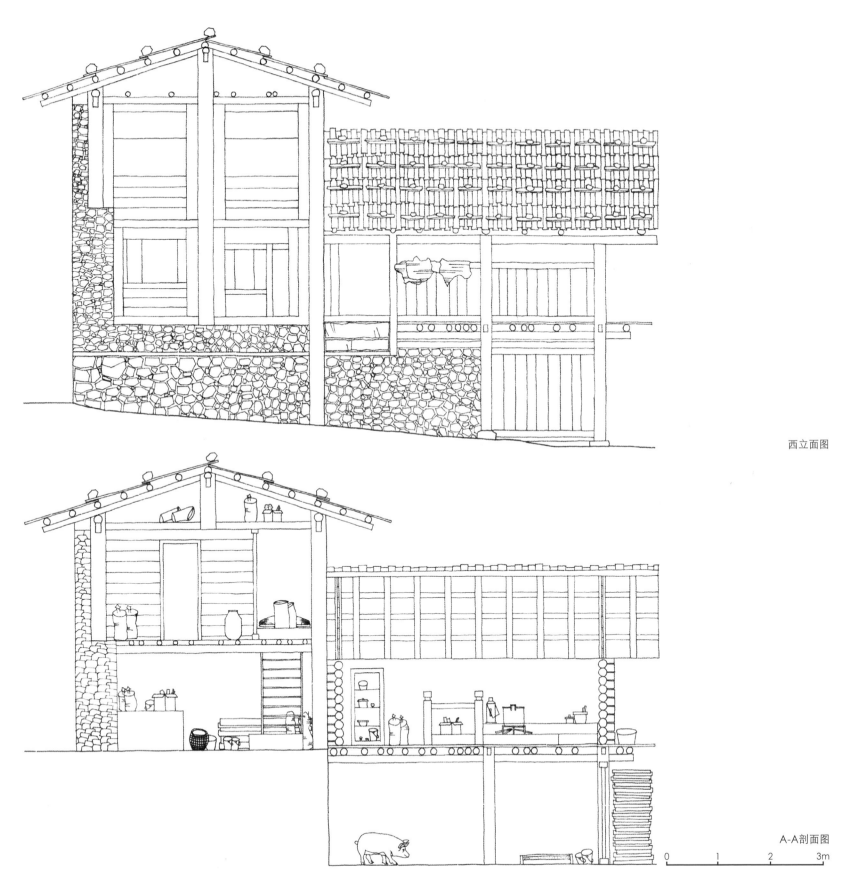

西立面图

A-A剖面图

0　　　1　　　2　　　3m

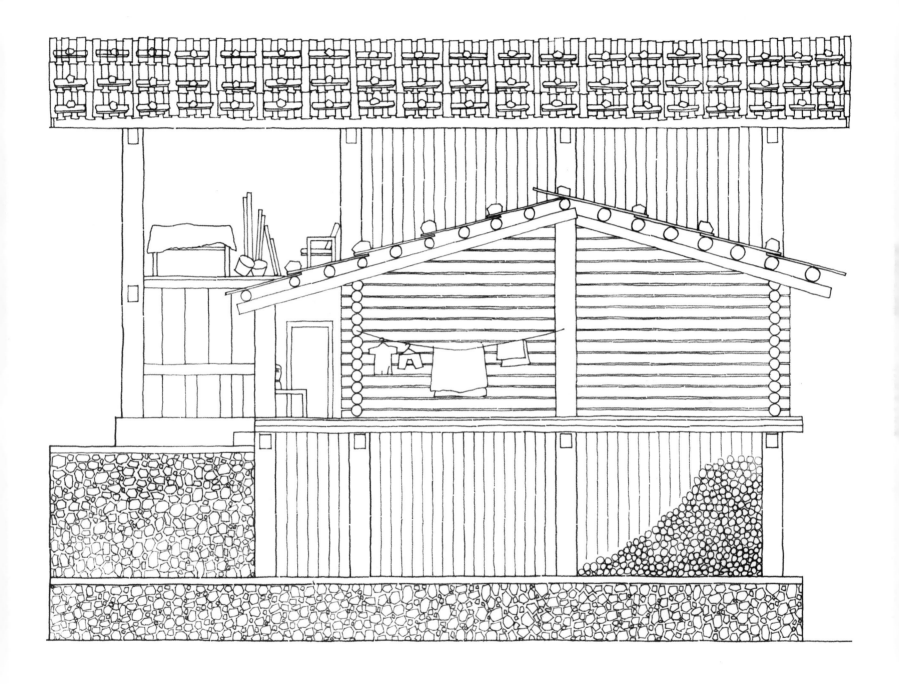

南立面图

0　　1　　2　　3m

调查对象贰　住宅乙

　　此住居的一个主要特征是具有一个十分内向的院落空间。其主屋山墙一侧临道路，主屋与道路间的高差形成起居空间下的豢养空间。在建筑的一侧通过一组台阶可以绕到与主屋高度相同的庭院空间中。庭院与街道间被建筑隔开且存在高差，形成内向空间。

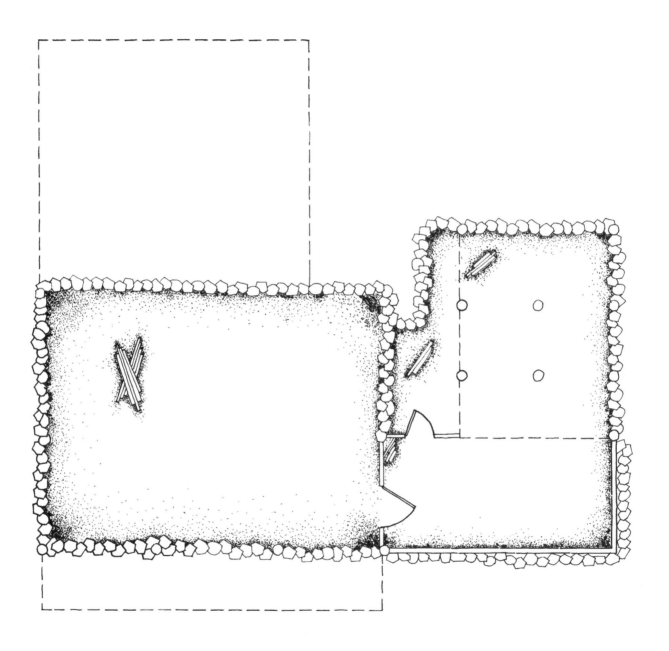

一层平面图

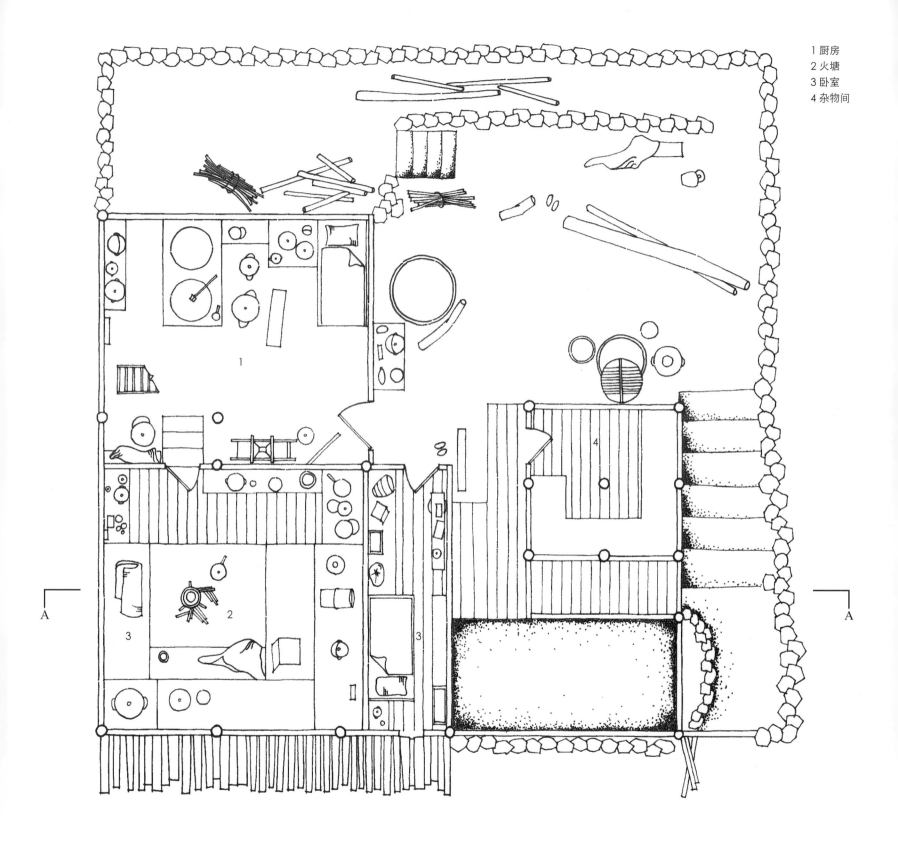

1 厨房
2 火塘
3 卧室
4 杂物间

二层平面图

0　　1　　2　　3m

从住居庭院转入建筑的堂屋前，开门后先见
到的就是如下图的景象。在昏暗低矮的厨房空间
的尽端通过爬梯可到二层，有天光通过这一洞口
投射到下层空间

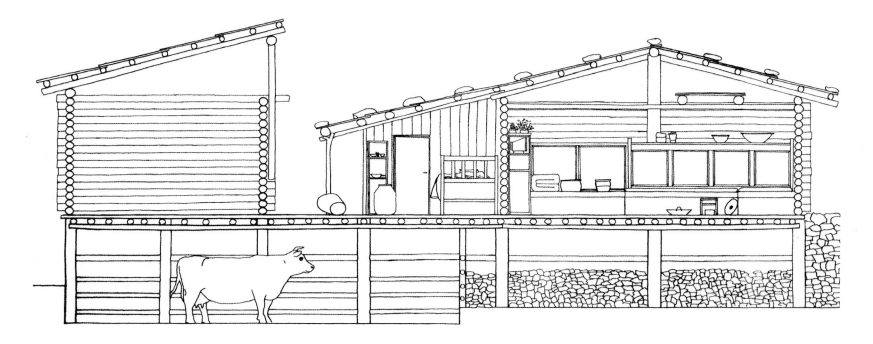

A-A剖面图

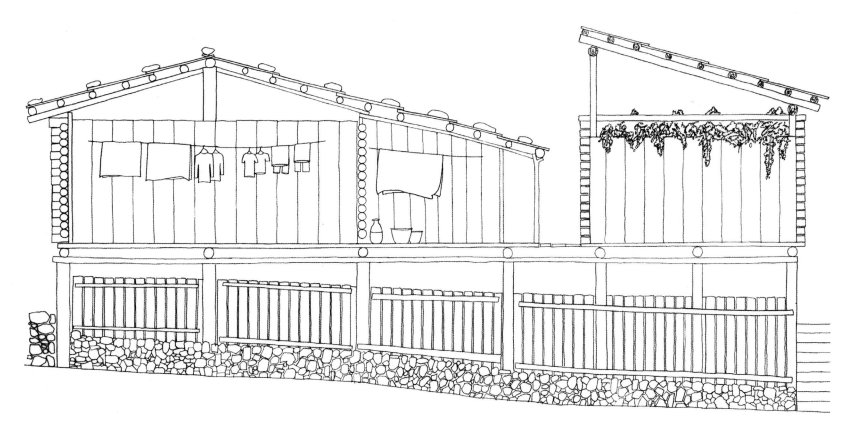

西立面图

0 1 2 3m

调查对象叁　住宅丙

　　此住居与村中多数围合、半围合式的院落空间不同。在栅栏所限定的空间内，建筑在空间的中间横贯短边方向，形成了建筑两侧被分隔开的独立院落。空间整体在长边方向上形成了"院、屋、院"的并置关系，而非围合。

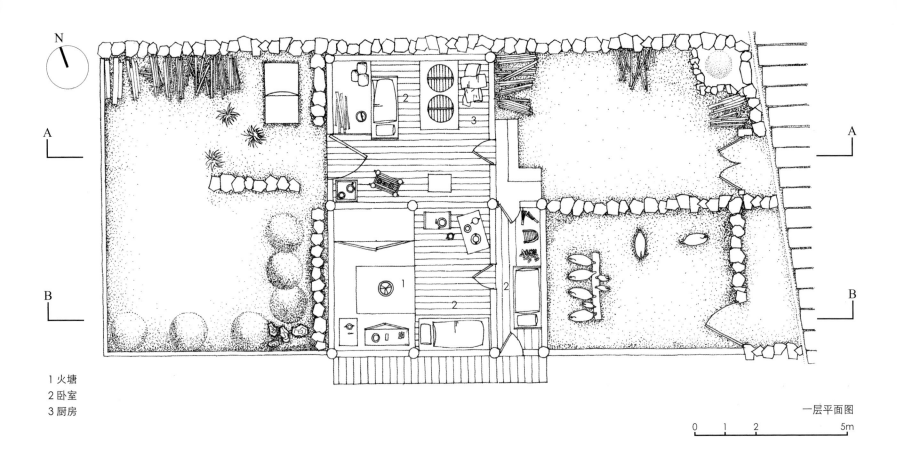

1 火塘
2 卧室
3 厨房

一层平面图

0 1 2 5m

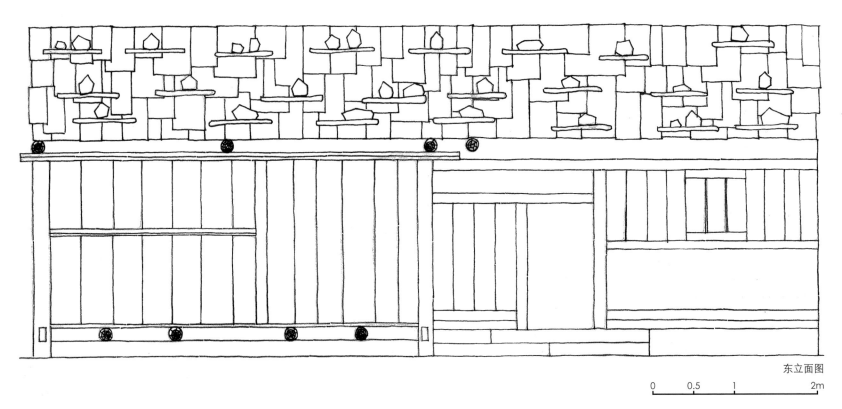

东立面图

0 0.5 1 2m

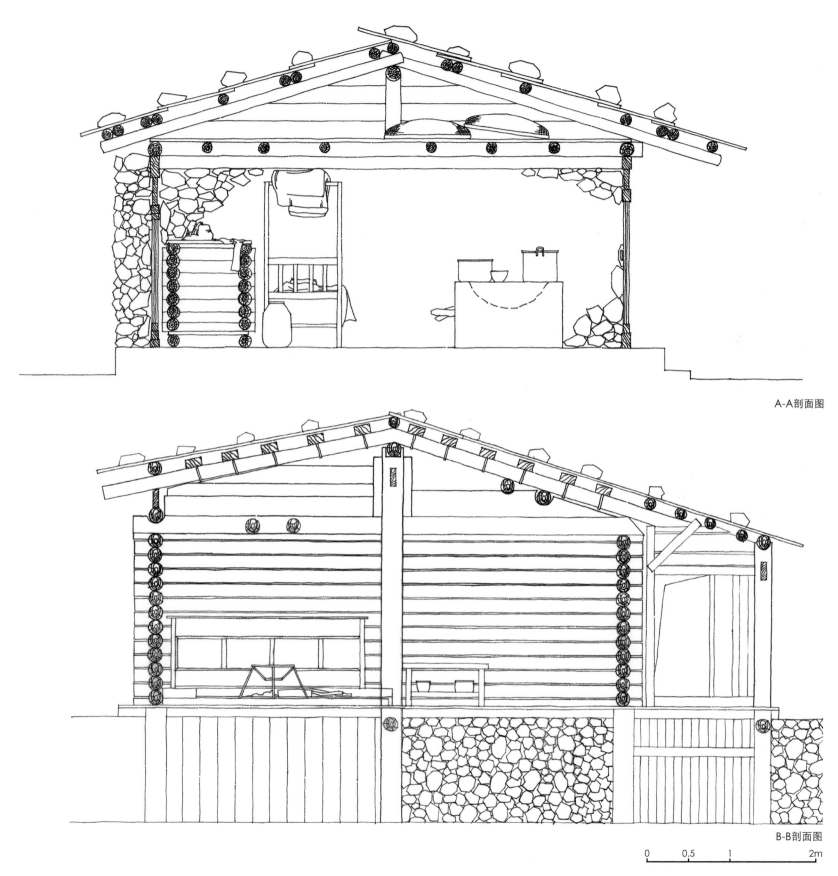

A-A剖面图

B-B剖面图

0　　0.5　　1　　　　　2m

9.云南省大理白族自治州云龙县

诺邓村

诺邓村建筑坐落于一片坡地上，坡地高差不大，建筑前后层叠。这里主要聚居白族，建筑大部分采用木构架、夯土立面及瓦屋面的方式。住居空间类型较为丰富，如有"三坊一照壁""一颗印"等典型的传统住居空间形制。

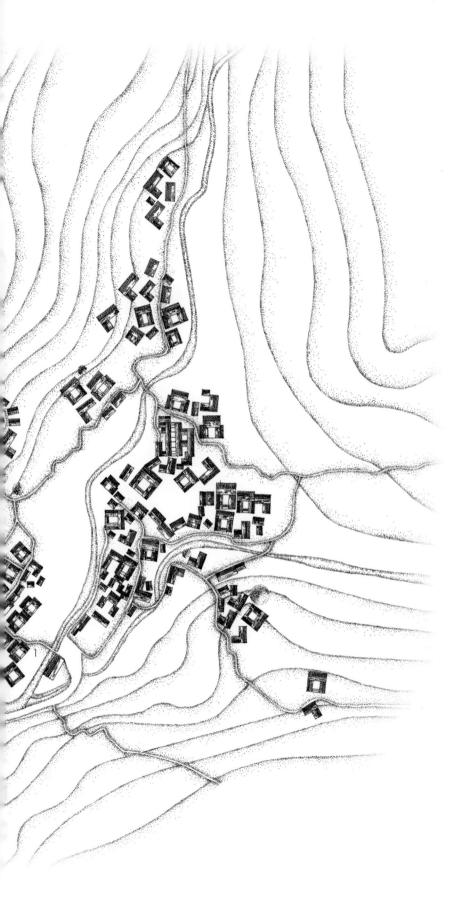

1 盐井桥
2 调查对象壹
3 调查对象贰
4 大青树

诺邓村总平面图

0 20 40   100m

124

调查对象壹　三坊一照壁

　　此住居处在村落一侧的道路尽端，所建造位置的地形坡度较陡，形成上下分层的两个院落空间。地势较低的院落作为住居的入口空间与道路相接。通过楼体上到二层院落是一个典型的"三坊一照壁"住居的空间构成。

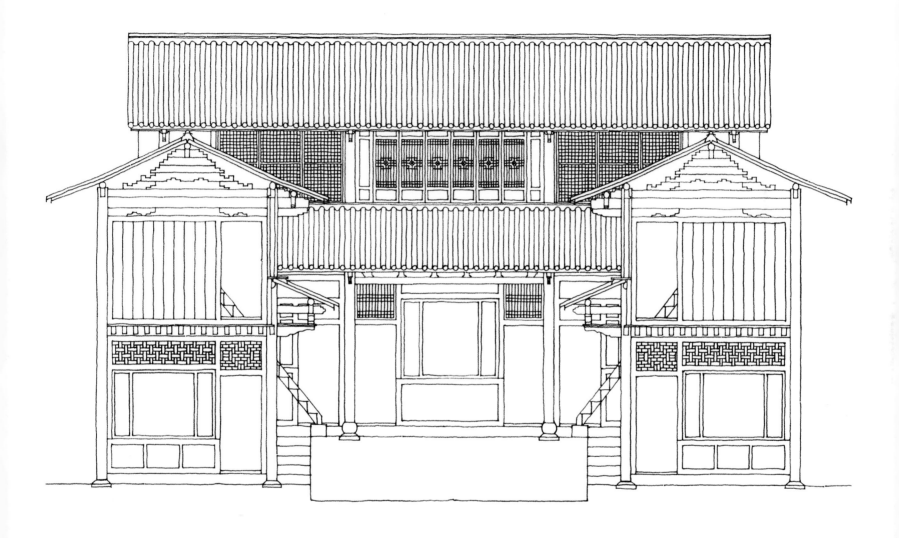

A-A剖面图

0　　　　1　　　　2　　　　3m

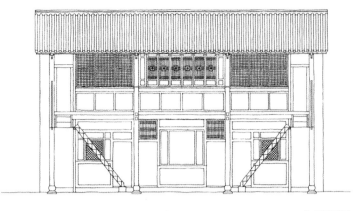

B-B剖面图

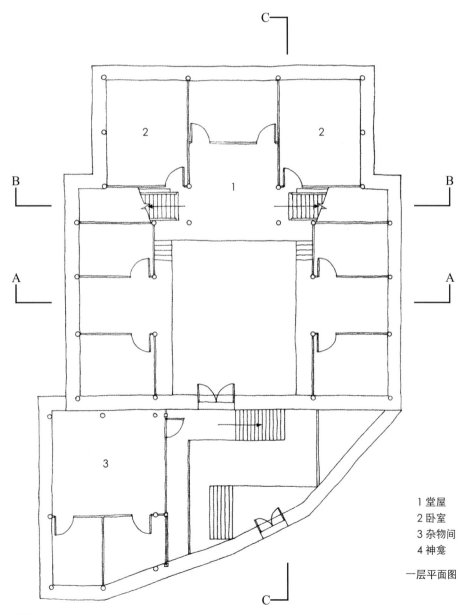

一层平面图

1 堂屋
2 卧室
3 杂物间
4 神龛

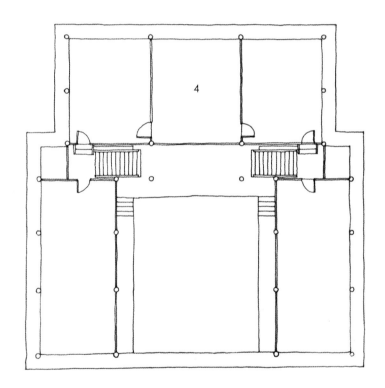

二层平面图

0 1 2 5m

128

C-C剖面图

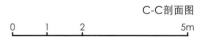

0　　1　　2　　　　　5m

住居空间与地形结合紧密。底层院落空间因地形所限呈"角"形，用于连接街道和上层规整的院落空间。因高差变化，在上层的住居空间二层具有良好的景观视野，正对对面的一条山脊

调查对象贰　一颗印

　　此住居占地小，空间紧凑。整体具有较明显的实体感。整体由三个开间组成，中间开间稍大于两侧，在一层通过入口、天井及堂屋构成住居的主要起居空间动线。抬起的堂屋在空间轴线的一端丰富了住居空间入户及起居行为的动态感受和仪式感。

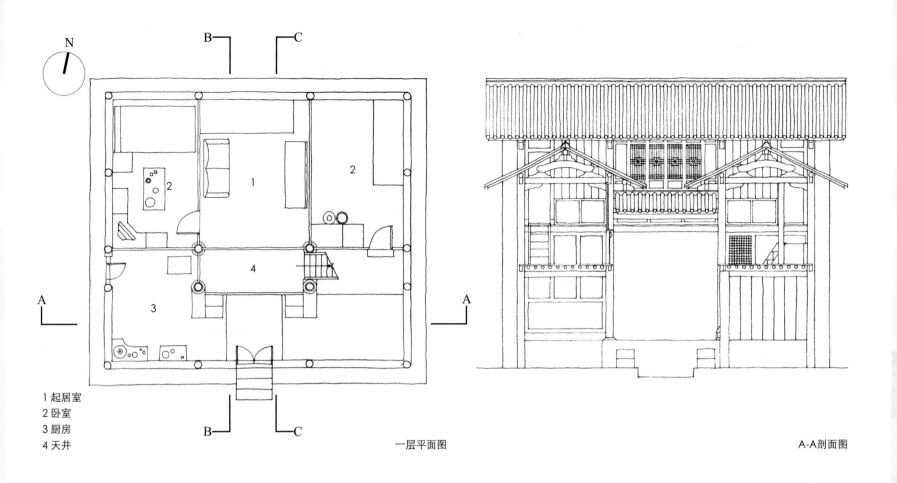

N

1 起居室
2 卧室
3 厨房
4 天井

一层平面图

A-A剖面图

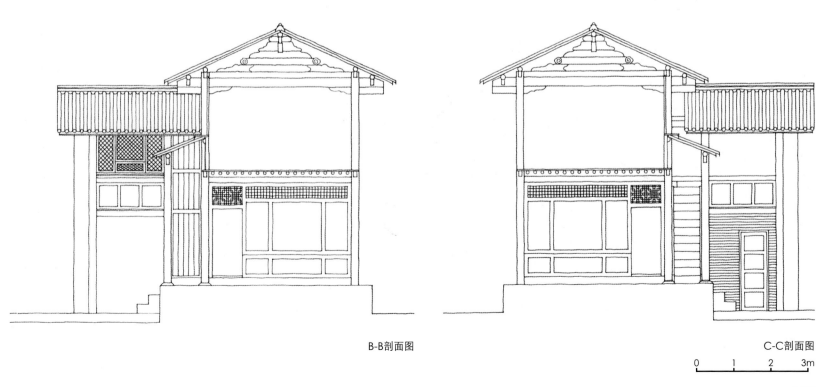

B-B剖面图

C-C剖面图

0   1   2   3m

下图是诺邓村中的街巷空间，两侧房屋以二层为主，沿街墙面实体性强，空间比例狭长。道路高低的起伏，以及不同住居门头的檐口装饰的变化，形成变化丰富的空间节奏

10.云南省丽江市
宝山石头寨

　　宝山石头寨建于山脊上，分为两个区块。所选建的山脊是一块独立突出于周边的石头山体，聚落空间周边就形成了边界明确的断崖。聚落沿断崖树立墙体对内部空间进行限定。同时，沿外围墙设置道路和台阶，配合局部打开的窗井，形成良好的步道空间，使村落形成一种具有整体外"城墙"的空间感受。

石头寨总平面图

0   10   20   50m

调查对象　住宅

　　此住居位于村落整体的边缘，处在断崖旁，周边地形陡峭。其空间上最大的特点是通过庭院及房屋的架空处理，与外侧道路在两个不同的标高发生联系，形成两个不同性格的入口空间。同时，在院落一角打开的围墙可直接通达一个断崖上的观景平台，平台直接面向金沙江。

N

1 厨房
2 卧室
3 前廊
4 观景平台
5 起居室
6 储藏间

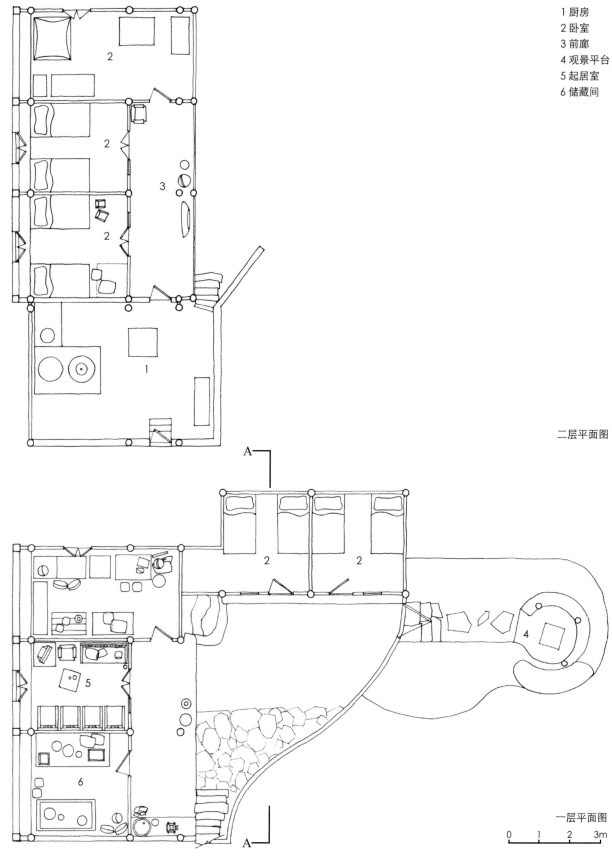

二层平面图

一层平面图

0 1 2 3m

141

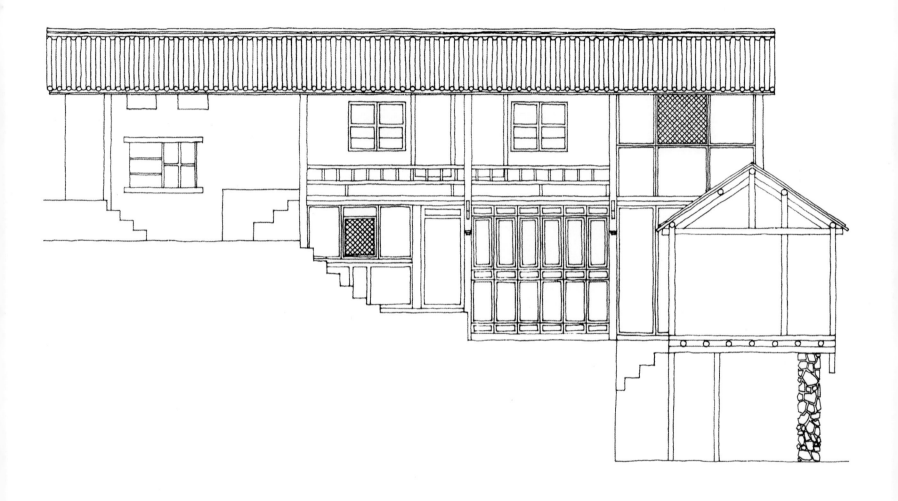

A-A剖面图

0　　　1　　　2　　　3m

144

11.云南省保山市腾冲县明光乡
白沙河村

　　白沙河村所处地势较为平坦，村落入口侧邻河。由于没有明显的高差，村落中没有台阶形的街巷。道路、广场和各家院落间的关系较为融合。各户少有院墙和围挡，院落空间通过建筑单体的围合形成，从建筑底层的局部架空联系街巷、广场和各家庭院的空间。聚落整体呈现单体间相互并置的自由布局关系，空间整体的流动性明显。

调查对象　住宅

　　此住居较具有代表性，整户的领地范围没有院墙、栅栏等明确的外围边界。整体由4个建筑单体构成，中间形成一个院落空间，通过南侧长屋的东南角底层架空处与外部道路联系。

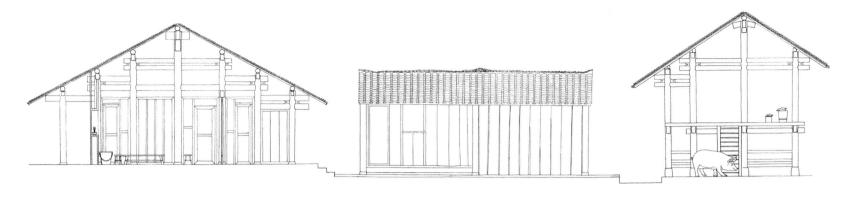

A-A剖面图

0 1 2   5m

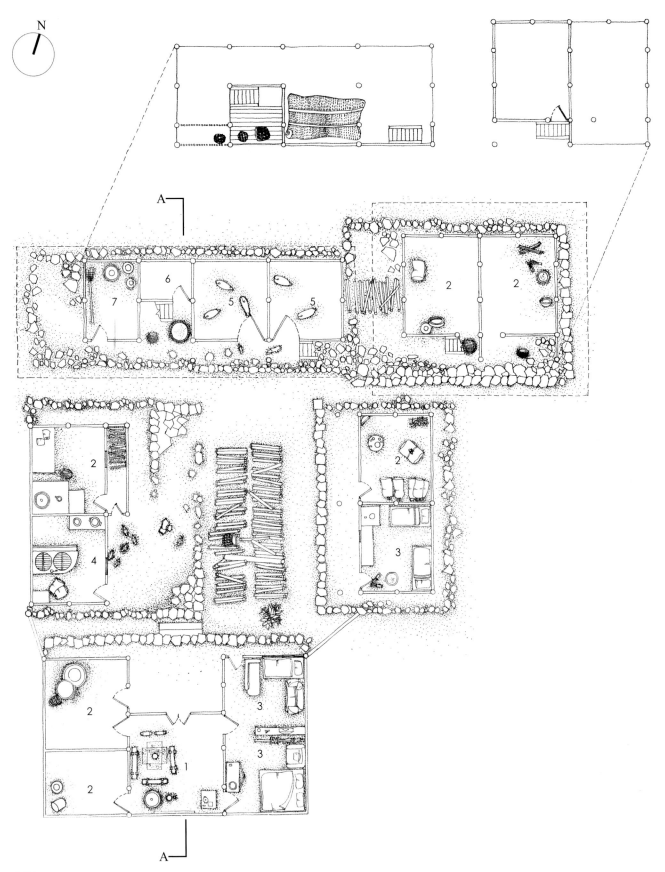

N

1 堂屋
2 储藏空间
3 卧室
4 厨房
5 牲畜圈
6 禽圈
7 杂物间

一层平面图

0 1 2   5m

12.云南省保山市腾冲县界头镇
永乐村民委员会

门坎山村

门坎山村位于两山之间的一块平坦区域，主要入村道路从村落西南侧绕过，村落整体背靠东北侧山体。视觉特征上整体以木构架和瓦屋面为主、各户间没有明确的围墙限定空间。各家的领域通过主屋、厢房或倒座房配合地面铺装形成院落的领域感，与周边道路加以区分。村中大部分人已经外出务工，住户较少。

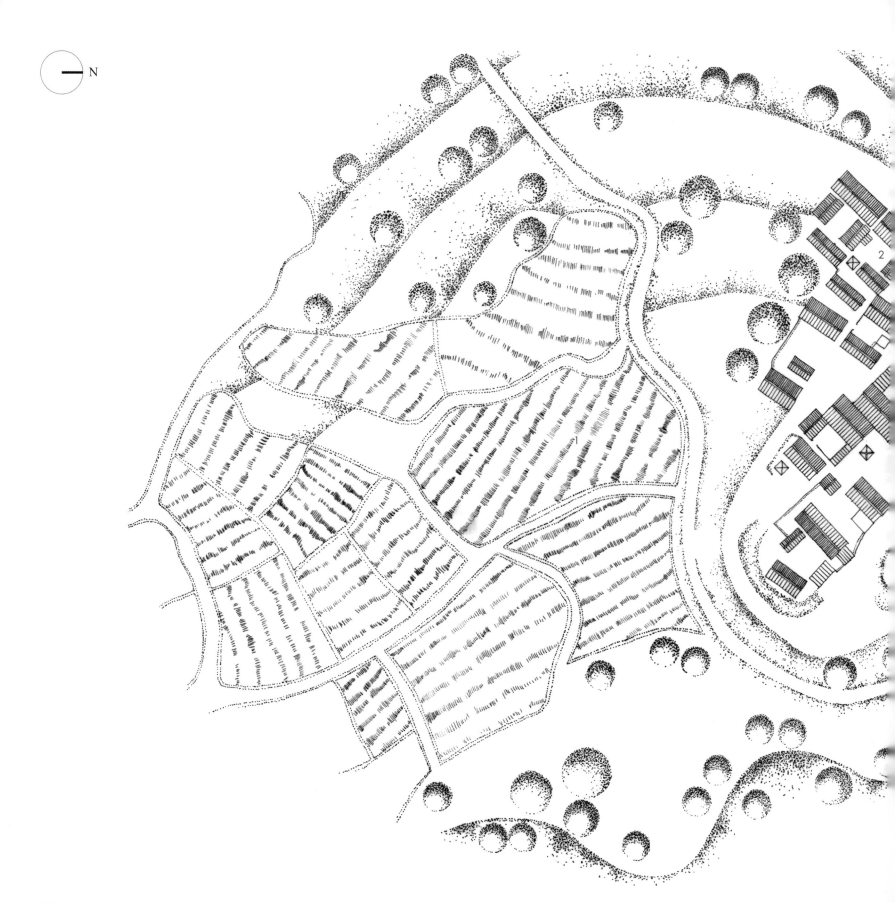

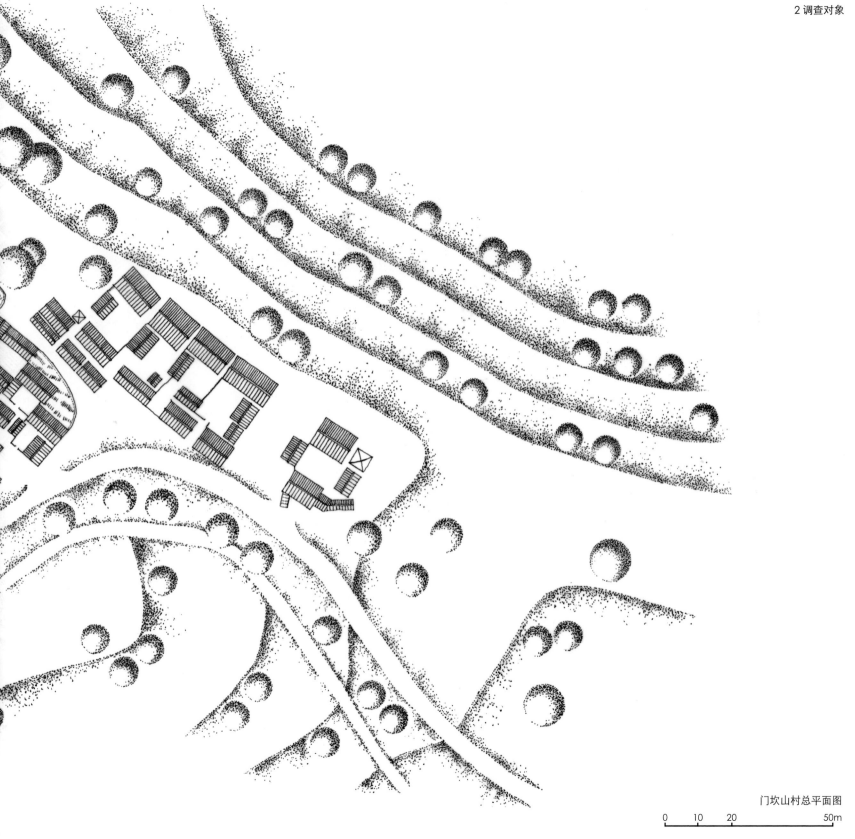

1 田地
2 调查对象

门坎山村总平面图

0 10 20   50m

调查对象　住宅

　　此住居在整个村落靠山最近的一侧，主屋后是竹林，有一个开敞的院落空间，临道路一侧没有建筑及院墙的围合，通过地面砌筑的低矮石台划分空间。院落中通过石块铺地及标高的微小变化形成了清晰而丰富的庭院空间。

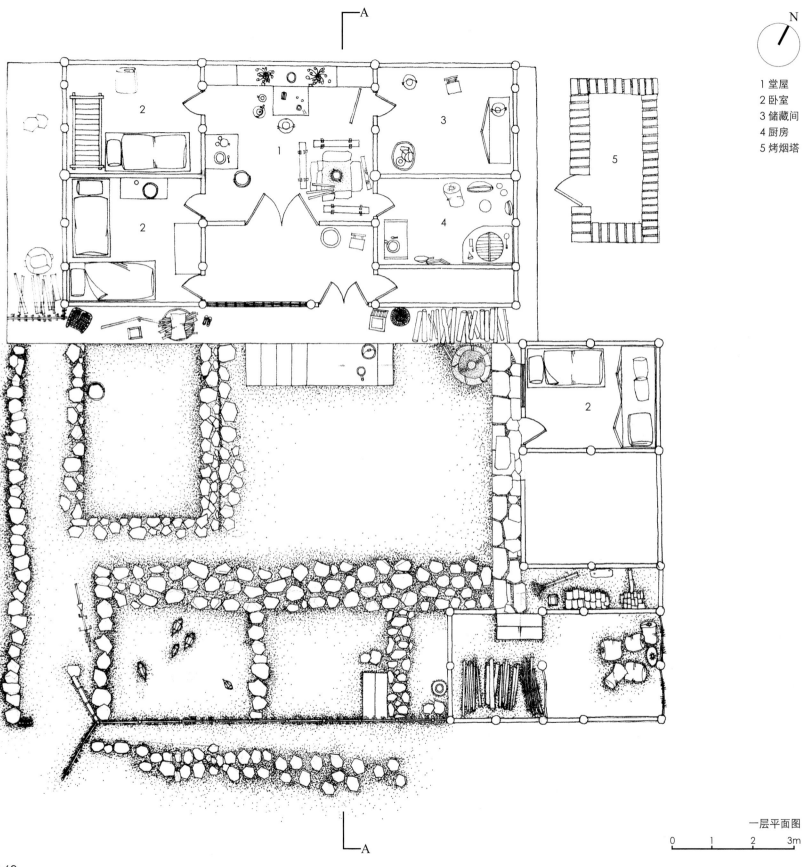

N

1 堂屋
2 卧室
3 储藏间
4 厨房
5 烤烟塔

一层平面图

0　1　2　3m

在右图中可以看到通过略微高出院落的步道和体量感很强的砌筑台阶将院落与主屋的台基进行联系。在院落的一角两个建筑单体通过"L"形的空间布局方式，强化了住居领域在东南侧的围合感受

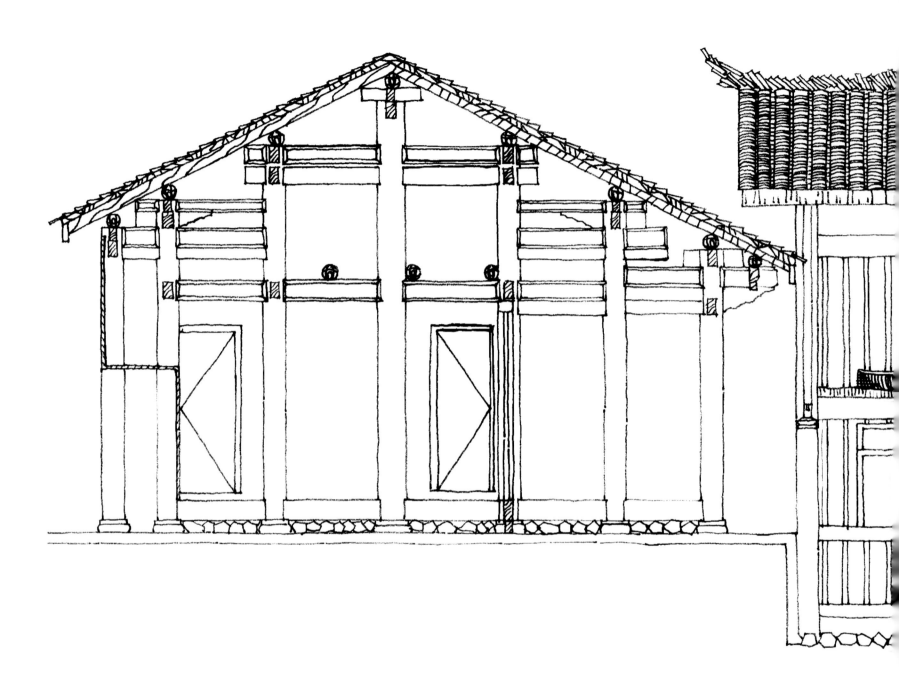

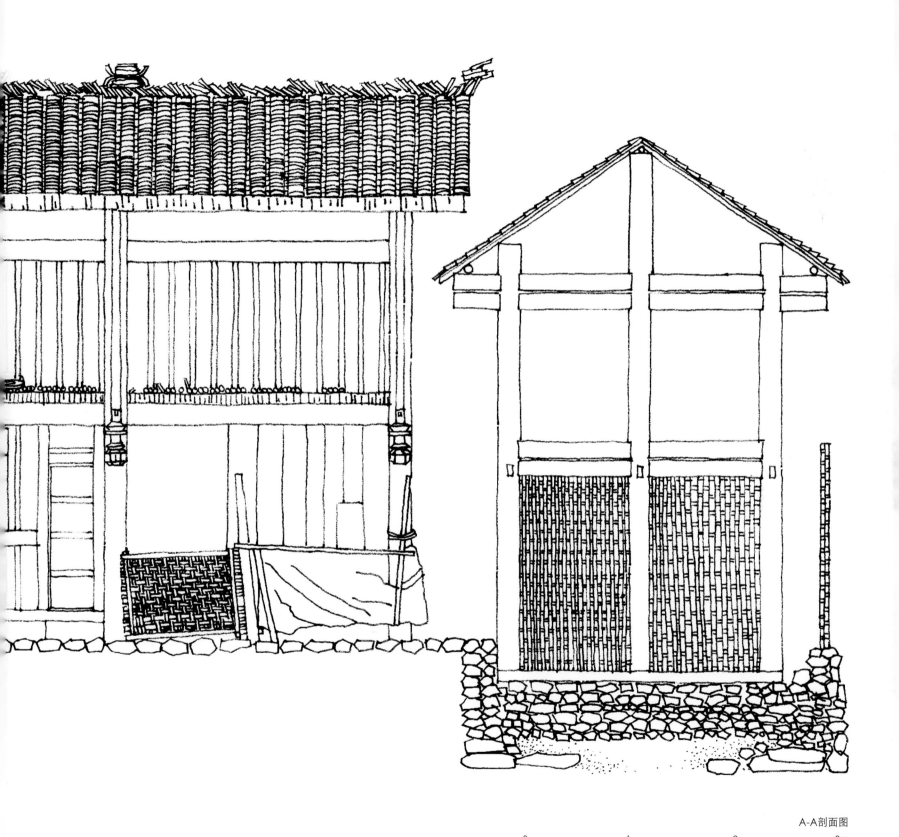

A-A剖面图

0　　　　　1　　　　　2　　　　　3m

此住居除简洁的几何化院落空间处理方式外，主屋的效果也令人印象深刻。立面木材颜色较深，且门和窗上的洞口线条简洁，与屋顶形成较强的整体感。建筑在线条锋利的台基上强调了主屋的体量感和仪式感

13.云南省保山市腾冲县曲石乡
红木村

红木村三面环山，村落地势北高南低，北侧临较陡的山坡，南侧开敞、地势平缓，村落的主要耕地分布在这一区域。村落整体的空间结构呈鱼骨形排布，中间为南北向的主要街道，房屋在两侧排列，每户有自己明确的院落领域。

调查对象　住宅

　　此住居位于村口处，在整个村子地势最低的一侧。院墙顺应地势向上，从南向北呈逐渐向内收拢的弧线。院墙南端地势较低处通过厢房的底层局部架空形成院落入口。正房在地势较高一侧，与院落的高差形成主屋的基台。

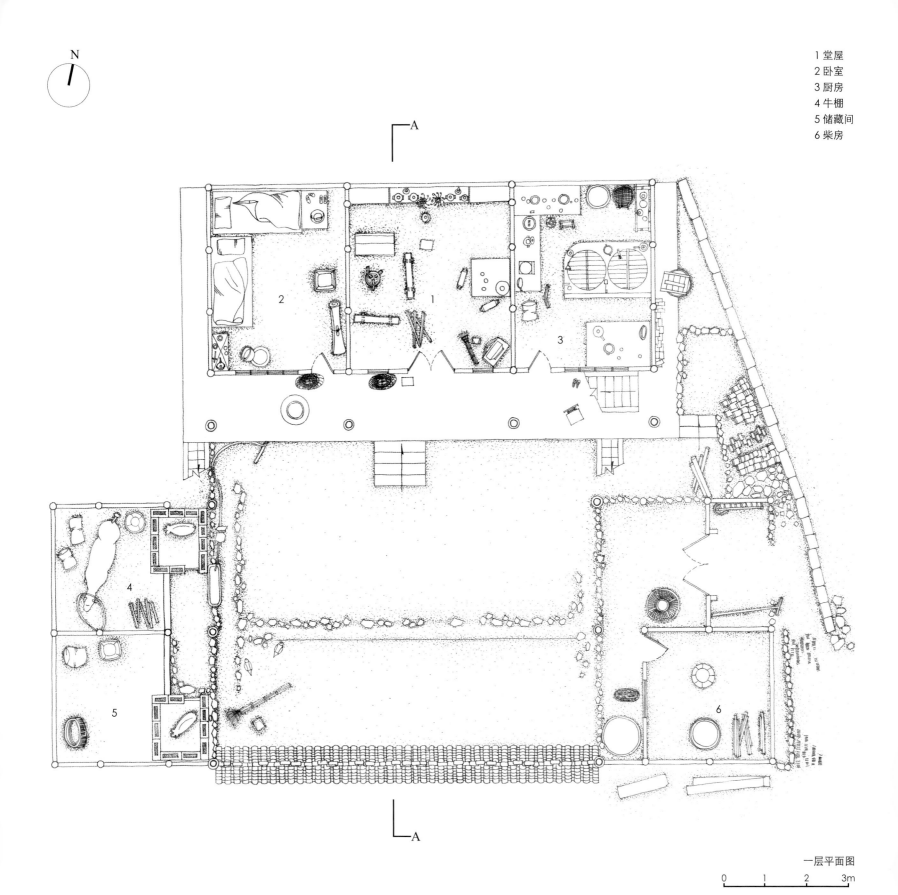

N

A

A

1 堂屋
2 卧室
3 厨房
4 牛棚
5 储藏间
6 柴房

2

1

3

4

5

6

一层平面图

0   1   2   3m

两侧厢房均为二层，底层除架空作为入口的部分外，主要作为储藏空间使用。底层平面不设置连接二层的楼梯。两侧的二层空间均与主屋前的基台联系，基台东西两端分别设置石阶和木质楼梯

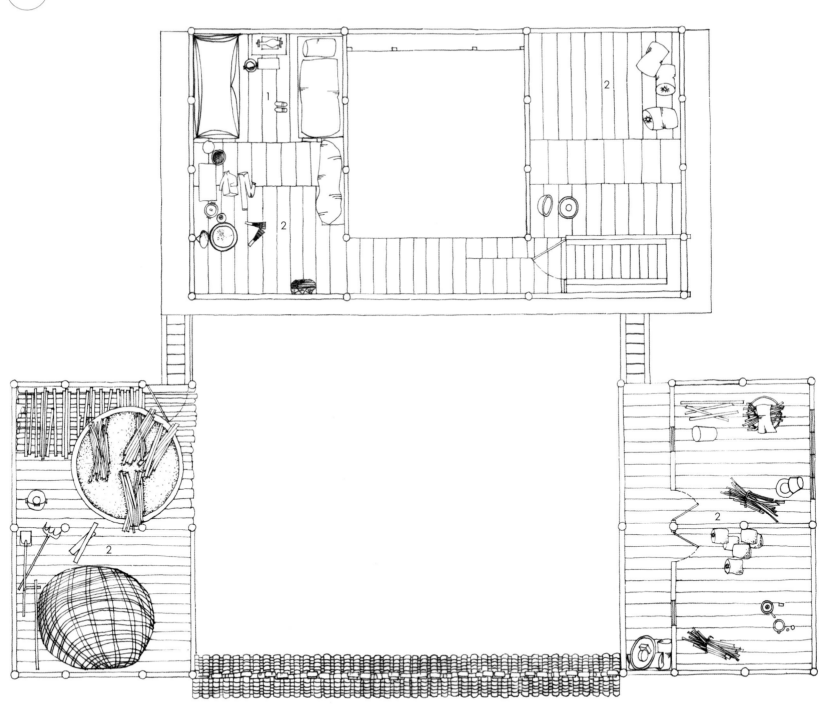

1 卧室
2 储藏间

二层平面

0 1 2 3m

174

主屋空间由三个开间构成，中间开间为两层
通高的堂屋，北侧墙面上有祭拜用的壁龛。堂屋
一侧有一火塘，形成了主要的起居空间。二层的
外廊连接西侧卧室和东侧储物空间。外廊的中间
开间内侧无护栏，与通高堂屋直接相连

南立面图

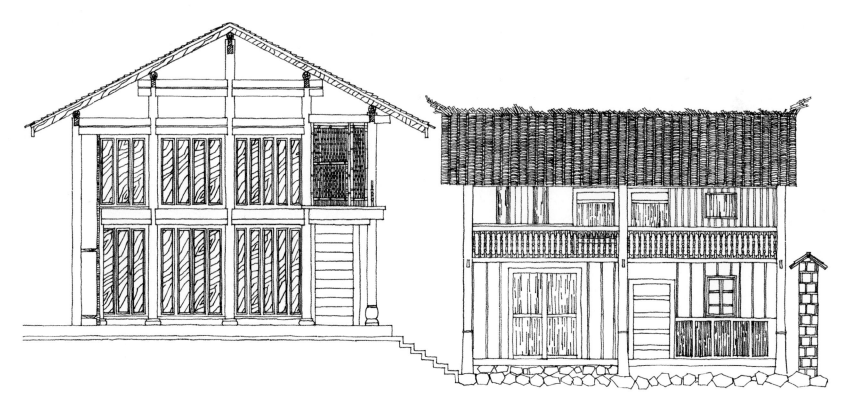

A-A剖面图

0　　　1　　　2　　　3m

14.云南省保山市腾冲县蒲川乡茅草地村

大窝子村民组

大窝子村民组以回族、汉族为主，位于坡度平缓的半山腰，其民居平面呈内向型的院落式布局。形式多为"三坊四合院"，也有"一正两厢""一正一厢"的形式，且正房和厢房的层数和层高各不相同。

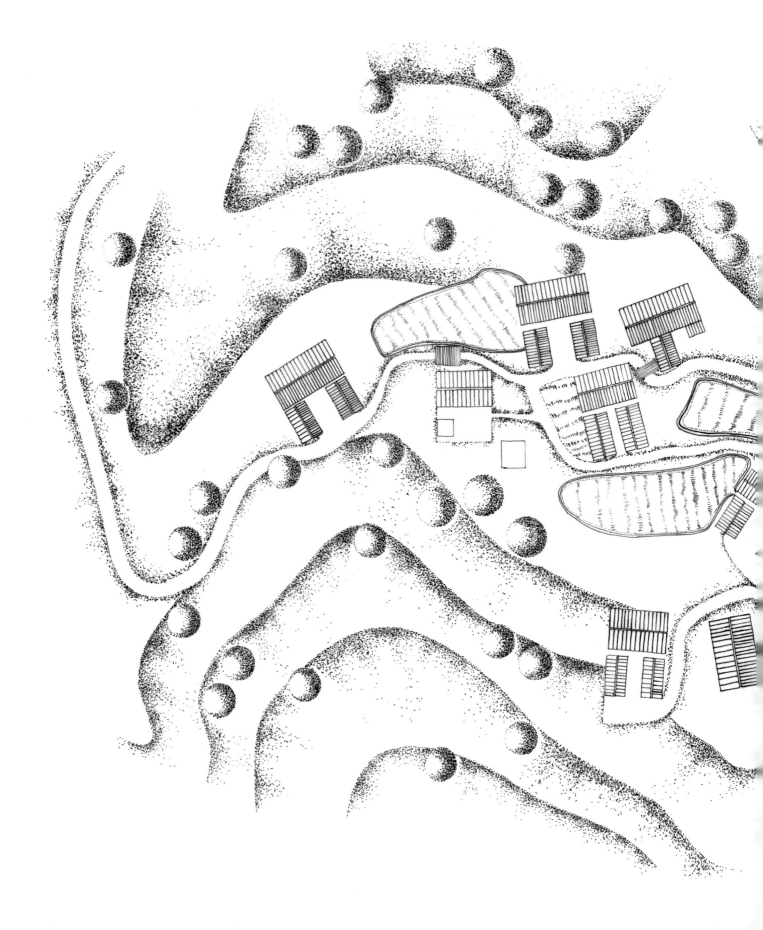

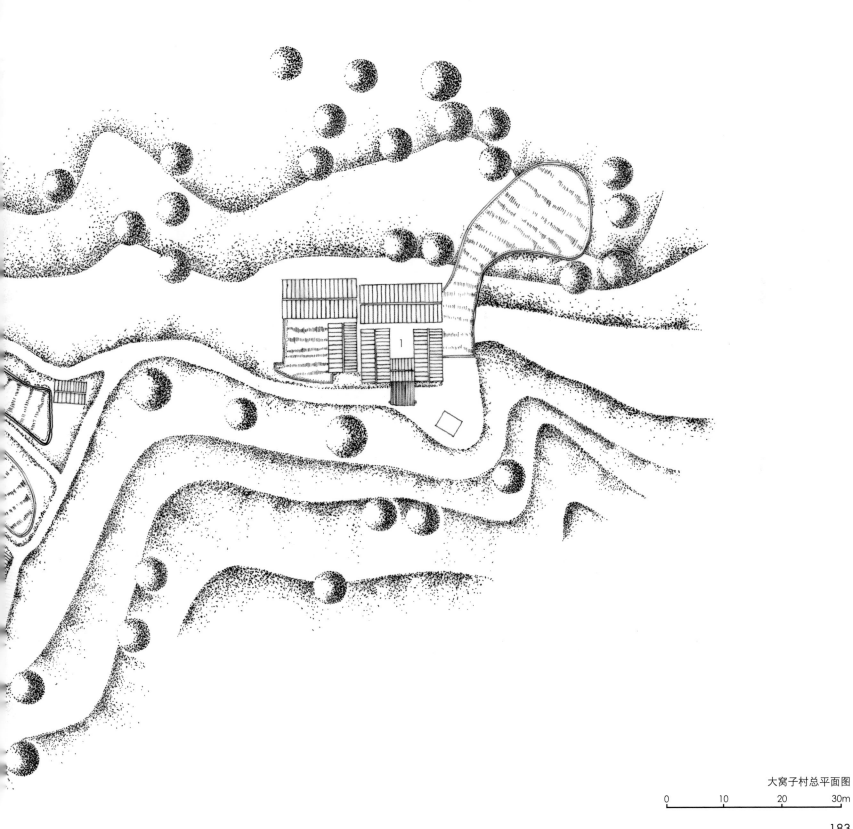

大窝子村总平面图

0   10   20   30m

调查对象 住宅

　　民居形式为"三坊四合院"，正大门开在倒座一侧，正房为火塘屋兼堂屋，两侧为卧室和储藏空间；厢房和倒座在一层和二层皆连通，底层架空，作为饲养、储藏、餐厨、家务活动空间；中间的天井尺度较小。

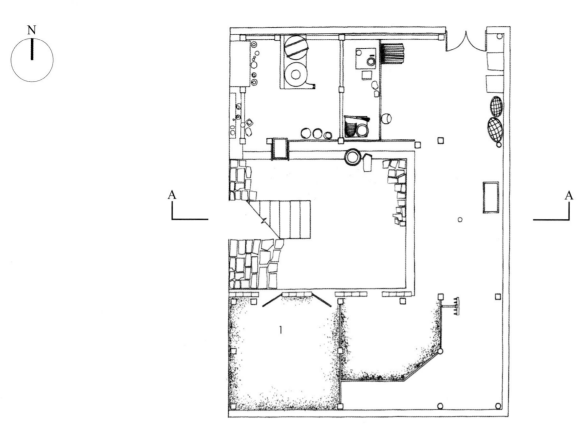

1 厨房
2 卧室
3 储藏间
4 堂屋

一层平面图

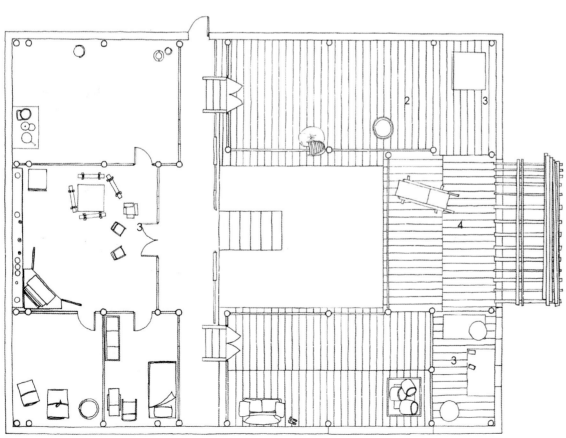

二层平面图

0　1　2　　　　5m

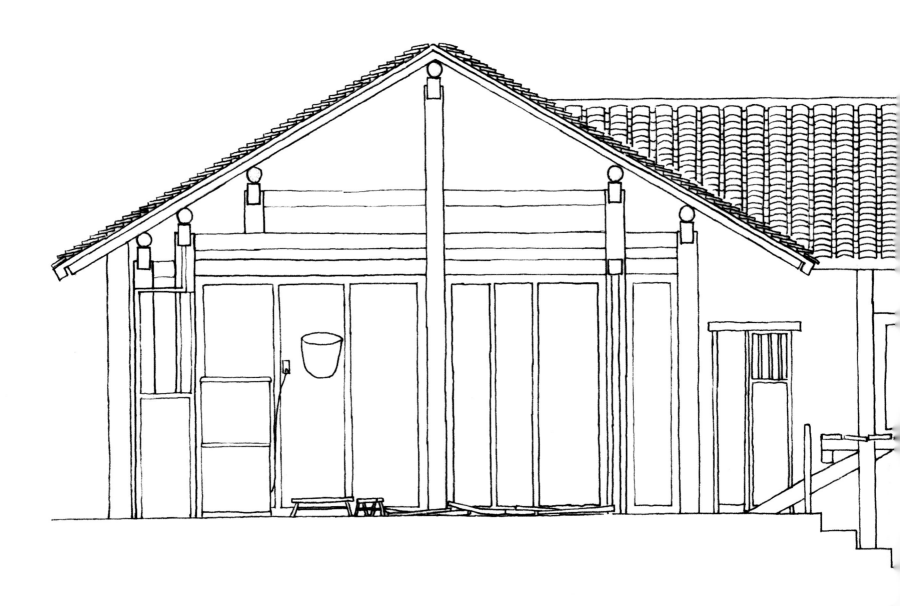

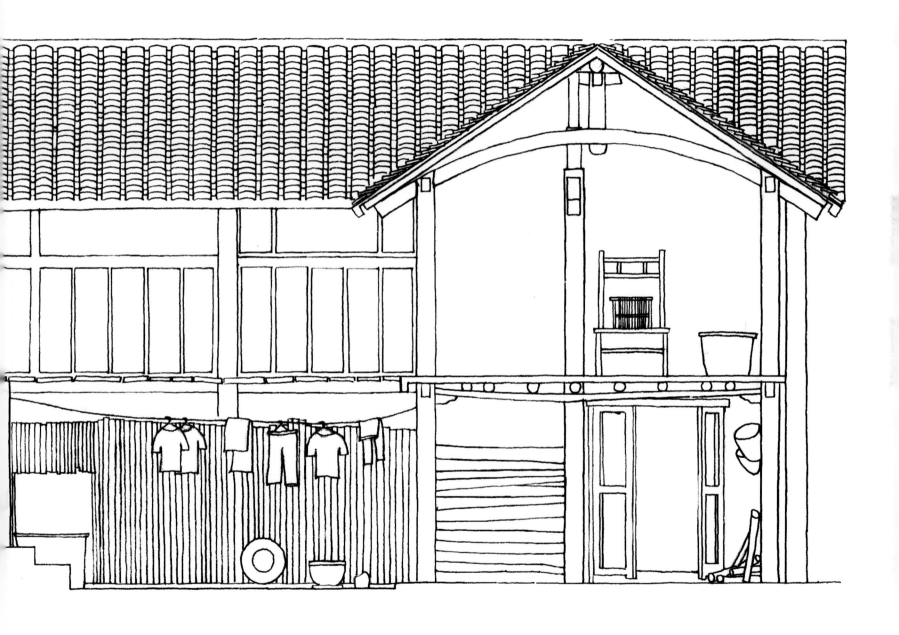

A-A剖面图

0　　　　　1　　　　　2　　　　　3m

15.云南省德宏傣族景颇族
自治州芒市镇

大岭岗村

以阿昌族为主的芒市大岭岗村，位于半山腰，山后是树林茂密的山坡，山前是梯田，海拔1300米。民居大部分依山体的等高线平行布置，层层叠叠，少部分与等高线斜交，而这少部分与等高线斜交的住居多位于聚落四周，为后建的或用作储藏的房子。

大岭岗村民居多为"一正两厢"的三合院，各个房间相互连通，通透性较强。大岭岗村正房的混凝土台基大且高，连通正前方的六阶混凝土台阶，厢房的台基则是一阶台阶。正房的正立面多是木板竖向围护，堂屋前有廊，正房的层高较厢房高。正房的其余立面、厢房二层和院落的围护多用竹条编制的墙体，通风性能更好。

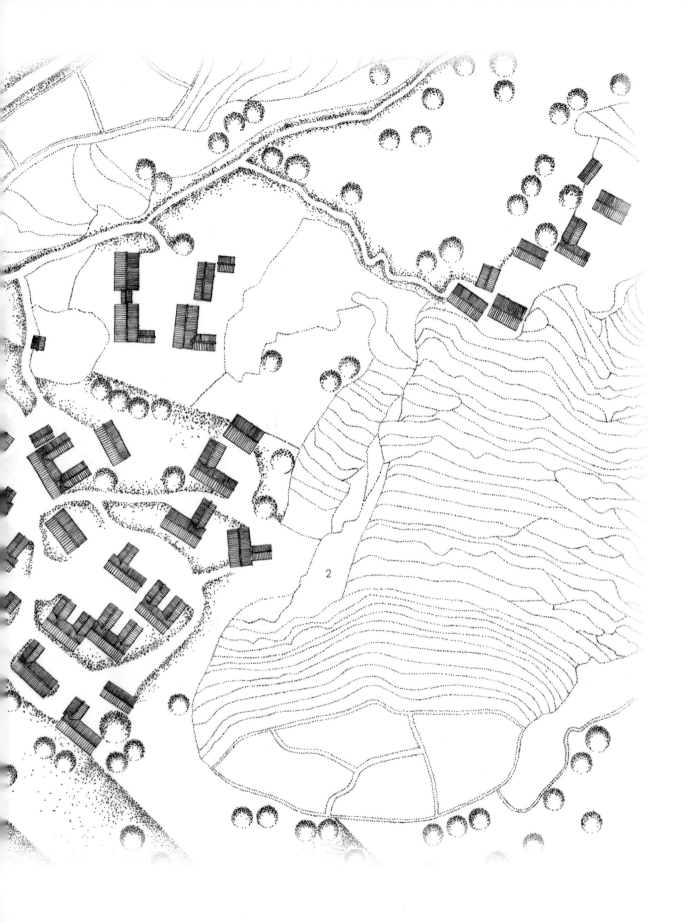

2

大岭岗村总平面图

0　10　20　　　　50m

调查对象　住宅

　　该住宅正房为单层且进深大，中间堂屋内靠近门的一侧设置火塘，堂屋的正门对面墙上设置供奉神的案几，左右为卧室和餐厨空间。厢房为干栏式，底层架空，一侧作为住居的主入口，其余空间多作储藏和饲养，二层则住人。

N

1 堂屋
2 卧室
3 厨房
4 牲畜圈
5 禽圈
6 柴房

A

B

B

A

2

2

1

3

4

5

6

一层平面图

0 1 2 3m

196

大岭岗村的住宅单体大多采用如本页照片所呈现的方式处理与坡地的关系，主屋在地势较高的一侧，地势较低处为院子，从侧面开门与街道连接。从村落整体来看，大岭岗村的选址较为特殊，不同于一般民居主屋向南的布局。错落选址于山的北坡，住居主屋整体朝向东北方向。在调查中了解到，他们认为村落需要背靠山体和他们的神庙，神庙的方位在沿着北坡向上的地势更高处。神庙隐在一片竹林中，只许村中男性前往，在调查中未能明确其准确的位置

16.云南省德宏傣族景颇族自治州
潞西市三台山德昂族民族乡

出冬瓜村

　　出冬瓜村位于德宏州潞西市三台乡（我国唯一的德昂族乡）的东部。村子位于海拔较高的山顶，地势崎岖。民居主要类型为干栏式，与其他民族的干栏式建筑不同，多分为主楼和副楼，楼梯也为双楼梯设置，分别作为主客出入主楼和家人通往副楼的用途。

出冬瓜村的村民信奉佛教，在村寨旁有佛寺，是居住民的精神文化中心，也是举行公共活动的场所。佛教建筑群由寨心、奘房、幡杆、佛塔、平安门、生活用房等组成。图中即为佛塔与奘房，其中奘房为干栏式建筑，底层为储藏空间，上层为佛殿

调查对象　住宅

　　出冬瓜村的民居分为主楼与副楼，主楼底层主要为饲养牲畜、放置农耕器具等，附楼底层为餐厨与储藏空间。底层柱子下端用呈田字格的"锁脚枋"连接，关牲畜的区域，锁脚枋会在纵向上增加以利于围护。建筑的两端布置两步楼梯，两步楼梯的方向垂直。二层主楼部分主要是火塘屋、卧室、纺织屋、起居、储物等空间，以火塘为中心分布长辈、晚辈起居的位置。

　　在调研的赵一月家中，火塘上方为长辈男女起居的位置，左侧为第二代子女的起居空间，右侧为第三代男子的起居空间，下方为第三代女子起居的位置，副楼二层作为晒台晾晒粮食。

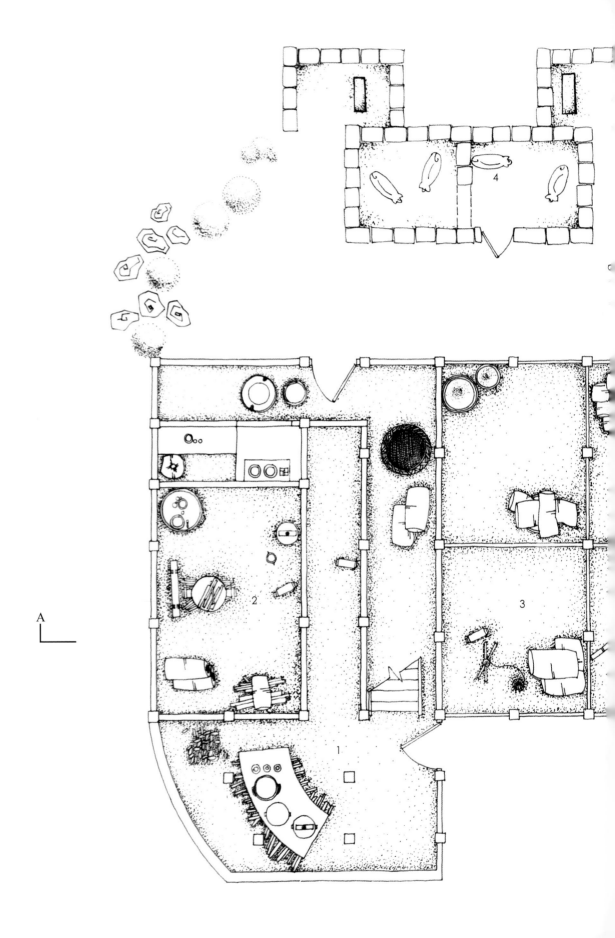

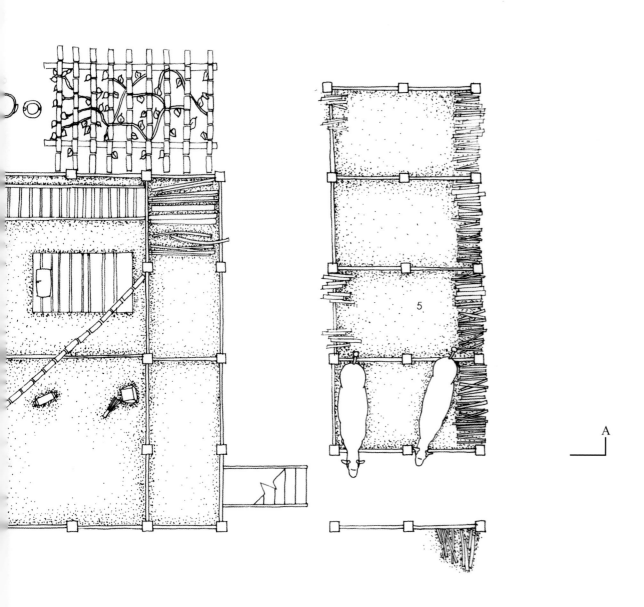

1 厨房
2 柴房
3 储藏间
4 牲畜圈
5 牛棚

A

一层平面图

0 1 2 3m

N

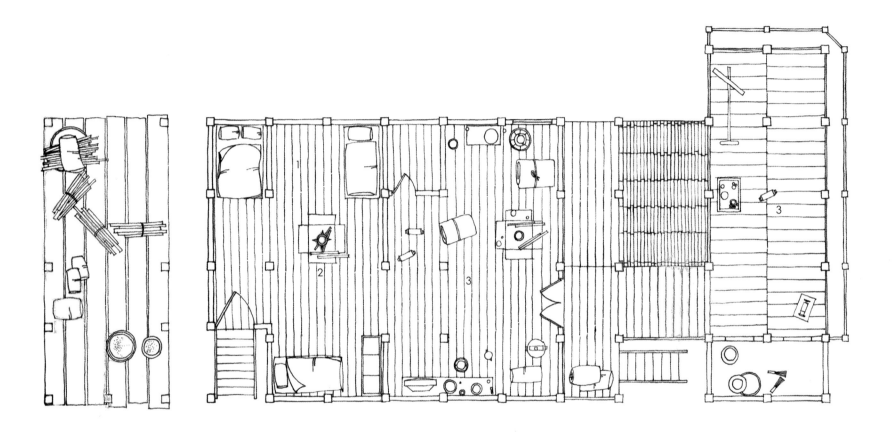

二层平面图

0　1　2　3m

213

出冬瓜村多为歇山式合瓦屋面，且正脊和垂脊短，戗脊较长。民居中承重的构件为梁、枋、柱，屋顶梁上承接椽，椽上铺设缅甸的小板瓦或汉式瓦当，调研的民居中支撑梁的横向结构枋呈弧形

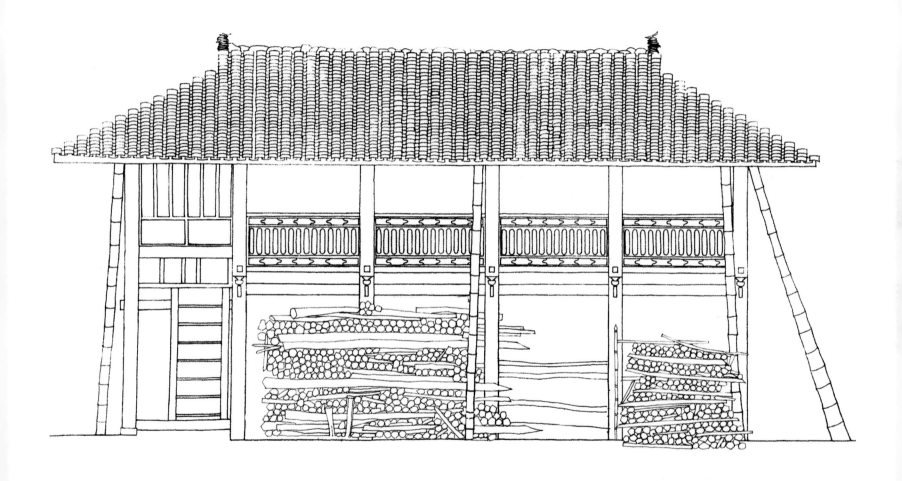

西立面图

0　　　1　　　2　　　3m

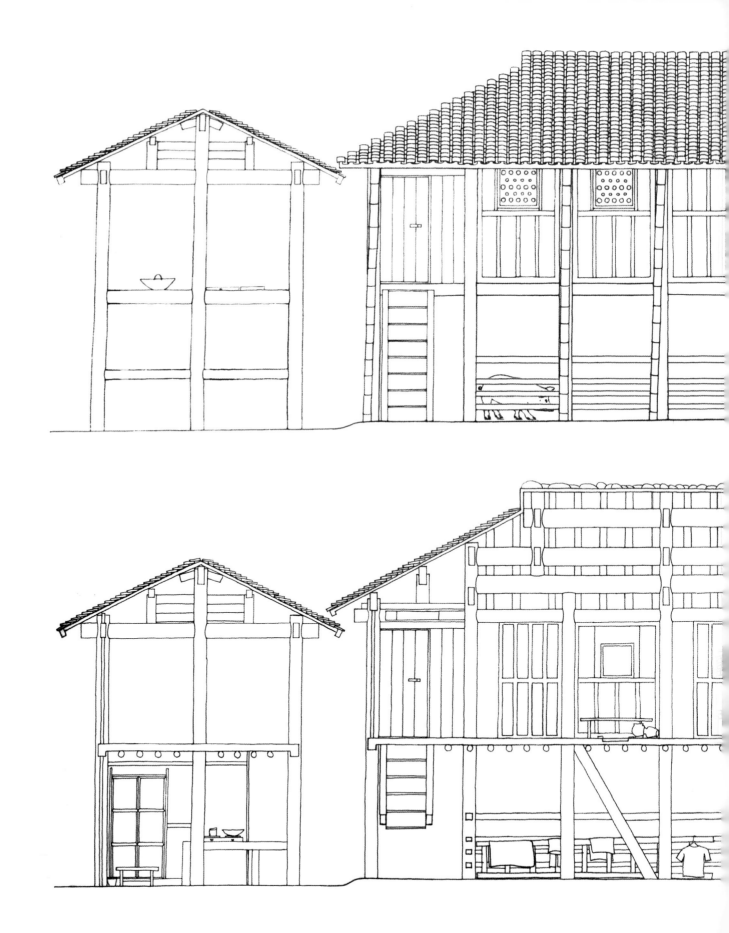

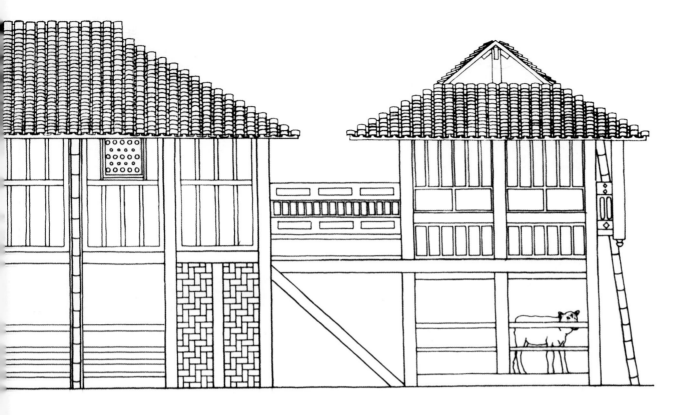

南立面图

A-A剖面图

如右图所示，层层的青石台阶依山势设置，两侧竹林辉映，末端便是村民出入佛寺的"平安门"，用来祈求平安，此为出冬瓜村的重要公共空间要素之一

17.云南省大理白族自治州云龙县
通京桥

　　通京桥为一座风雨桥，最初修建于1776年。现状桥梁为1994年重建。桥体主结构为全木结构，河岸两端的桥头用砖作围合，并在下部用石材稳固支撑斜向桥架的基础。桥体全长40米，宽4米，现功能完好，可通过行人和牲畜。

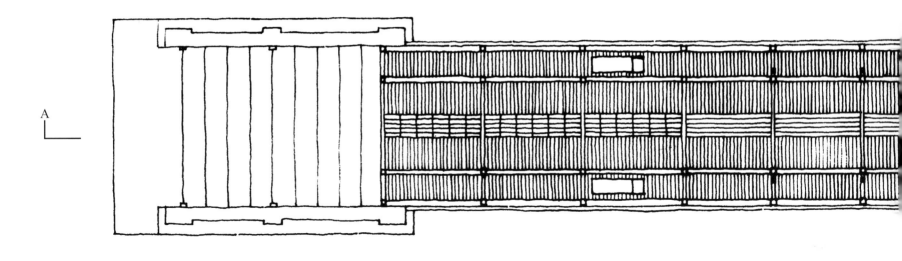

A

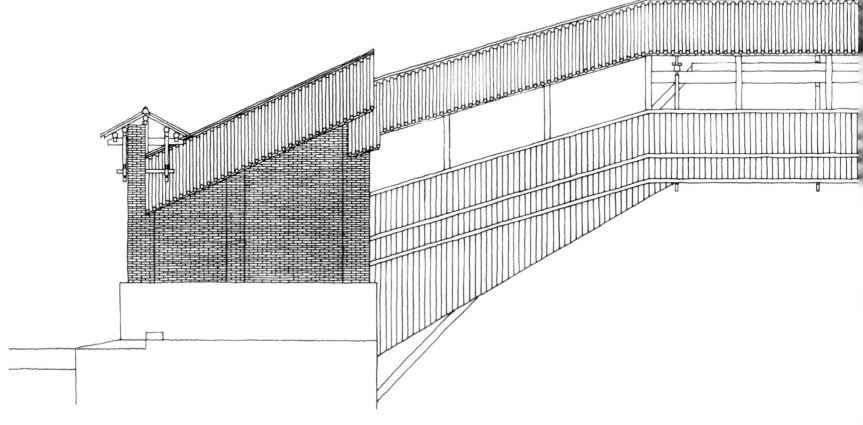

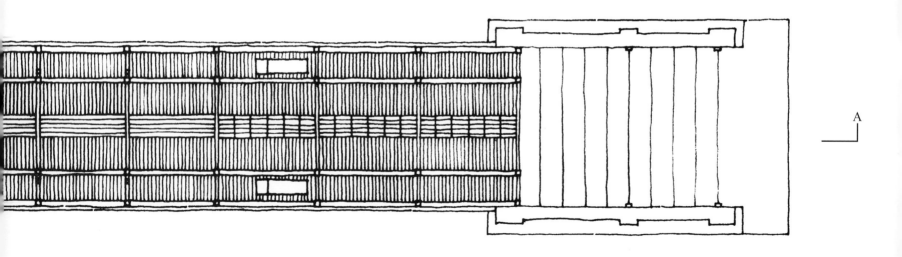

平面图

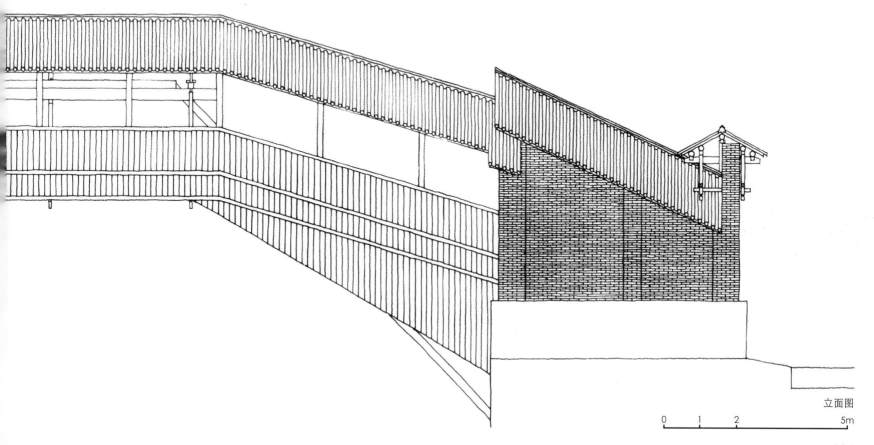

立面图

0　1　2　　　　5m

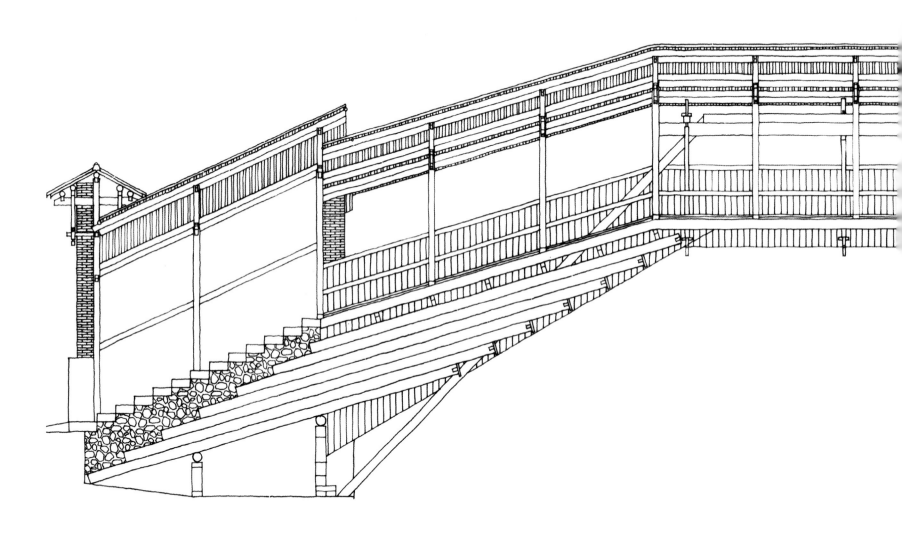

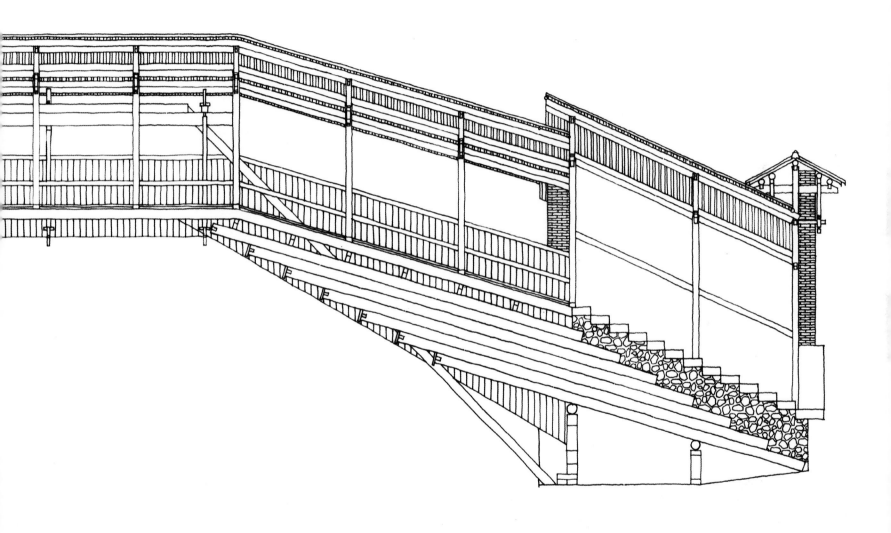

A-A剖面图

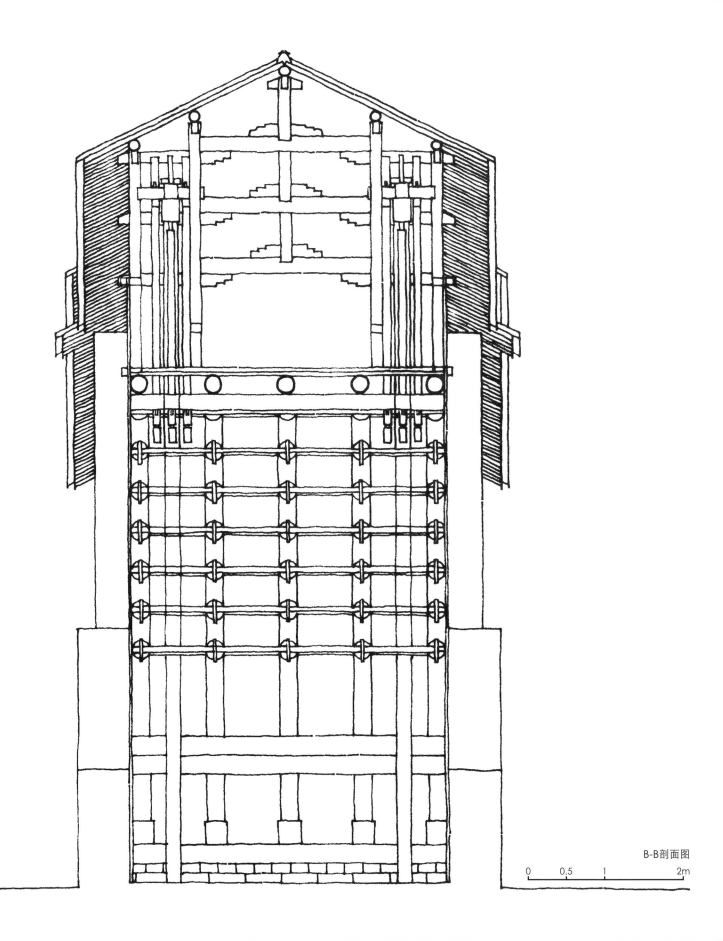

B-B剖面图

0　0.5　1　2m

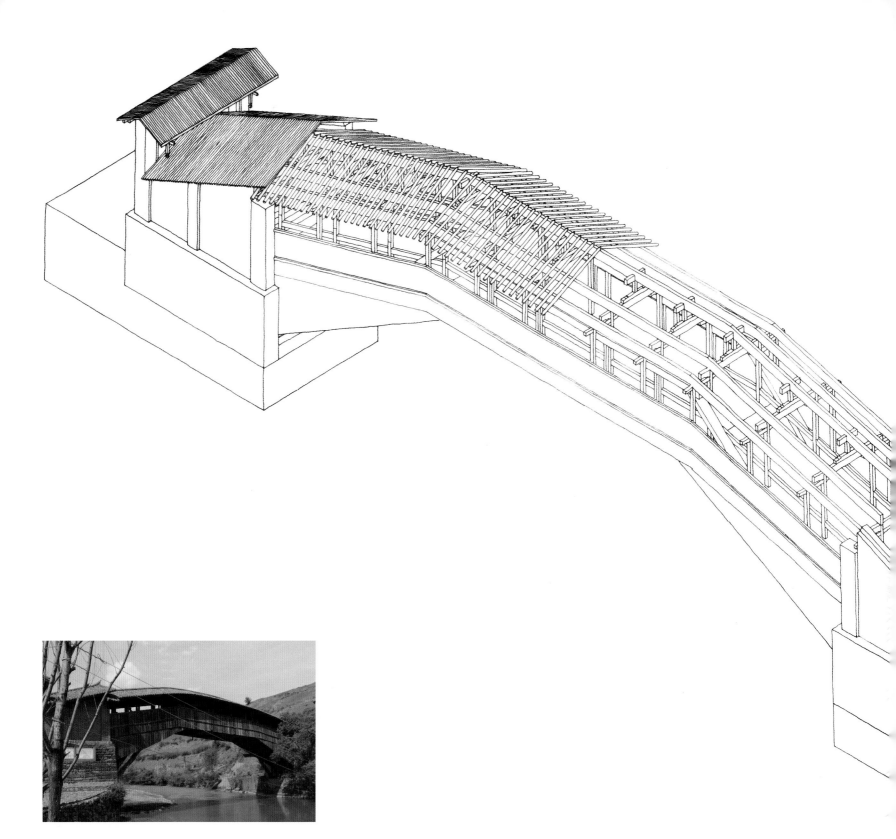

通京桥为伸臂式单孔木梁桥，净跨径29米，高12.5米。桥采用木方交错架叠，从两岸层层向河心挑出，中间用长12米的五根横梁衔接，上铺木板组成桥面

桥头为瓦顶桥屋，桥内两侧平置两排木凳供人歇息。桥外两侧用高约1米的木板遮挡，以作为桥面的围栏。桥两端建有牌楼式桥亭，亭高5米，通面阔6米，内连一条长5.5米的石梯甬道

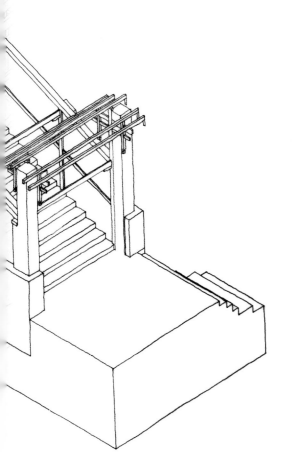

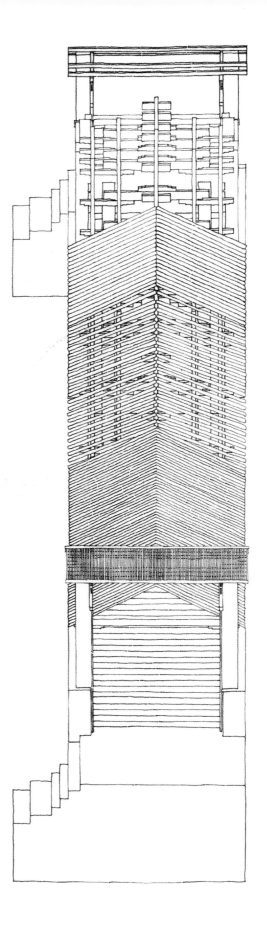

构造轴测图

右图是从桥头下观察的视角，可以清晰地看到桥梁的整体受力结构。从两岸向中间逐级出挑的木构架所面临的中间下坠的趋势通过与中间桥面上横梁的竖向拉接杆件得到抵消，形成类似拱的受力结构，桥面压力传导至两端的桥头

第三章　调查报告

丙中洛地区传统民居外墙做法浅述

图1

图2

图3

丙中洛地区的少数民族主要由怒族、傈僳族和独龙族组成。这三个民族在历史上都曾经历了相近的农耕文明，并且族人之间代代交好，其民居形制在长久的时间与环境作用下相互影响，形成了许多共通之处。

聚落调查过程中发现，实际上无法如同傣族与佤族村落一样，根据民居的具体形制判断具体某村的民族所属。因为首先一个村落的民居未必由单一类型的民居形制所构成，其次，在不同民族村落所应用的民居建造方式可能是相同的。因此此处研究的重点并非这些民族民居的相异点，而是其中的共同点。对于调查者而言，民居的外墙围护材料在该地区是作为首要识别对象的要素，而非屋面等其他对象物。总体而言，木材作为首要围护结构的材料被大量应用，同时伴随一部分土墙作为外墙结构。作为民居类型，它们分别对应了"木楞房"和"土墙房"。下面作以具体说明。

木楞房

"木楞房"，以木材作为基本墙体材料，在本次丙中洛地区怒江沿岸的民居调查过程中最为常见。以长条木料为建材层层垒叠起来的矩形木匣子作为外墙结构，实际上是井干式房屋的一种构造方法。

建造这种木楞房，首先须创造平整的地基，在丙中洛地区，村落多选址在山腰斜坡上，因此可以通过垒砌石材垫起（图1），或将木桩打入倾斜的地面，将地基衬托于上方。这样将地基抬起不仅使地面水平，同时也能起到隔潮的作用，如果地面抬起够多，甚至可以将房屋下方的架空空间作为牲畜的豢养之处。在调查中进一步得知，木楞房根据用料不同又可分为"圆木木楞房"和"板

木木楞房"两种。

圆木木楞房，在建造前需要储备每面墙20余根圆形木料，用刀斧简单修型，使其粗度基本相当。在圆木两端各20厘米左右位置处，剜凿出一处凹入的槽，这种构造称为"马口榫"。圆木彼此之间垂直交叉，如同人交叉手指一样层层错开，并且借由凹槽通过重力垒叠固定，形成稳固的结构体系（图2）。

除了将圆木作为材料，人们也常将木料切割成板材，应用到房屋的墙体建造之中。如雾里村的一户民宅，实际上采用跟圆木木楞房相同的建造逻辑，只是将圆木替换为20厘米左右宽度的板材，形成相对更加平整的墙面，即板木木楞房（图3）。

在雾里村所在的怒江对岸的山路上，笔者发现了一处为这种板木木楞房备料的地方。居民将完整的木桩剥皮、打磨，切割成等厚的木板（图4，图5），并进一步细分成规格相等的板材，以三角形的方式层层叠摞起来，在阳光下暴晒进行除湿（图6）。经过一段时间的风干处理后，这些板材就可以被用来建造这种板木木楞房了。实际上，圆木与板木在同一户家宅中是经常同时使用的，如这一雾里村的房屋在同一个屋顶下的两个隔间分别采用了圆木和板木作为墙体材料（图7）。

木楞房的结构稳固，通风良好，并且十分便于搬迁。居民将木料按彼此相邻的顺序编号，以便于在搬迁后下一次建造时快捷地组装（图8）。在木材资源发达的丙中洛山区，这种对木料进行粗糙加工后拼接而成的建造方式成为傈僳族、怒族和独龙族的居民们最常使用的方法。

土墙房

调查者时常在有些村落中发现一些与众不同的房屋，它们显现出更加厚重的表观特征。居民用泥土作为主要墙体材料，建造出这种经久耐用的土墙房。

建造土墙房，首先用石块做脚垒砌地基，创造出平坦的地面。四周舂上拌有小石子、稻草的泥土，形成一个矩形的封闭的实体墙面，并在需要开窗的地方嵌入木料做窗框。在土墙的上部，直接以土墙抬起屋架（图9）。笔者在怒江岸边扎那桶村的调查过程中发现，有"半土墙半木楞房"相结合的房屋（图10，图11），在这种房屋组合的功能分配上，通常土墙房为主要居室空间，而木楞房则常作为辅助空间，因此也可以判断，土墙房的可靠性和易居性优于木楞房。

这种土墙房的墙体由于受到冲力的挤压，牢固性很强，可以几十年不坍塌。其取材也十分便捷，石子、泥土和稻草是山区随处可见的基本材料。当然，相比于木楞房来说，这种土墙房不存在可搬迁的可能性，但即使房屋废弃，经历时间的风蚀，也不会留下"建筑垃圾"，而是幻化到土地之中。

总结

丙中洛地区的傈僳族、怒族和独龙族传统民居的调查过程，同时也是向民居建造者学习建造技艺的过程。仅仅从墙体建造的处理技巧上，我们就可以体会到这些聚落中的居民在长久与自然斗争、共存并和谐相处的过程中所沉淀的智慧。

图4

图8

图5

图9

图6

图10

图7

图11

本书执笔人名单一览

概述及村子简介图说撰写：
第一章　概述　　　　　　　　　　　　　　　　　　　　王萌

第二章　十六个聚落 + 一座桥简介图说
1. 云南省贡山县丙中洛乡桃花村　　　　　　　　　张捍平
2. 云南省贡山县丙中洛乡雾里村　　　　　　　　　赵冠男
3. 云南省贡山县丙中洛乡秋那桶村　　　　　　　　赵冠男
4. 云南省贡山县丙中洛乡王期村　　　　　　　　　赵冠男
5. 云南省贡山县丙中洛乡茶腊村　　　　　　　　　赵冠男
6. 云南省贡山县丙中洛乡下卡村　　　　　　　　　张振坤
7. 云南省香格里拉县洛吉乡九龙村牧场　　　　　　余飞
8. 云南省迪庆市维西傈僳族自治县叶枝镇同乐村　　赵冠男
9. 云南省大理白族自治州云龙县诺邓村　　　　　　赵冠男
10. 云南省丽江市宝山石头寨　　　　　　　　　　　赵冠男
11. 云南省保山市腾冲县明光乡白沙河村　　　　　　赵冠男
12. 云南省保山市腾冲县界头镇永乐村民委员会
门坎山村　　　　　　　　　　　　　　　　　赵冠男
13. 云南省保山市腾冲县曲石乡红木村　　　　　　　张捍平
14. 云南省保山市腾冲县蒲川乡茅草地村大窝子村民组　王萌
15. 云南省德宏傣族景颇族自治州芒市镇大岭岗村　　王萌
16. 云南省德宏傣族景颇族自治州潞西市三台山
德昂族民族乡出冬瓜村　　　　　　　　　　　王萌
17. 云南省大理白族自治州云龙县通京桥　　　　　　赵冠男

第三章　调查报告
丙中洛地区传统民居外墙做法浅述　　　　　　　张振坤

书中图纸绘制：

王智峰
P12-13、P70-71、P80-81、P138-139
宋帆
P17、P22、P25-26、P52、P62、P64、P74-75、P125-126、P128、
P131、P226-230、P232
雷阳
P32-33、P113、P147、P156-157、P182-183、P185-187、
P192-193、P217-219
张靖
P38、P41、P233
张逸凌
P48-49
黄吉
P58-59
余飞
P88-89、P100-101、P110-111
王萌
P94-95、P116-117、P150、P160、P162-163、P172、P174、
P177、P198、P212-214
赵普玉
P103-107、P122-123

240

图书在版编目（CIP）数据

云南民居. 全3册 / 北京大学聚落研究小组，云南省城乡规划设计研究院著. -- 北京 ：中国电力出版社，2017.1
ISBN 978-7-5123-9976-1

Ⅰ．①云… Ⅱ．①北… ②云… Ⅲ．①民居－建筑艺术－云南 Ⅳ．①TU241.5

中国版本图书馆CIP数据核字(2016)第264968号

云南民居

北京大学聚落研究小组
云南省城乡规划设计研究院

中国电力出版社出版发行
北京市东城区北京站西街 19 号 100005
http://www.cepp.sgcc.com.cn
责任编辑：王 倩
封面设计：王 昀 赵冠男
责任印制：蔺义舟
责任校对：王开云
北京盛通印刷股份有限公司印制•各地新华书店经售
2017 年 1 月第 1 版•第 1 次印刷
787mm×1092mm 1/12•63.5 印张•798 千字
定价：898.00 元（全三册）

云南民居
3

北京大学聚落研究小组
云南省城乡规划设计研究院

中国电力出版社
CHINA ELECTRIC POWER PRESS

本书学术委员会

主任：张辉

委员（按姓氏拼音首字母排列）：
方海　黄居正　王昀　张辉　张晓洪　任洁　王珂　沈斌

主编：王昀　方海

编委：
刘禹　张捍平　赵冠男　余飞　张靖　王萌　雷阳　庞昊田　赵普玉

参与本书调研工作的全体成员

2011年10月第一次调查成员名单：
王昀　方海　黄居正　郭婧　何松　刘禹　苏之云　唐浩　王伟　叶存玉
俞文婧　张聪聪　张捍平　张振坤　赵冠男　朱曦

2012年3月第二次调查成员名单：
王昀　方海　黄居正　李华　刘禹　唐浩　叶昱莹　俞文婧　张捍平　张振坤　赵冠男

2013年7月第三次调查成员名单：
王昀　方海　黄居正　杜波　郭婧　甘丽婵　贾慧思　兰会军　雷阳　刘禹　孙瑛
谭春梅　王萌　余飞　俞文婧　张振坤　赵冠男　赵普玉　祖国平

调研工作统筹：张晓莉　王志雄
版式设计：庞昊田　赵普玉
图纸绘制：董昕颐　杜波　郭婧　甘丽婵　何松　黄吉　雷阳　刘禹　宋帆　谭春梅
　　　　　王萌　王智峰　余飞　俞文婧　张捍平　张靖　张逸凌　张振坤　赵冠男
　　　　　赵普玉　朱曦

序　言

大学的宗旨离不开对人文价值的深层关注。作为基础研究，其中又尤其着眼于人居环境中衣食住行的全方位研究以及由此引发的对当代国民经济建设的合理化建议，北京大学在这方面具有悠久的历史和精湛的研究传统。民国时期的北京大学工学院即有建筑学科，1949年以后因院系调整诸原因并入清华大学，直到20世纪末时再次建立北京大学建筑学研究中心。

北京大学建筑学研究中心自建立以来，除了建立在国际交流基础上的常规建筑设计、城市规划方面的教学及科研之外，由王昀和方海两位老师主持的聚落研究小组进行了大量工作，完成了一批具有国际视野同时又扎根本土文化的学术专著。该小组已经完成的学术研究包括北京周边传统民居、湖北恩施土家族民居等，正在进行的调研及研究项目包括湖北鄂东南民居、广西民居、广东碉楼民居、贵州黔东南侗族民居等，而刚刚完成的三卷本《云南民居》是该小组过去四年中师生实地调研及多学科理论研究的全方位总结。

云南是我国少数民族聚集最多的地区，全国56个民族当中，有38个民族都在云南聚居，因此国内外对云南民居的各种研究从来没有停止过，某些日本学者的研究中甚至断言日本民族住居传统中的主流模式即源自云南，从而引发全球相关学者对云南民居的加倍关注。我国学者对云南民居的关注和研究始自朱启钤先生开创的中国营造学社，即使在极其困难的抗日战争时期，以刘敦桢和梁思成为核心的中国第一代建筑学者就已开始对云南民居的基础调研，并取得了极其关键的第一手资料和开创性研究成果。1949年以后，刘敦桢教授主持的南京工学院建筑系又派出以郭湖生教授为负责人的云南民居研究小组对当时的主要少数民族进行了更加全面的调研，其成果迅速奠定刘敦桢主编《中国古代建筑史》和中国科学院主编《中国古代建筑技术史》的基础。此后的云南民居研究成果不断出现，例如中国建筑工业出版社1986年出版的《云南民居》和1993年出版的《云南民居·续篇》就是其中的代表性作品。然而云南民居毕竟博大精深，但同时又面临不断被毁，尤其在改革开放的三十年中，一大批经典村落日渐消亡。在这样的情况下，北京大学聚落研究小组认为有责任为云南民居做一些抢救性的调查工作，在云南省城乡规划设计研究院张辉院长的大力支持下，王昀和方海两位老师率领北京大学建筑学研究中心前后四届研究生分五批前往云南，深入最偏远的山区测绘、采访及图像调研，对目前尚存完好的傣族、哈尼族、佤族、白族、纳西族、彝族、拉祜族、景颇族、怒族、独龙族、傈僳族等典型聚落村寨进行了详细测绘、影像录制等田野调研工作，力争为宝贵的民居资源留下史料。

中国的大建设时代经过三十年的轰轰烈烈后正开始日趋稳健，这套三卷本的《云南民居》在这样的环境和语境下，或许能够成为一份留给未来的礼物。

北京大学聚落研究小组

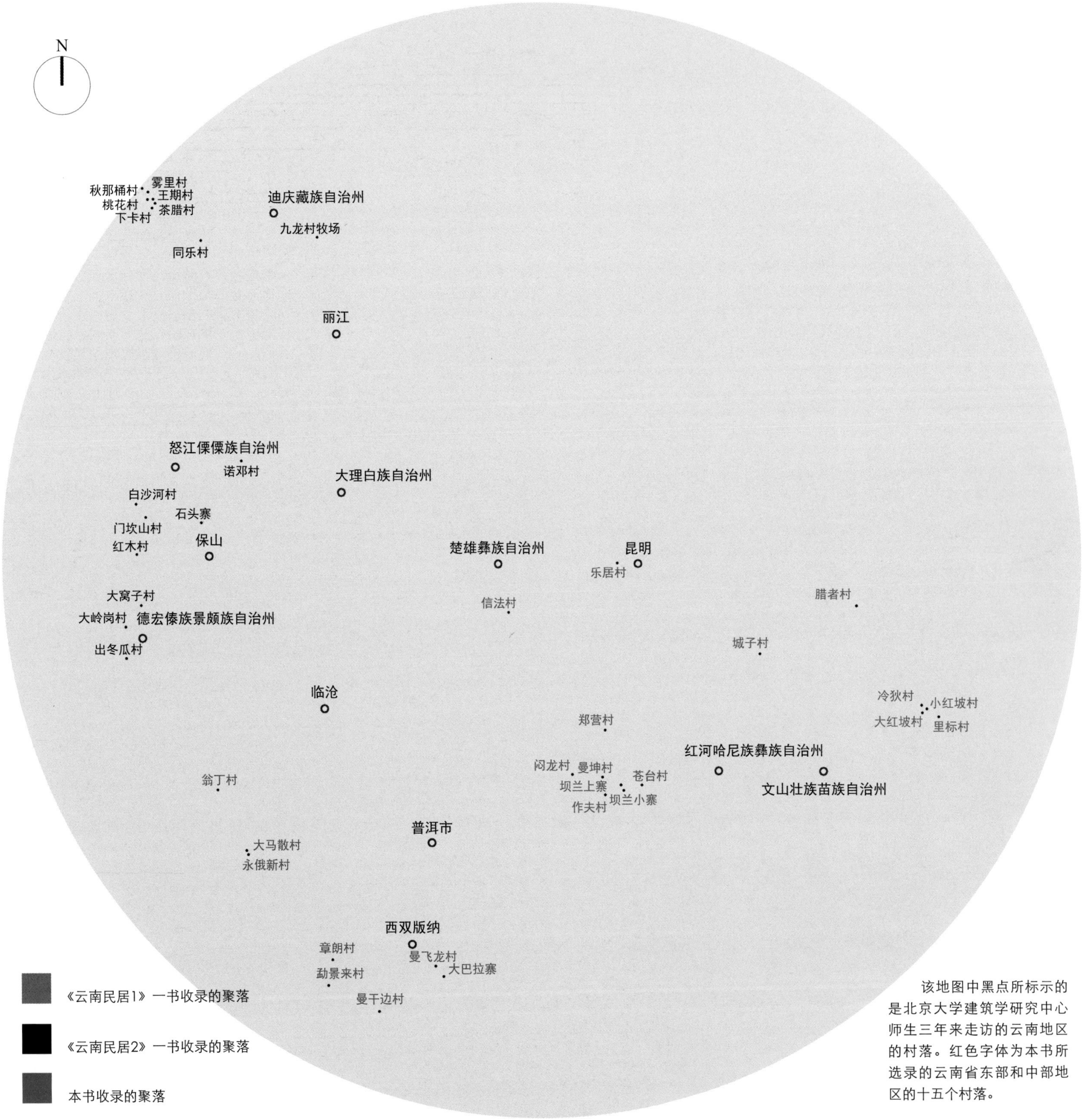

N

秋那桶村 雾里村
王期村
桃花村 茶腊村
下卡村

迪庆藏族自治州

九龙村牧场

同乐村

丽江

怒江傈僳族自治州
诺邓村

大理白族自治州

白沙河村

石头寨

门坎山村
红木村 保山

楚雄彝族自治州 昆明
乐居村

腊者村

大窝子村

大岭岗村 德宏傣族景颇族自治州

出冬瓜村

城子村

临沧

冷狄村 小红坡村
大红坡村 里标村

郑营村

翁丁村

闷龙村 曼坤村
坝兰上寨 苍台村
作夫村 坝兰小寨

红河哈尼族彝族自治州

文山壮族苗族自治州

普洱市

大马散村
永俄新村

西双版纳

章朗村
曼飞龙村
勐景来村 大巴拉寨
曼干边村

《云南民居1》一书收录的聚落

《云南民居2》一书收录的聚落

本书收录的聚落

该地图中黑点所标示的
是北京大学建筑学研究中心
师生三年来走访的云南地区
的村落。红色字体为本书所
选录的云南省东部和中部地
区的十五个村落。

目　录

第一章　概述

1.云南东部和中部的地理文化特征

1.1 地理及气候环境

图1 作夫村梯田

文山壮族苗族自治州位于云南东部，西连红河哈尼族彝族自治州，东临广西省，红河州的北部与楚雄彝族自治州相邻，靠近云南省会昆明市。云南东部、中部外临越南。

云南东部和中部地区在全省高程分布中隶属海拔较低的高原丘陵地带，是云贵高原的西部范围，地势波状起伏，楚雄和昆明海拔为1700~2400米之间，逐渐向东南降低，直到文山和红河，海拔接近千米及以下，局部有很多高低缓和的高原面，形成"坝子"，即山地、高原中镶嵌的山间小型盆地、小型河谷冲积平原、河谷阶地等，数量多且面积小。

滇东和滇中地区在全省七大气候类型分区中属于南亚热带、中亚热带类型，其中滇中的昆明、楚雄、红河等属于四季如春型，年温差较小，一般为10~15℃，以昆明最为典型，素有"春城"之美称。

1.2 民族分布与文化特征

图2 腊者村河畔

民族不仅是自然环境的产物，更主要的是一个精神文化的实体，它由具有共同观念、共同文化，追求同一目标的人们所组成。滇东的文山市为壮族和苗族的主要聚居地，红河州则为哈尼族和彝族的聚集地区，滇中的楚雄及昆明周边多为彝族。除了这些人数占多数的少数民族以外，间或有汉族、回族、布依族、水族等族的人群居住。

滇中及滇东的彝族、哈尼族同属于氐羌系，从族源上来看属于氐羌文化，同属于百越系的民族有壮族、布依族、水族等，隶属于百越文化，而苗族、瑶族等则同属于苗瑶文化。云南这些众多的民族，发展程度不一，人口多寡不等，彼此之间保持各自的文化特征，不同的民族在语言、风俗、服饰、建筑等生活的方方面面存在差异性，各民族都存在各自的原始宗教文化，如自然崇拜、图腾崇拜、祖先崇拜等，苗族、彝族也有部分信仰基督教、天主教。

2.云南东部和中部民居聚落的分布

本书中收集了北京大学建筑学研究中心师生走访的15个村落，集中于滇东的文山市以及滇东南的红河州地区。其中，第三次调研的大红坡村、小红坡村、腊者村、里标村以及冷狄村隶属文山，大多位于山脚下的坡地上，海拔在800~1500米之间，也有的位于山与山之间挤压成的盆地上，如壮族的冷狄村。第一次调研的城子村、苍台村、作夫村、曼坤村、坝兰上寨、坝兰小寨以及郑营村位于红河哈尼族自治州，除此之外，还有信法村位于楚雄彝族自治州，乐居村则隶属昆明市，闷龙村位于玉溪市。红河州的七个村落中有位于多风寒冷的山顶上，海拔在1000米以上，如苍台村；有位于地形平缓的山脚下，海拔在400米左右，如以傣族为主的曼坤村；也有位于山体中部的山谷中，如作夫村。山麓、山坡以及山顶等各个相对海拔高度上均有代表的村落。

3.云南东部和中部民居聚落的布局

3.1 聚落的整体形态

  滇东文山市的五个村落大红坡村、小红坡村、冷狄村、腊者村以及里标村聚落呈现集中布置的状态，属于聚集型，房屋多沿等高线建造，形态完整。其中大红坡村与小红坡村相互毗邻，经实地调查发现，小红坡村的出现是在大红坡村之后，由于人口的增长，原有狭窄的盆地不足以容纳数量激增的居民，遂在相邻的山腰地带另建新村，两者具有亲缘关系。红河州的苍台村、作夫村、郑营村、城子村以及昆明的乐居村也同属于聚集型聚落，坝兰小寨和上寨村落较小，由于地形崎岖的缘故，房屋稀疏地分布于田野之间，属于离散型聚落。

3.2 道路

  聚落内部的道路系统作为居民的通信系统，基于安全、抚养儿童和水源供给等需求，各个独立的聚居彼此互相靠近，由道路连贯起来。经过调查发现，文山的大红坡村、小红坡村以及冷狄村由一条进村主要道路所组成，聚落位于两山之间凹陷的洼地地带，保持着极强的独立性，并没有密集的路网。其他的村落中主要道路呈网状穿行聚落，如玉溪哈尼族的闷龙村、楚雄彝族的信法村以及红河州的七个村落等，道路形式或为平行于等高线的横向道路，行走舒适度高，或者为垂直于等高线的纵向道路，可达性高，还有与等高线呈一定角度的斜向道路，综合了前两种道路的特点。

3.3 耕地

  传统的聚落与耕地有着密不可分的联系，每个聚落因为地形、气候、风俗以及种植的作物的不同而导致耕地在聚落中的位置也不同，有些村落中耕地与生活空间是完全分开的，一片是居住区，一片是村民的房屋，例如信法村；有些村落则是耕地位于聚落的内部，每家每户门前即为自家的田地，如文山的冷狄村以及腊者村等。在此次调研的村落中，比较有特色的是文山市的冷狄村，村落建于两山之间凹陷的洼地上，房屋沿着等高线排列，呈一个完整的圆形，在海拔最低的圆心处为两口大水井，旁边即为耕地，呈放射状的扇形，可以推测村民将平地用于耕作，一来便于收集雨水用于灌溉，二来能够将阳光和视野好的高处用于房屋等生活空间。

图3 腊者村田间小路

3.4 广场

  所谓广场即为一片可以用于公共集会的开敞空间，可以是明确限定的、位于平地上的，也可以是位于屋顶上的平台。如泸西县永宁乡的城子村聚落，住宅建于上坡上，屋顶为平屋顶，多采用土坯砌筑与夯土结合方式建造，由于地形的起伏形成上下连续的屋顶平台，一户的屋顶可以作为另一户的晒台、广场，而且屋顶上是可以走通的，彼此之间联系紧密，形成一个巨大的空中街道系统，而这种屋顶为广场、底下为住居的模式颇似中国的地下式窑洞，只不过一个在地下，一个在山坡上。

图4 屋顶广场

4.云南东部和中部民居的内部空间

4.1 民居空间平面布局

图5 两侧的耳房

  云南省地域广阔，建筑类型丰富，根据当时当地的适宜条件选择合适的材料建造房屋。本书中调查的聚落民居类型基本可分为两类：以文山壮族苗族自治州为代表的干栏式民居和红河地区哈尼族的土掌房。壮族的干栏式民居通常一层架空，用竹编或毛石墙围合成猪舍，用于圈养牲畜以及储藏农具等，生活空间抬高到二层，整体建筑结构为木结构，屋内铺设木地板，卧室单独隔开，中间开间最大的大空间一般为火塘屋，是家庭日常的饮食、闲聊空间，四角多布置卧室、储藏空间，三层可以用作卧室，也可以堆放杂物，还设有晒台晾晒粮食等。而另一大民居建筑类型土掌房，通常用石块砌筑墙基，用土坯砌墙或用土筑墙，墙上架梁，梁上铺木板、木条或竹子，上面再铺一层土，经洒水抿捶，形成平台房顶，不漏雨水。房顶又是晒场。有的大梁架在木柱上，担上垫木，铺茅草或稻草，草上覆盖稀泥，再放细土捶实而成，多为平房，部分为二屋或三层。哈尼族闷龙村、作夫村的土掌房平面布局形式由正房三间、两边耳房或一边耳房、廊道、院落组成。正房或耳房上布置二层作为晒台。底层主要为储藏空间与饲养空间，由扶梯上到二层走廊，可以进入卧室（子女居住）、厨房与堂屋，再由堂屋进入火塘屋（家庭主妇起居）、卧室（户主居住）或者上三层晒台。走廊的宽度一般都在2米以上，不仅是交通空间，还可作为用餐、交流、家务活动。所有房间里正房中堂屋、火塘屋的尺度最大，堂屋中祭神。二层的餐厨空间直接通向室外。作夫村调研的民居中，正房作为储藏空间，屋内功能布局主要以卧室、储藏为主，底层储藏空间不设隔断皆相通，其一侧为纺织空间。彝族的信法村平面呈独立式的错位布局，火塘屋为一层的中心，连接卧室、储藏与餐厨空间，二层多作晒台、储藏空间，也可作卧室。彝族的城子村与

图6 城子村空间平面布局

苍台村均为"三间四耳"方形院落式的平面组合。一层前侧靠近入口的房屋为辅助性空间：厨房、储藏等，后侧正房为堂屋，用作祭祀祖先，两侧厢房为卧室。二层为储藏粮食的空间，屋顶用作晒台，设置梯子与上层土掌房相连。

4.2 仪式性空间——堂屋、火塘屋

  在干栏式民居中，火塘一般架设在抬高的二层，有的居于中间的开间，有的连同厨房居于一角，文山壮族苗族的民居仪式性空间较大，主要结合其他功能的空间，不单作为仪式性空间，如冷狄村、大、小红坡村是仪式性和辅助性空间有重合的部分，火塘屋同时可兼做储藏、堆放杂物的空间。在红河哈尼族的土掌房中，没有如井干式民居那种简陋的三角火塘，而逐渐向现代意义上的厨房空间演绎，锅架在土砌的台座之上，多位于入口附近的偏房之中，锅台附近为餐厅空间，方桌配木椅，而正中间的堂屋也逐渐降低了仪式性成分，我们所调查的民居中有的直接变成现代的起居室空间了，中间放电视机以及沙发等。

4.3 生活空间——卧室、起居室

  在我们所调查的村落中，年轻人多半整日在外务工，家中多为长者和孩子，卧室在生活中所占的比重较小。在文山的干栏式民居中，二层为主要的生活空间，平面呈矩形，中间为不设隔断的大空间，仅在北侧靠墙部分设置卧室，多用木板作为隔断，而且门槛多高出地面20~30厘米，表明村民对于卧室的私密性极度重视，而在所测绘的小红坡村一户人家中，主人向我们讲述了当初建造时的事情，包括对房间的方位布置都有考究，属于风水学的范畴。

5.云南东部和中部民居的建筑形式、结构与材料

5.1 地基

文山壮族苗族自治州的干栏式民居，如冷狄村、腊者村、大红坡村和小红坡村，村民通常用石块叠垒形成台基以抬高建筑，防止虫涝灾害，底层围护的竹片、竹篾等均垫石块脱离地面，柱础与墙壁垫石平齐。红河哈尼族的作夫村，彝族的信法村、苍台村与城子村，傣族的曼坤村、坝兰上寨、坝兰小寨，墙基使用砖块砌成，这些村子墙基略有不同的是墙裙的高度不同，闷龙村、信法村、坝兰上寨、坝兰小寨墙基高度低矮，约20~30厘米，而作夫村、苍台村、城子村、曼坤村的墙基高度为1米左右。

5.2 墙体

在干栏式民居中，房屋整体为木结构，属于中国传统的"墙倒屋不塌"类型的民居，即外侧墙体并不起承重作用，而只是起围合作用。如冷狄村、腊者村底层架空，四壁用纵向木板排布或用竹篾围合、隔断空间，二层四壁除采用竹片、竹篾外，也用石片、石块等层层垒砌形成墙体。大、小红坡村外部装饰朴素，柱子直接落地，一层为篱笆或者石块围合来平衡高差，二层多为木板横向、纵向排布。与此不同的是，在红河的土掌房民居中，用土坯（土块）或砖块砌成墙体，墙上窗洞小而简洁，为砌墙时留出。如彝族的城子村墙体多用土坯砌成，土坯外面多用土抹平，也有直接暴露的土块，还有的民居墙体用夯土垒成，墙体上部设置高窗。

5.3 屋顶

干栏式民居如冷狄村、腊者村、大红坡村、小红坡村的屋顶为歇山式、悬山式或两种形式的组合，用灰色布瓦（筒板瓦）铺成合瓦式的屋面，正脊、垂脊与戗脊皆用弧度较大的筒瓦层层堆叠而成。其中正脊正中

央与两侧用瓦铺设吉祥图案，戗脊末端设置飞椽，民居的正脊长，坡度缓。在土掌房民居中，如哈尼族的闷龙村正房屋顶为筒板瓦布成的合瓦式屋面，内部结构为穿斗式构架，少量房屋为土坯平屋顶。哈尼族的作夫村屋顶由茅草铺盖形成的四个斜面组成，斜面的倾斜度多为40°~50°，结构为木楞上承椽，椽上铺茅草或土坯抹泥。

彝族的信法村、苍台村和城子村屋顶皆为退台式土平顶，结构分层，由上至下为夯实抹平的泥土层、树枝或草、间隔的横木和梁枋。屋顶用作晾晒和室外活动，具有很好的保温隔热功能。乐居村的屋顶为悬山式，正房、厢房、院落墙体的屋顶层层相叠，为筒板瓦铺成的合瓦屋顶，互不交接，正房一、二层之间有腰檐，有的屋顶山墙面出挑的梁头上挂瓦片或者木片来防雨。

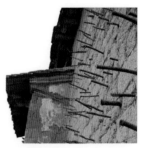

图7 墙体

6.写在十五个案例之前

图8 大红坡村屋顶

本册15个村落主要位于云南东部和中部，是北京大学建筑学研究中心师生历经三次调研探访的成果，包括红河州（城子村、苍台村、作夫村、郑营村）、文山（冷狄村、腊者村、大红坡村、小红坡村、里标村）、楚雄（信发村）等，期间对各聚落的总平面、部分典型民居的图纸（平面、立面、剖面）、照片和访谈记录进行了详尽的第一手资料的搜集和整理。

干栏式、井干式、土掌房建筑是红河州、文山、楚雄等地的古老村落的基本空间单元，村落的总体平面是我们重点测绘和研究的对象，对我们分析聚落与自然地理环境的关系和村落内部空间特征有很大价值。

第二章　十五个聚落

1.云南省红河州泸西县

城子村

城子村位于云南省泸西县永宁乡境内的大永宁行政村，村寨依飞凤山而建。寨前绿野铺陈，流水环绕，数百栋土掌房随形就势，跌宕起伏，彼此之间紧密相连，宛如层层巨大的台阶，又似与山融为一体的巍峨古堡。城子村具有悠久的历史，早在明代彝族先民白勺部便于此处劳作耕种，繁衍生息。明成化九年，昂贵土司府的设立更是使得城子村曾一度成为滇东南地区的经济、文化以及政治的中心。据闻昂贵土司的鼎盛时期，城子村的住户有近1200户之多。当时的土司府即位于飞凤山的山顶（即现在的城子大寺又称为灵威寺），俯瞰脚下聚落民宅林立、万家灯火的繁荣景象。至今，城子聚落以北依然留存有城门以及护城河的古代遗址，可见当时的城子村亦具有重要的军事意义。泸西县志中有载，清朝末年，大批汉族民众迁徙至此地，遂形成了城子村今日彝汉混居的格局，这亦是城子村民宅类型、空间布局多样的缘由。小龙树、中营、小营是构成城子村的三个部分。其中小龙树山顶的24户民居是该聚落中最古老的建筑，为原始的土掌房样式，民居的支撑结构为木构架，围护结构则是夯土墙，独栋无院且彼此毗连。随着聚落成员的不断增加，整个村寨亦逐渐向中营以及小营发展。在此过程中，汉式的合院式空间概念以及门头、窗扇等小木作做法在与当地彝族的土掌房原型结合后逐渐呈现，住居之间也从一开始的相互紧密相连逐渐向以天井院为空间组织核心的建筑单元转变。

　　值得注意的是，尽管在微观层面上，彝汉两族原始的空间概念及构造做法有着差异，然而宏观视角下的聚落形态却保持着高度的统一，鳞次栉比的土掌房所构筑的层层叠叠的夯土"台阶"与周围起伏的山形契合，是城子聚落最显著的形态特征，亦形成了新的大地景观。整个城子村由东至西逐渐升起，城子大寺即原先的昂贵土司府占领着聚落的制高点。聚落中的民居顺延山势自由蔓延的同时也形成了宽窄不一、纵横交错的街巷空间。"迷路"的空间体验在调查城子聚落时反复出现。一是聚落住居密集，为了更有效利用土地资源，不同住户间的院落相互贯通，共享出入口或者出现院落相套的形式；二是夯土构筑的平屋顶不仅仅作为住居空间的遮蔽，同时也具有"交通"以及"广场"的空间含义。住居间相对较小的间隙使得不同屋顶间的"跨越"得以轻松地完成。即便两段屋顶间高差较大，聚落中的成员亦会利用木梯（可移动，一般搁置在屋檐下以备不时之需）作为衔接，而在住居内部又有楼梯上下连通。可以说，地表的街巷以及地表上空的屋顶平台复合、交织，共同构成了城子村的交通体系，并为人提供了穿行、攀爬、跨越、漫游、迷路等丰富的空间游走体验。同时，屋顶平台作为住居空间的延展，也作为聚落成员劳作、集会、休憩的场所，尤其在收获的季节，家家户户将玉米等作物置于屋顶晾晒，给整个聚落渲染上了金色的妆彩。

　　依据不同的地形条件，院落的空间状态不尽相同，有三合院、四合院，亦有紧凑精致的"一颗印"样式，还有宽敞的二进院等；有些民宅还设有影壁，虽然也是夯土平屋顶，然而檐下却有雕镂精致的门头、木格栅等带有汉式建筑色彩的做法。典型的例子便是小营的"将军第"。"将军第"曾是清朝将领李德魁的府邸，李氏曾因显赫的军功获封朝廷"锐勇巴图鲁"的称号。该宅邸檐下雕梁画栋，室内装饰精美，而外观却继承了彝族民居粗犷朴实的特征。

城子村总平面图
1 住宅甲
2 住宅乙
3 住宅丙

0　20　40　　　　100m

13

调查对象壹　住宅甲

　　住宅甲由土坯为主要墙体材料，整体布局呈现L型，且有一单层房屋用作储藏谷物。此住宅可沿石板台阶进入二层，整个二层作为晾晒粮食、放置木料的功能空间。

主房与谷仓彼此毗邻，形成了一条狭长的室外走廊。住宅甲家中主要作物是玉米和水稻，谷仓供储存玉米使用

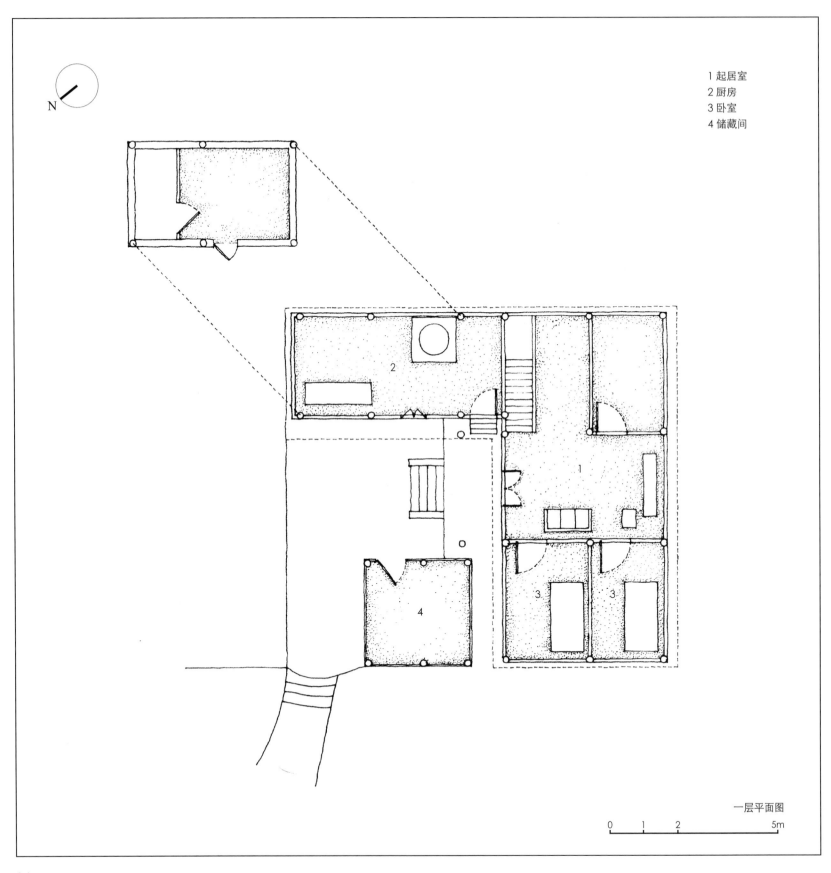

1 起居室
2 厨房
3 卧室
4 储藏间

N

一层平面图

0　1　2　　　　5m

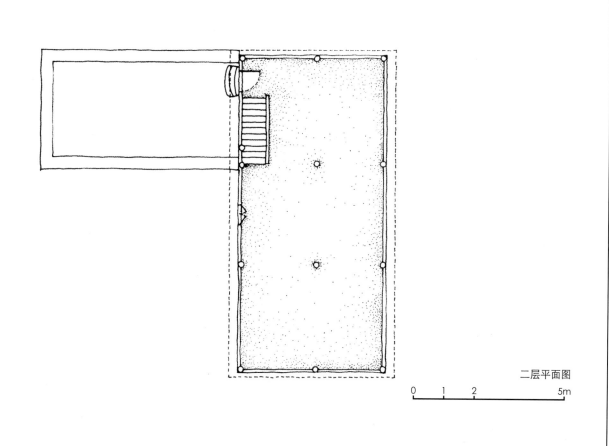

二层平面图

0 1 2 5m

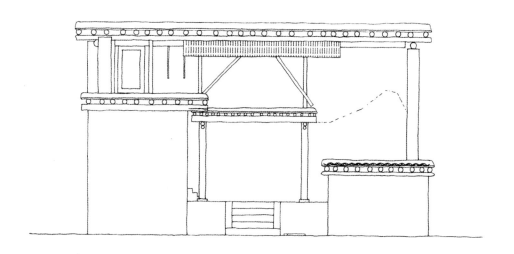

北立面图

0 1 2 5m

调查对象贰 住宅乙

　　住宅位于城子村最东南侧区域，地势较高且朝向西北，视野广阔，可以俯瞰整个城子村东侧的屋顶平台。住宅与周边房子形成退台式的错落关系，一层大门前的平台为北侧一户的屋顶，通过连续的屋面与西侧房屋形成水平向的联排关系。在住宅南侧有一条沿街道路，标高与住宅乙的屋顶相同。住宅内现只居住了一位彝族老人，其子女居住在沿南侧道路向西的一栋房子里。

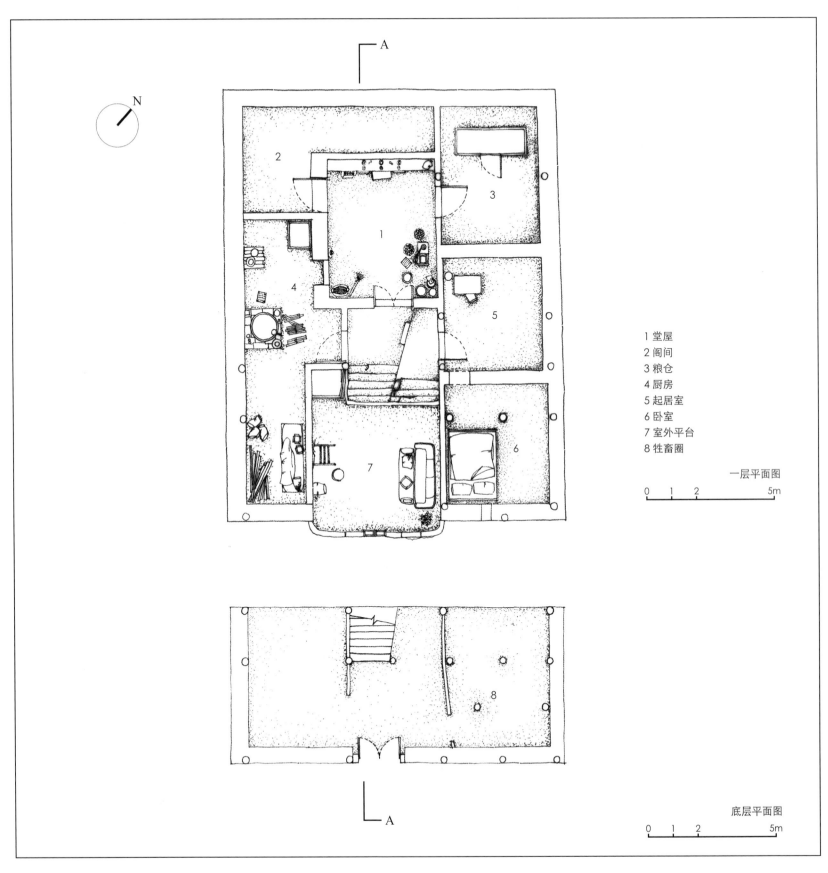

A

N

2

1

3

4

5

6

7

1 堂屋
2 阁间
3 粮仓
4 厨房
5 起居室
6 卧室
7 室外平台
8 牲畜圈

一层平面图

0　1　2　　　　5m

8

A

底层平面图

0　1　2　　　　5m

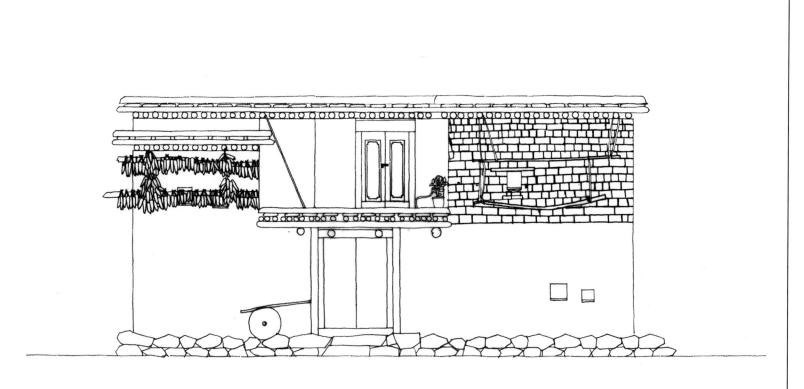

南立面图

0　1　2　3m

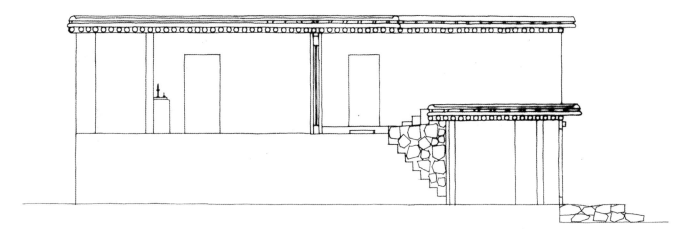

A-A剖面图

0　1　2　3m

住宅整体面向西北，各功能空间之间具有丰富的错层关系，通过主入口侧的楼梯及平台，将各个标高上的空间加以组织。一层主入口两侧是储物及牲畜圈养空间，住宅的主要功能空间位于二层，通过二层的室外平台可以到达屋顶。由于二层的平台空间完全开敞，透过主堂屋的大门可以获得优美的自然景观

　　在城子村的诸多住宅中选择这一住宅作为调查对象的原因就是，在这个小住宅十分紧凑的空间内压缩了丰富的空间体验。住宅的三个生活空间区域集中于二层通过一个楼梯的休息平台连接的"C"形空间。通过位于"C"形体量所包围空间中的螺旋形交通空间将入口平台、生活区平台、景观平台和与屋后道路相通的屋顶平台组织起来。在连续游走于这几个不同标高空间的过程中有着丰富的空间体验变化

调查对象叁 住宅丙

　　住宅丙位于城子村的西北部，主入口朝向东侧，由三户相对独立的住户组成，住宅有两个天井空间。剖面关系从东至西逐步升高，内部两户有独立楼梯，可通达屋面进行晾晒等活动。三户住居中，最东侧一户面向街面开门。内部两户分别有独立天井，通过北侧与街道相连的通道组织交通。在通道内可以停放和通过农具及牲畜。

　　三户联排的住居从整体上看空间有所偏心，但单独地看每个住居的主屋和院落空间构成关系仍然是具有中轴线组织的。特别是在门廊通达屋顶的楼梯设置上来看，在堂屋门口的两侧对称地设置了两个相同功能的楼梯。这一空间概念应该不仅仅是出于功能的需求。

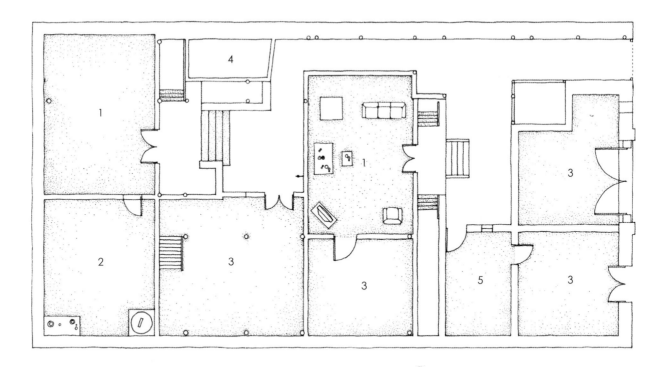

1 起居室
2 厨房
3 卧室
4 禽圈
5 储物空间

一层平面图

0 1 2 5m

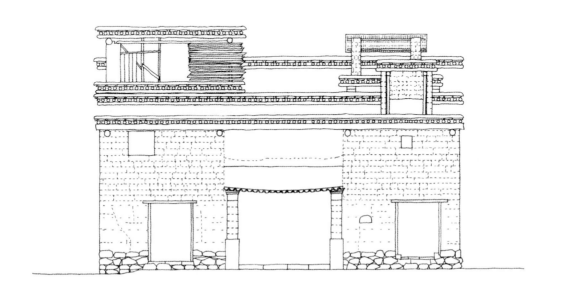

东立面图

0 1 2 5m

城子村的退台式土掌房形成了不同于平原地区一般村落形式的独门独院的聚落空间。顺应地势所带来的高差，前后的房屋间交叠错落形成了相互通达的平台空间。户与户之间在水平关系上往往会出现公用墙体的情况。这种紧密结合的建筑空间中相应的发生了平台晾晒、屋顶交流以及邻里厨房间借用调料等密切的生活行为

　　城子村的民居建筑以一至二层的平顶土掌房为主，兼有坡顶瓦檐的民居，且大致可以分为独栋与合院两种类型。独栋的土掌房即指三开间的夯土楼，如前文所述的小龙树24户，是为较原始的彝族民宅。中间为堂屋；次间多做卧室和厨房，并设有上下连通的楼梯；二楼则作为卧室或者粮食储藏间使用。合院类型的土掌房由正房、耳房以及围合形成的天井所构成。正房是堂屋所在，耳房多作厨房或者卧室使用，有的家庭也隔出一间用以饲养牲畜。楼梯设在耳房与正房的连接处，住居的二楼一般是储藏粮食的空间

2.云南省红河州建水县官厅镇
苍台村

苍台村位于元江北侧，是一个彝族村落。村子坐落于山脊端部，通过北侧的道路与外界联系，建筑整体向南，全村耕种用地主要分布于村落南侧及西南侧等地势较低的地方。整个村落的建筑采用夯土作为主要材料，村落地势由北向南顺山脊逐渐降低，整体形成叠摞的夯土体量关系。村落的街道布局与一般山地村落相似，沿等高线方向分布水平道路，沿垂直于等高线方向根据建筑入口分布情况设置梯段。通过街道、体块错动及梯段标高的变化，构成了空间极为复杂、丰富的聚落街道空间。

N

苍台村总平面图
1 村子入口
2 住宅甲
3 小学

0　10　20　　　　50m

调查对象　住宅

　　调查对象的空间组织形式在苍台村中较为典型。建筑整体形式为单纯的体块组合，从入口层南侧进入堂屋后与厨房空间相连，北侧是卧室空间。通过堂屋深处的楼梯可以到达二层的卧室及储物空间，在这一层的南侧有洞口可以直接走到室外平台上，平台多用于农作物晾晒。

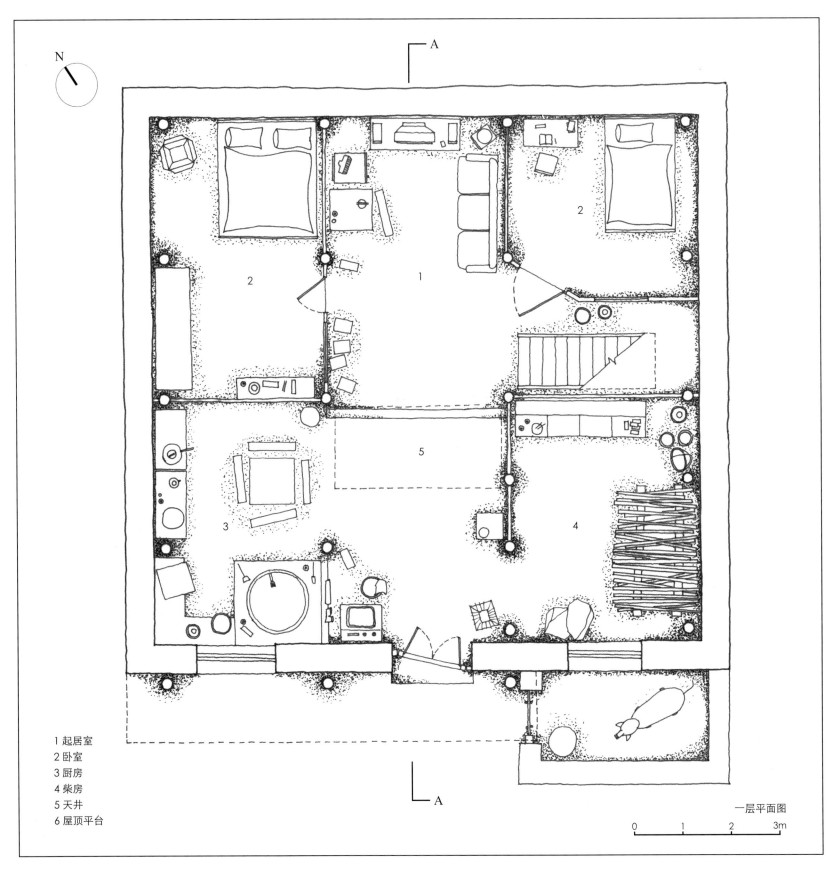

1 起居室
2 卧室
3 厨房
4 柴房
5 天井
6 屋顶平台

一层平面图

0   1   2   3m

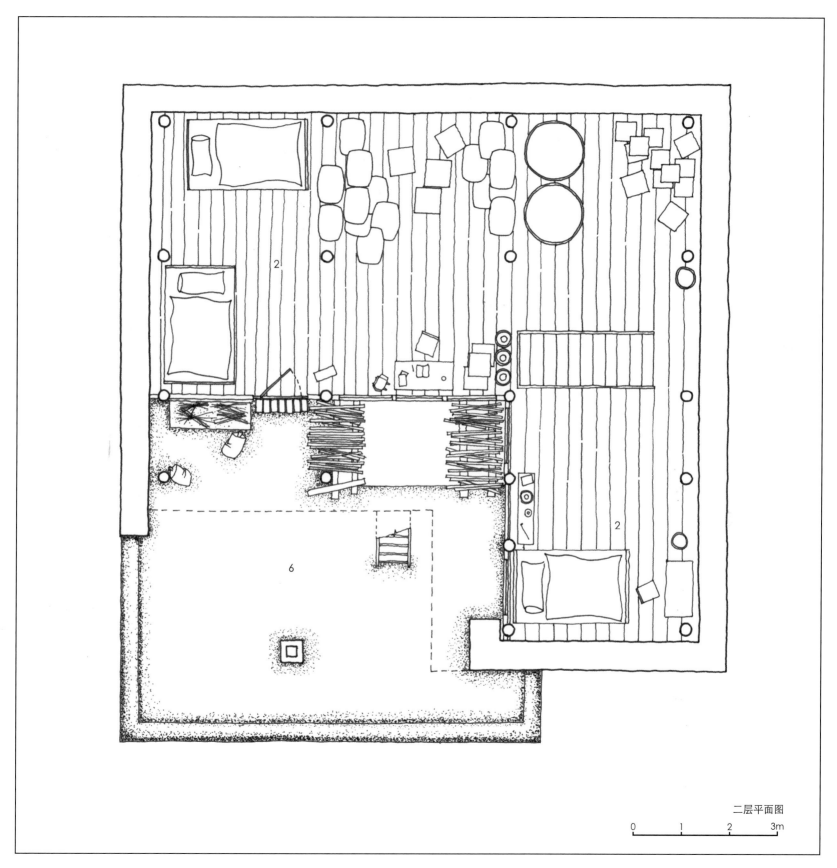

二层平面图

0　　1　　2　　3m

南立面图

0　　　1　　　2　　　3m

A-A剖面图

0　　　1　　　2　　　3m

40

在苍台村垂直于等高线的街道中除丰富的梯段空间外，还设置了连续向下的水沟，用于排走污水。整个村落的公共厕所也位于地势最低的南侧，与村落的耕地紧邻

苍台村的建筑以夯土砖作为主要材料，配合木构架的结构支撑以单纯的几何形体呈现。在村落整体上形成体块的组合关系。墙面上的洞口及插入墙内的杆子、管子等构件，在粗糙的墙面上形成了有力的构成关系

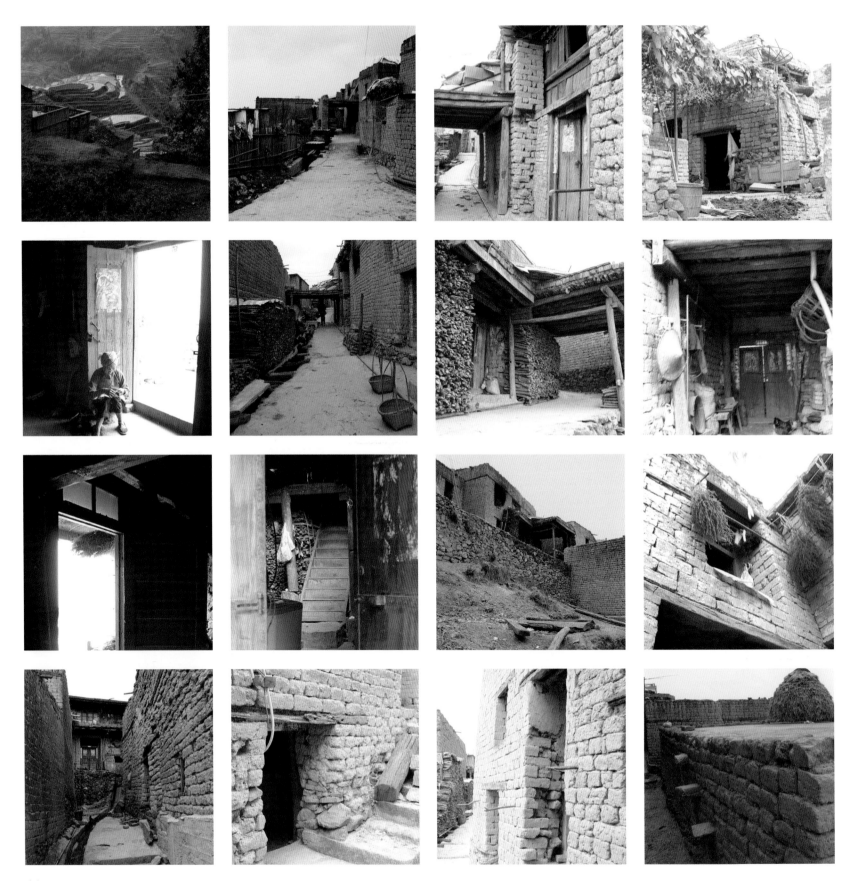

3.云南省红河州红河县宝华乡
作夫村

作夫村是一个哈尼族村落，全村居民150余户。村子入口位于南侧，整体依地势由南向北逐步降低。建筑采用夯土作为主要材料，屋面为坡屋顶，用茅草作为基本的防水材料。街道空间因地势变化较为丰富，各户有一独立院落，相互间较为独立。

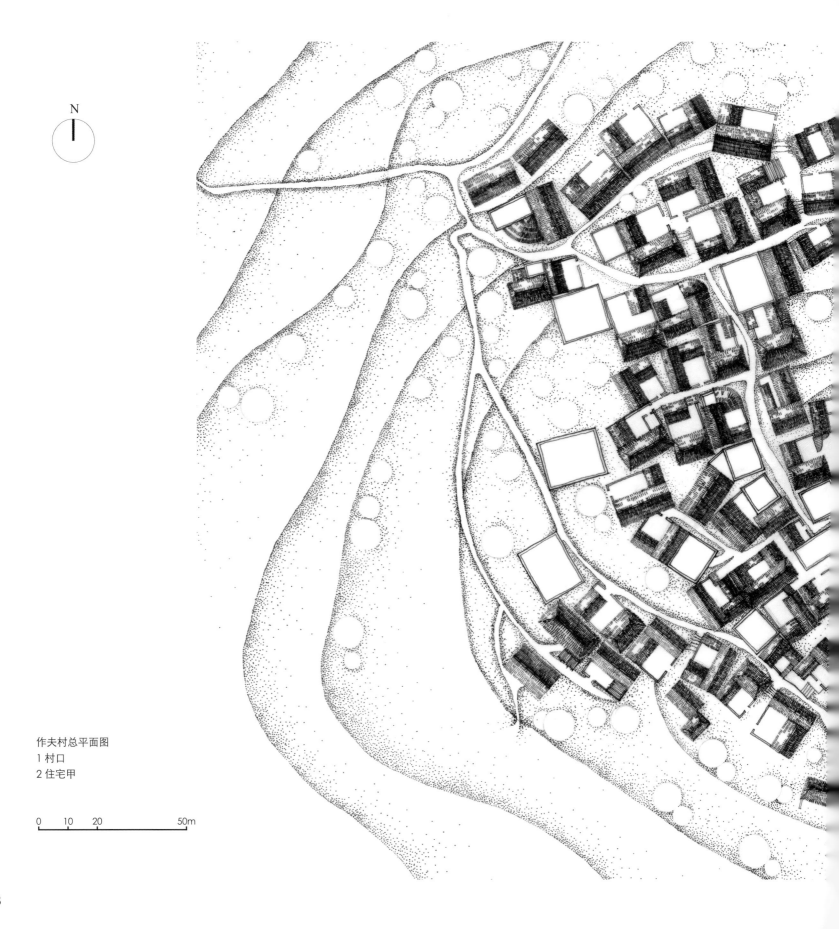

N

作夫村总平面图
1 村口
2 住宅甲

0 10 20   50m

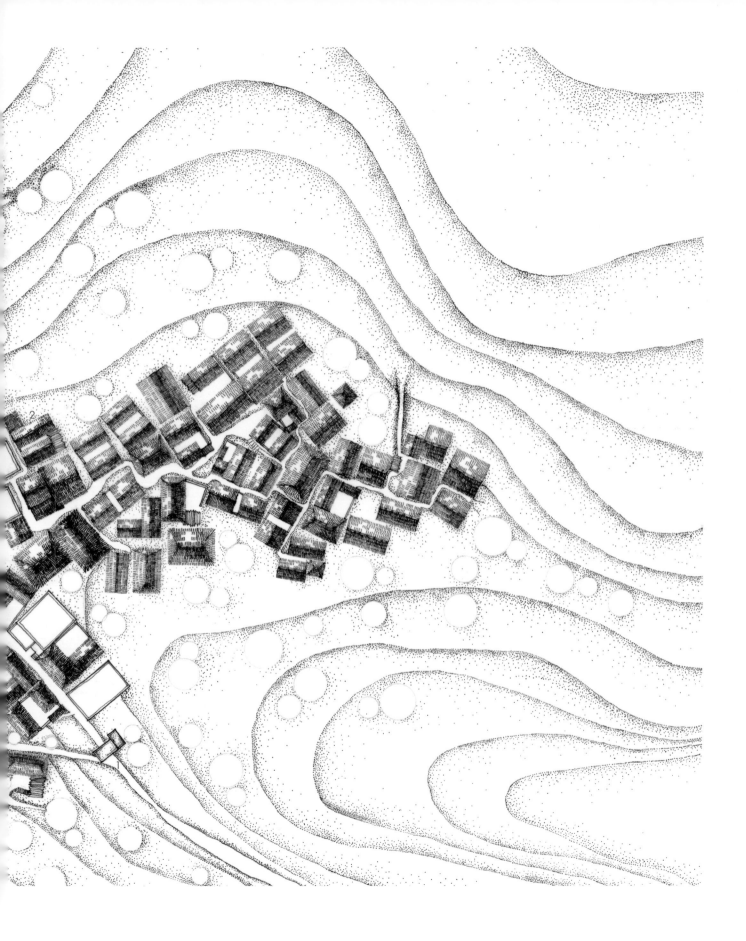

住居空间位于二层，地面架空层作为储物及牲畜圈养空间使用。每户人家通过院落中的室外石质台阶通达二层的居室空间。一些住户在院落的露天空间或架空地面层开展织布等劳作

调查对象 住宅

　　该住宅位于作夫村中部的东侧最边沿，由两栋相对的东西向二层矩形体量及院落中的一个单层体量联系而成。由于这一区域地势高度变化较大，形成了该住宅较为特殊的空间布局。

进入院落需要通过西南角的一排陡峭的石阶，院落标高较低，中间单层体量的屋顶形成了联系两个二层体量的平台。从该平台通过楼梯可以通达居室空间。通过在三个标高上的调配，解决了地形所带来的空间组织问题

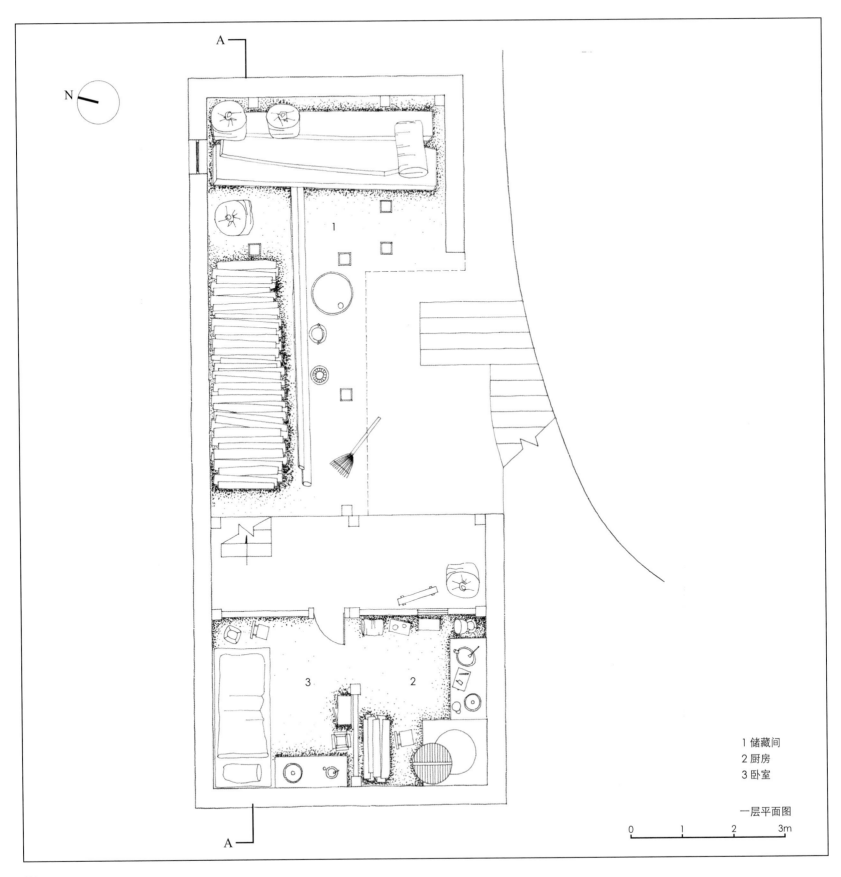

1 储藏间
2 厨房
3 卧室

一层平面图

0 1 2 3m

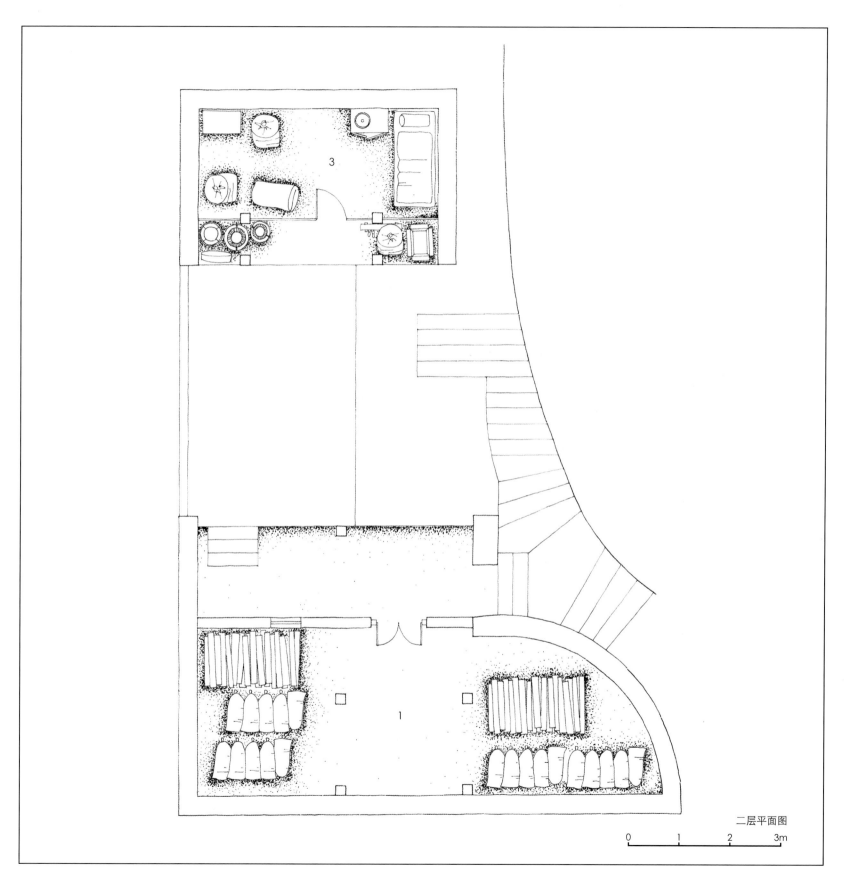

二层平面图

0 1 2 3m

内院西立面图

0   1   2   3m

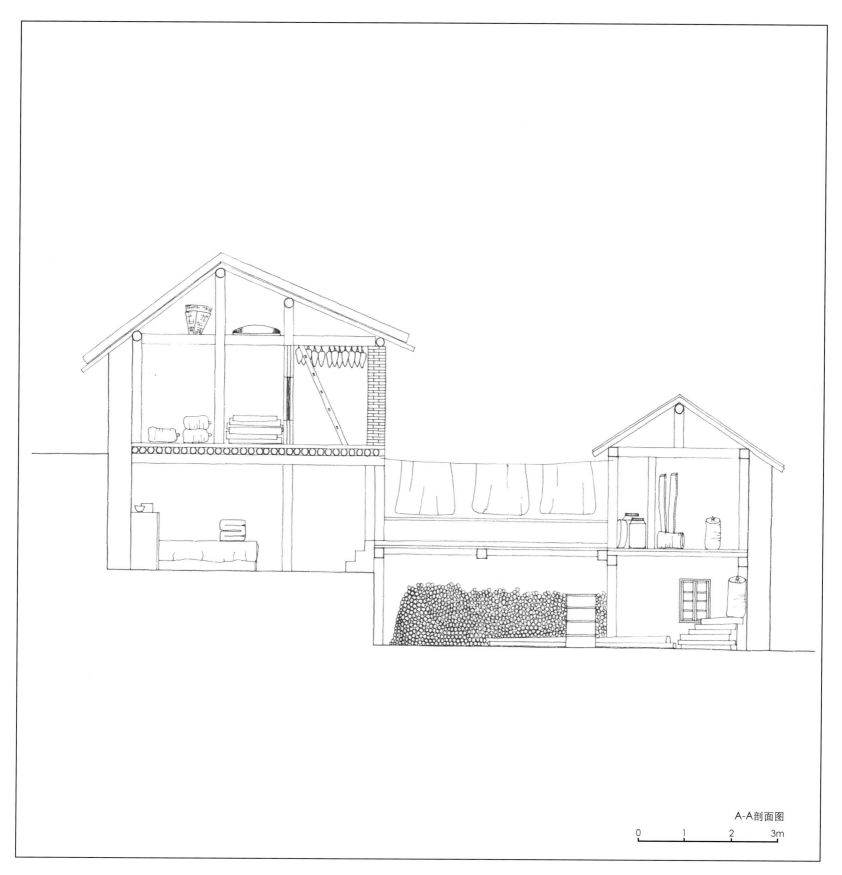

A-A剖面图

0　　1　　2　　3m

4.云南省红河州石屏县宝秀镇
郑营村

郑营村是石屏地区著名的历史文化名村，村落中建筑保存较好。从建筑形制看，村落曾经的居住者的经济和社会地位明显优于周边普通村落，且具有一定的文化多样性。现村中保存完好的有两个家族的宗祠。

郑营村总平面图
1 宗祠

0 10 20   50m

在郑营村游走会感受到视觉上丰富的街道空间。这里的视觉丰富与空间丰富有所区别，因为郑营村地势变化较缓和，街道清晰，没有复杂的交错关系。因此与地形复杂的街巷空间感受不同，街道的变化由每户门头及檐口的变化实现

在左图中可以看到在街巷转角的空间放大处，一户民居的门头伸出到街道空间中，挤压空间的同时，形成了一个类似于"亭"的空间对象，住居内部与外部街道的空间界限在这里被模糊和联系。右图呈现的是典型的主屋两侧通往主屋及厢房二层空间的楼梯。从楼梯坡度的从容度和木料的质量可以看到郑营村此前的经济条件要优于大部分传统村落

由于郑营村曾经的经济环境较好，村落中的大部分房屋均依照严格的制式建造。从错落街道经过所看到的很多复杂的门头檐口工艺，以及街道上的石料设施，都印证着其过往经济的繁荣

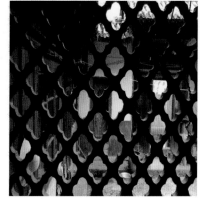

5.云南省红河州红河县迤萨镇
曼坤村

　　曼坤村是云南省红河州迤萨镇，勐龙区小
河傣族乡下面的一个仅有30户左右的小村庄。
"勐"在傣族语言里是平地的意思，而"龙"则
是大的意思，"曼"是村寨之意。

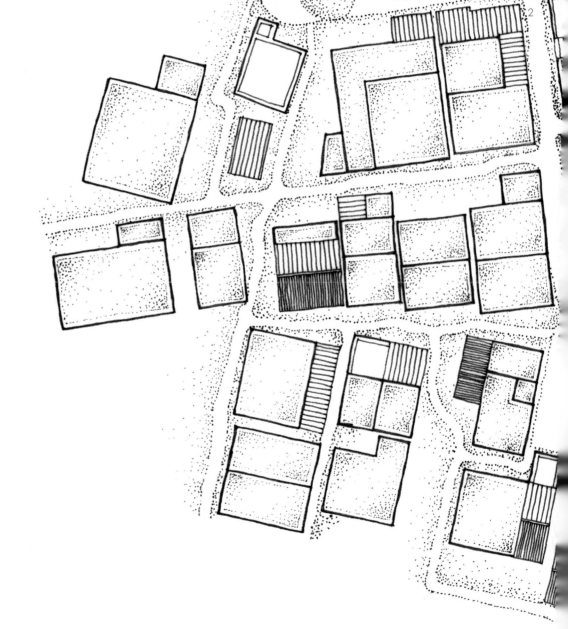

曼坤村总平面图
1 水池广场
2 主要道路
3 运动场

0   5   10   20m

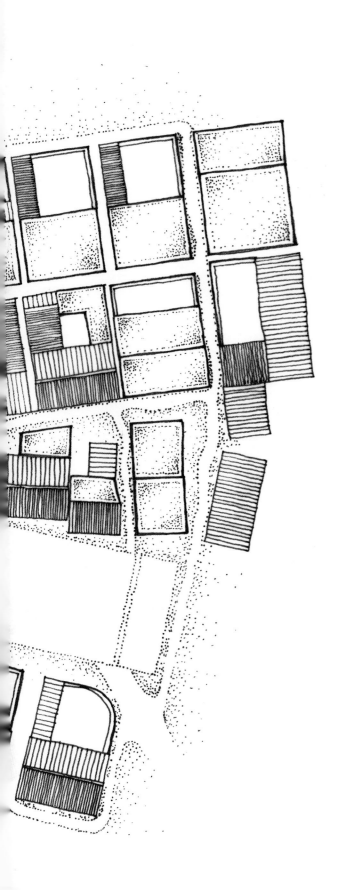

曼坤村的傣族属于旱傣的其中一支，按照《红河县志》记载，其自称"傣优"。但是从建筑形制上，根据现场的调查，却似乎应属于"傣洛"一支。因为"傣优"住宅的特点是：同姓共墙，屋顶以天桥相连，户户相通；而"傣洛"的住宅则建房互不共墙。

这里的住宅以土掌房为主，平屋顶兼用做晒台，夏季天气炎热时，人们晚上也在屋顶上睡觉。房屋顺着山势分布，屋顶平台也随着层层跌落，站在屋顶上顺着坡望去，便可望见山谷里大片的香蕉树。

调查对象　住宅

　　这栋住宅规模比较小，有两口人居住，布局
非常紧凑。住宅没有独立的厨房，而是借用了门
廊的一部分作为厨房。门廊的另外一边则堆放着
一些物品，连着毛石垒成的牲口圈，整个门廊仅
留着一条通道。

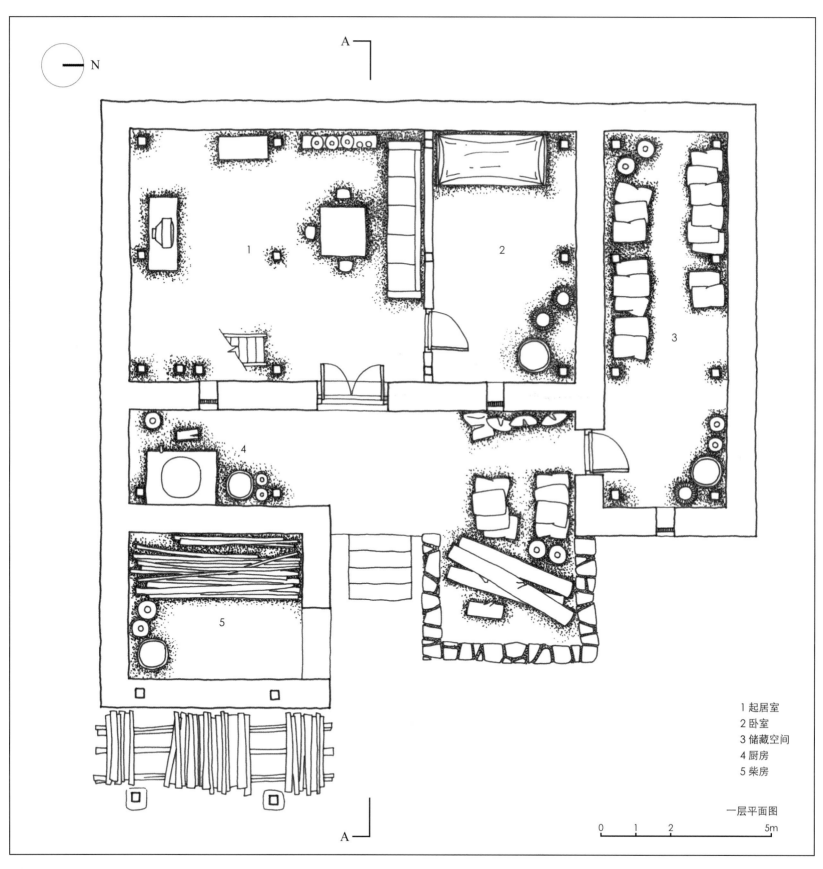

A

N

1

2

3

4

5

A

1 起居室
2 卧室
3 储藏空间
4 厨房
5 柴房

一层平面图

0 1 2 5m

74

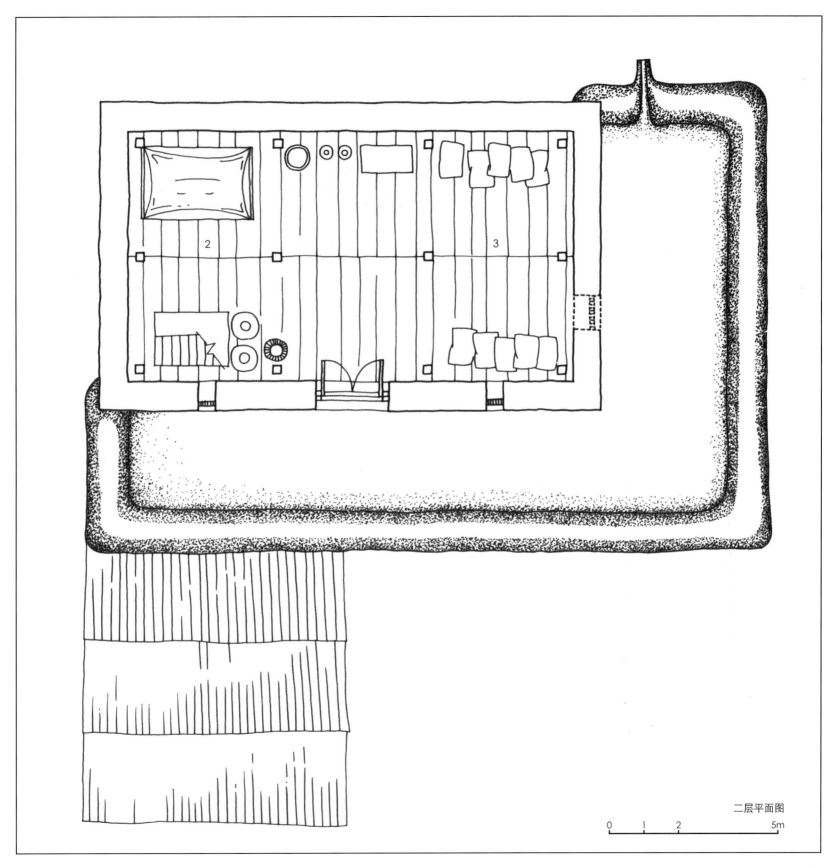

二层平面图

0   1   2   5m

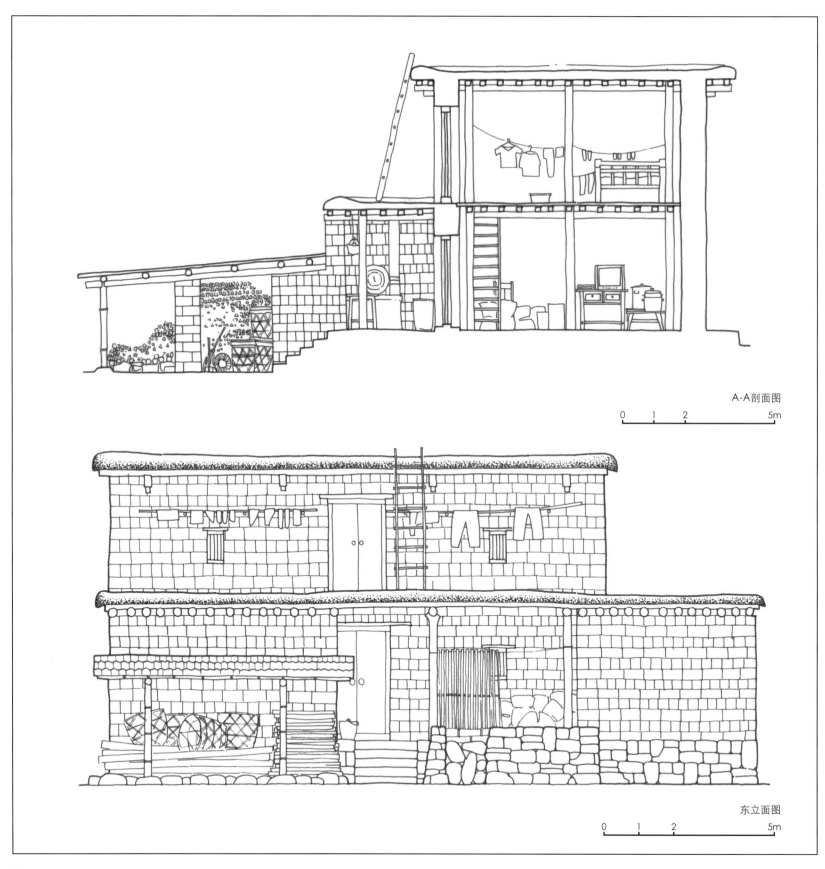

A-A剖面图

0 1 2 5m

东立面图

0 1 2 5m

能上人的平屋顶是土掌房的一个特点，这里
一层的屋顶平台通过二层到达，到二层的平台则
需要使用梯子从一层的平台爬上去

在村子最低的地方有一眼泉水，旁边是一片被四棵大树树荫笼罩的空地，是村里的公共场所。村人都到这里来取水，也有人在这里洗衣服或洗头。空地上的树荫下，人们把大树的树池当作座位，再放上几条板凳，就是谈天说地的好去处。最讲究的要数铺地，用比拳头略大，比脚掌略小的卵石铺成，这种尺寸走在上面不会硌脚（傣族大多不穿鞋），而且下雨天可以防滑，而且整个空地有一个小坡，雨水顺着卵石的缝隙排走，人则在卵石上面行走。到了秋季，落叶不会立即被风吹走，而是会填在卵石的缝隙中，为原本都是灰色的空地增添了一种颜色，也带来了更为舒适的脚感

6.云南省红河州红河县迤萨镇
坝兰上寨

坝兰上寨是小河村的一个村小组，主要聚居的民族为彝族。与其他几个沿河岸两侧分布的村小组不同，坝兰上寨建在一个高于河岸的坡地上。民居面向河岸沿等高曲线展开排布。

此民居位于村落的一端，房屋一侧倚靠山体，另一侧是台地的边沿。通过沿山体环绕的道路直接通入民居中。建筑采用夯土砖为主要材料，共两层。首层分为两个区块，一是起居空间和卧室的朝南向主要居室空间，另一个区块是厨房。二层为储物空间。通过厨房的屋顶可上到主屋的屋顶进行晾晒等。

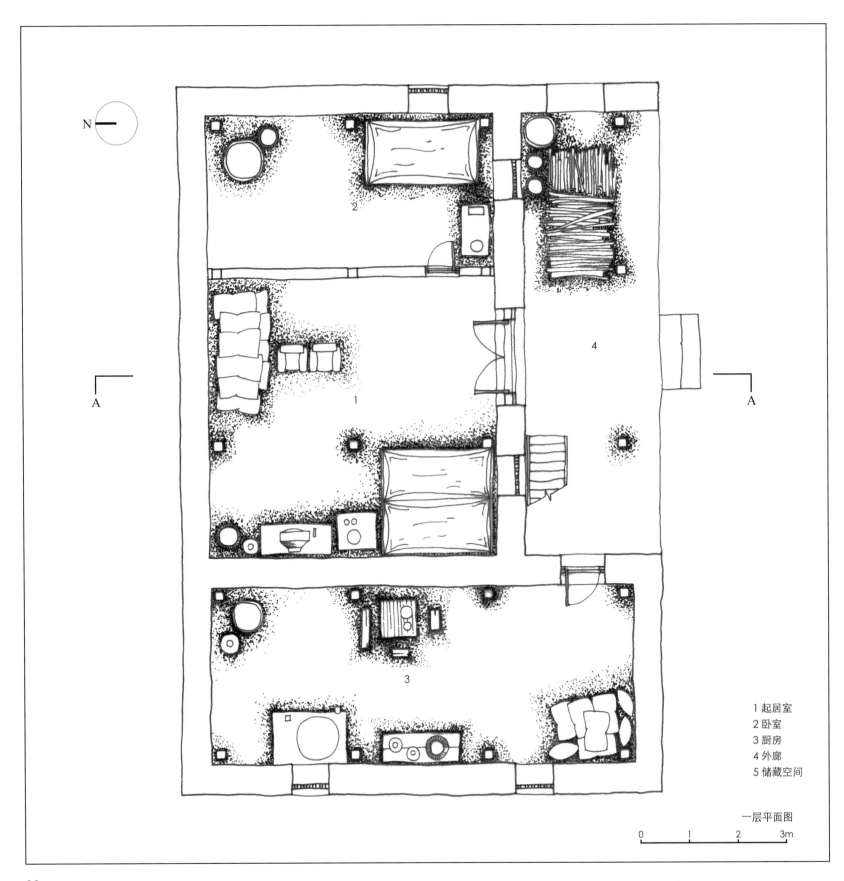

N

A   A

2

4

1

3

1 起居室
2 卧室
3 厨房
4 外廊
5 储藏空间

一层平面图

0   1   2   3m

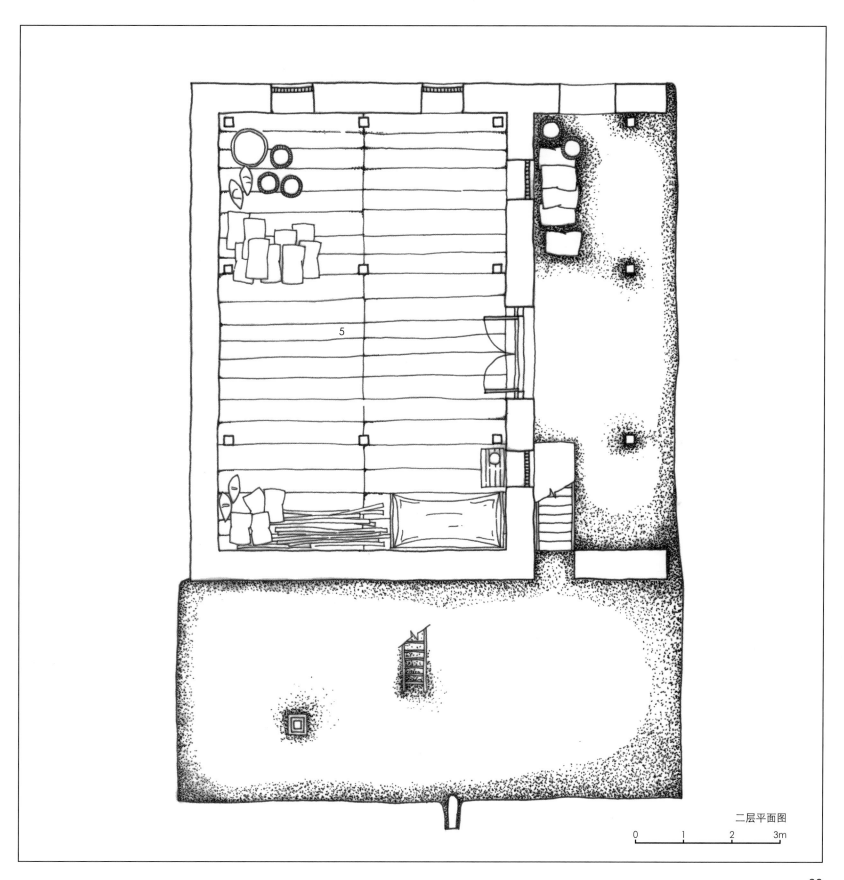

5

二层平面图

0　　　1　　　2　　　3m

83

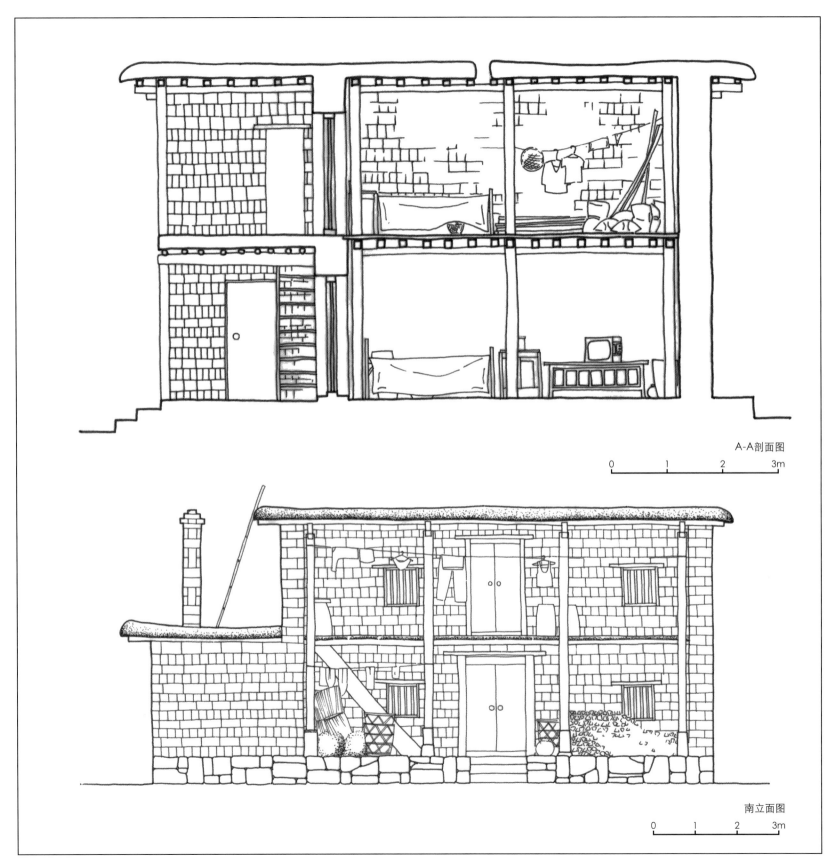

A-A剖面图

0　　　1　　　2　　　3m

南立面图

0　　　1　　　2　　　3m

在住居的内外空间处理方面，此住居与周边的夯土住居有一定区别。从山墙侧看住居是一个完整的矩形体量，同时其具备了体量错层的特征。但在南立面上住居形成了一个内凹的两层柱廊空间，在夯土房绝对的体量内外的空间感中，添加了一个过渡和联系层次

7.云南省红河州红河县迤萨镇
坝兰小寨

坝兰小寨为彝族村落，全村共20余户。村
落规模很小，主要耕地位于村落南侧的河岸边，
南侧临山。其中建筑均以夯土作为主要材料，木
构架平屋面。村落入口位于西南侧，在村落中心
偏东的一棵大树下形成了村民的公共活动空间。

在坝兰小寨的中部有一棵大树，围绕大树形成了一个广场空间。通过广场将上下两条街道的高差消解连接。午后村民会聚集在广场上休憩

调查对象壹 住宅甲

　　该住宅有五人居住，共两层空间。空间整体
通过中间的天井和与其相对应的楼梯加以贯通。
一层是农具摆放及储物空间。通过石阶来到二层
面对三个主要的居室空间。这个住宅最具特征的
是在其面向广场的二层立面上的有一个"门"状
的"窗"，当主人从室内走到窗边，就像站在了
广场上。

面向入口一层的立面上有一扇直接将立面打
开的门，因此这里光线较好，形成了一个茶座起
居的空间

二层的居室空间围绕中庭分布，不同于其他的住户，该住宅中的二楼的各个居室有严整的空间分隔。用木板墙划分开的几个独立居室面向中庭开门窗，将中庭天井采下的天光引入居室内

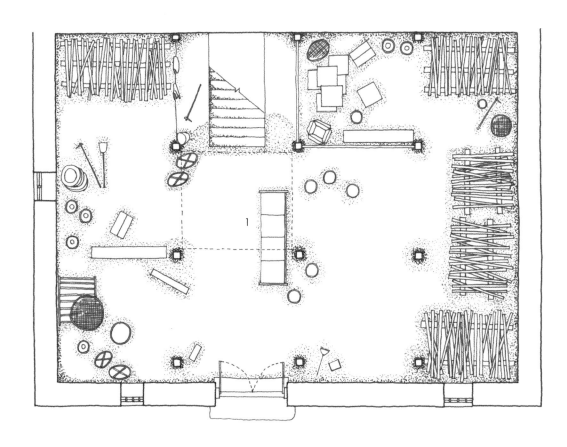

N

1

1 底层杂物空间
2 起居空间
3 卧室
4 厨房
5 书房

底层平面图

0   1   2   5m

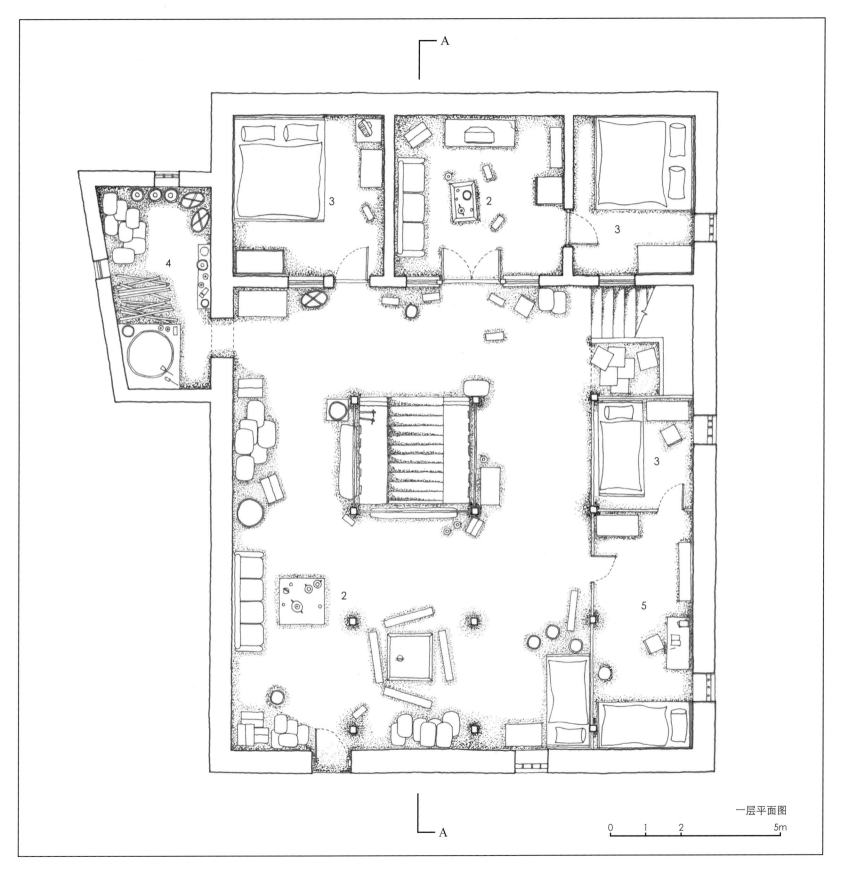

一层平面图

0　1　2　　　　5m

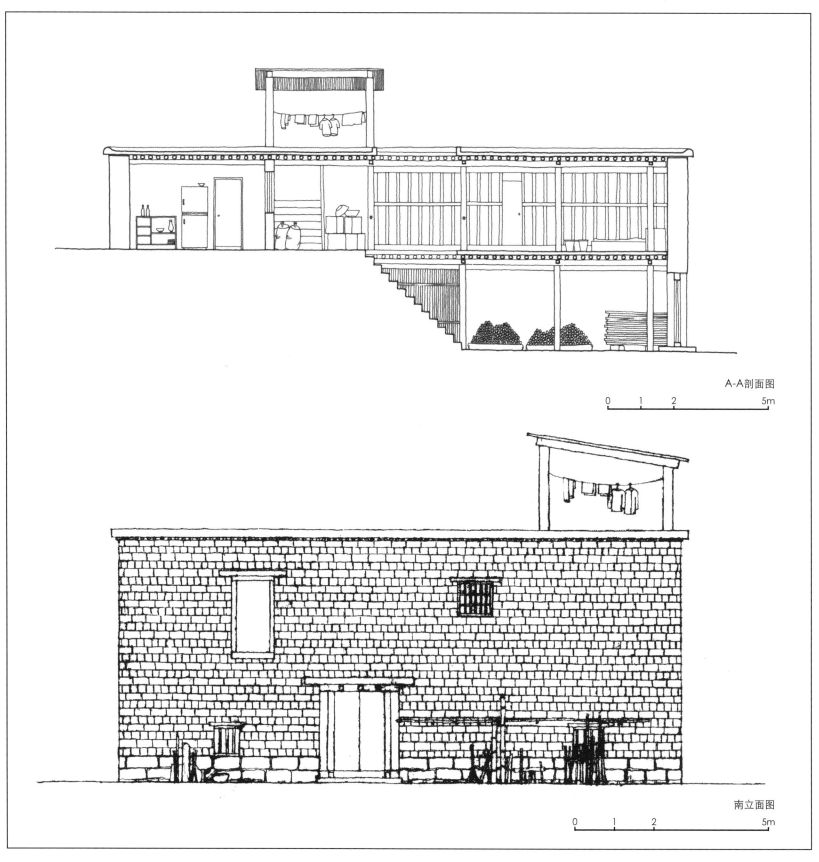

A-A剖面图

0　　1　　2　　　　　5m

南立面图

0　　1　　2　　　　　5m

在住居的中间有一个天井，对应一层楼梯的
位置，天光可以直接通过二层空间传递到一层。
从正门进入较暗的室内空间后，会看到被天光打
亮的石阶

调查对象贰 住宅乙

　　该住宅在整体空间上可以分为两个部分：一个部分是南侧临街的入口单层空间及屋面的平台；另一部分是两层的空间体块，其中一层是居室及起居，二层是与室外平台相连的储物空间。上下层间通过一个爬梯相连。

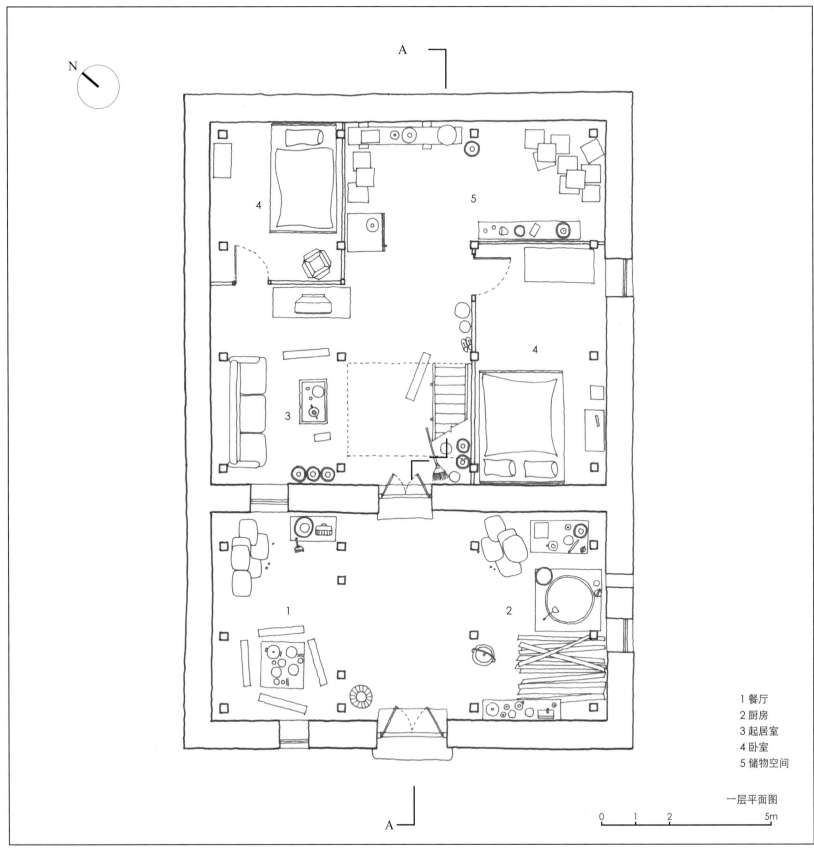

N

A

A

1 餐厅
2 厨房
3 起居室
4 卧室
5 储物空间

一层平面图

0   1   2   5m

二层平面图

0　1　2　　　　5m

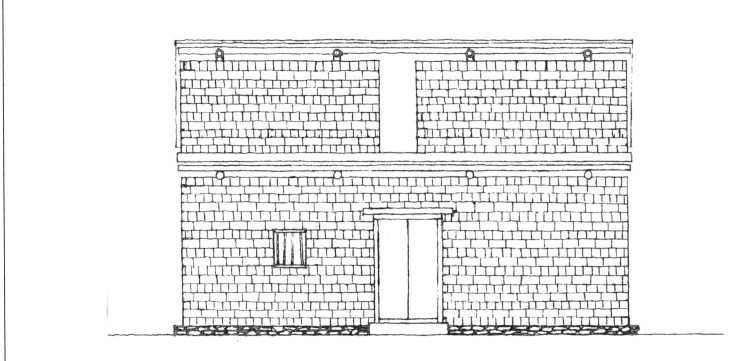

南立面图

0　1　2　　　　　5m

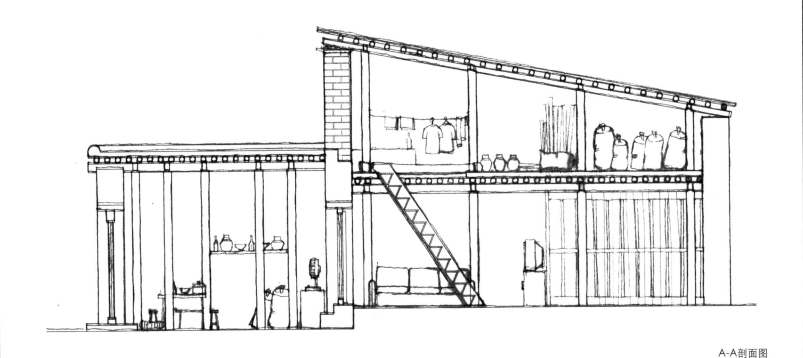

A-A剖面图

0　1　　　　　　5m

进入主入口后的空间主要作为厨房使用，通过门口和面向街道的窗获得光线。而靠内侧的居室空间得不到光照的问题，则依靠通达二层的挑空空间紧贴二层外立面洞口这一方法，将光线引到一层，形成了起居空间

　　左侧图片中呈现了小寨中多数住居中典型的入口空间形式。在入口内的房间中心位置附近设置石质台阶通达二层。同时在石阶的顶部一般都有采光口。右页图片呈现了小寨中石阶、天井、爬梯以及洞口等具有共性特征的空间要素片段

8.云南省玉溪市元江县那诺乡
闷龙村

哈尼族传统村落，基址择于山坡阳面随地形
跌落，形成丰富的村落空间，山顶与山坡高处为
居住地，山腰处为哈尼族特色梯田。民居基本构
成为土坯房，上覆陶瓦双坡顶。

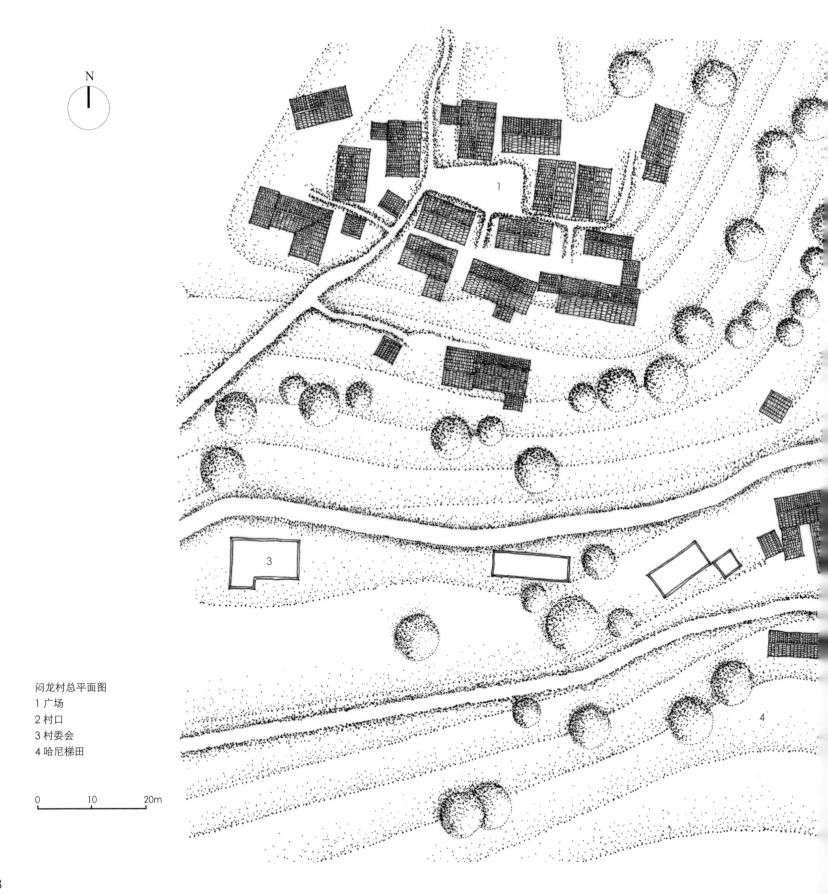

N

闷龙村总平面图
1 广场
2 村口
3 村委会
4 哈尼梯田

0   10   20m

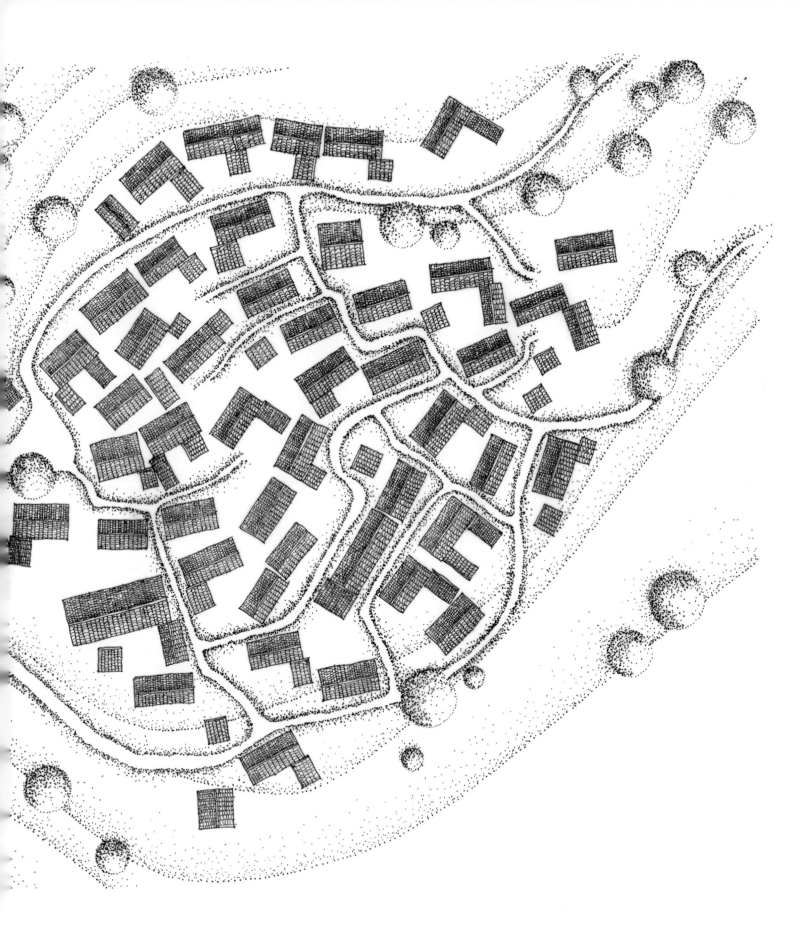

闷龙村的格局分为两个组团，其中大部分房屋位于山坡阳面沿等高线排布，另一部分于山巅聚集形成围合的广场。坡地上的村落常因势就形，较少开阔场地，因此广场是村中重要的开放空间，各种日常聚集与民俗活动皆由此发生

调查对象壹　住宅甲

　　该住宅是典型哈尼族民居，建筑为土木混合结构，由夯土、木梁以及瓦定构成。主体建筑为方形平面，于底层加建牛棚等小房间并形成晒台，顶层加建披檐提供储物空间。

N

1
2

2

1 杂物空间
2 牲畜圈

底层平面图

0 1 2   5m

113

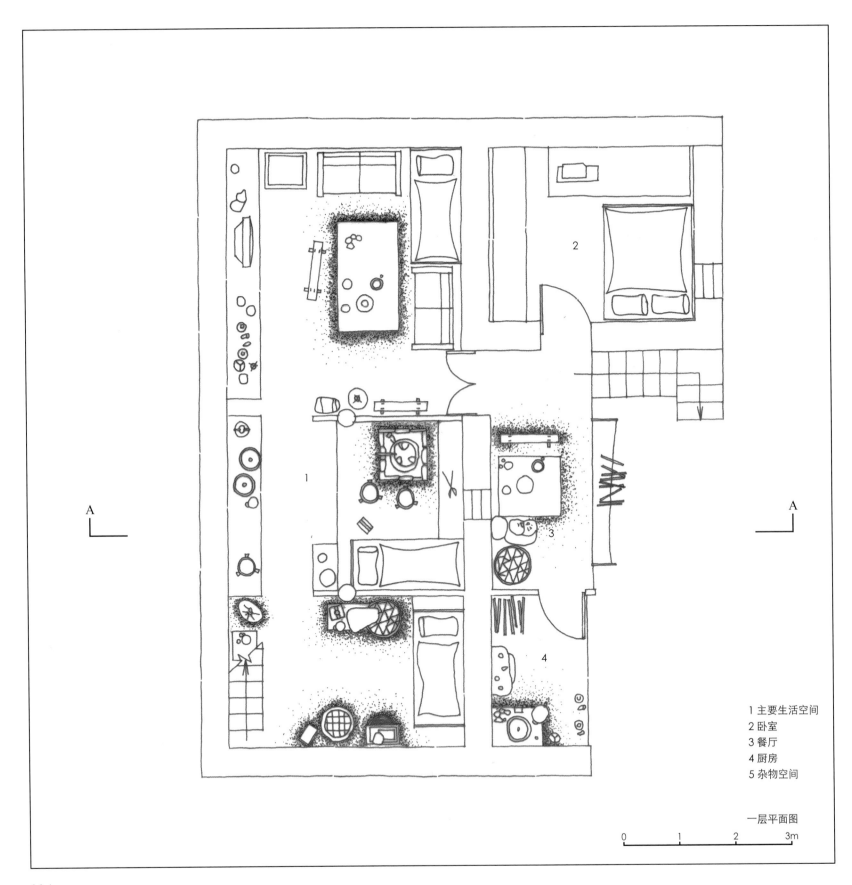

1 主要生活空间
2 卧室
3 餐厅
4 厨房
5 杂物空间

一层平面图

0　　　1　　　2　　　3m

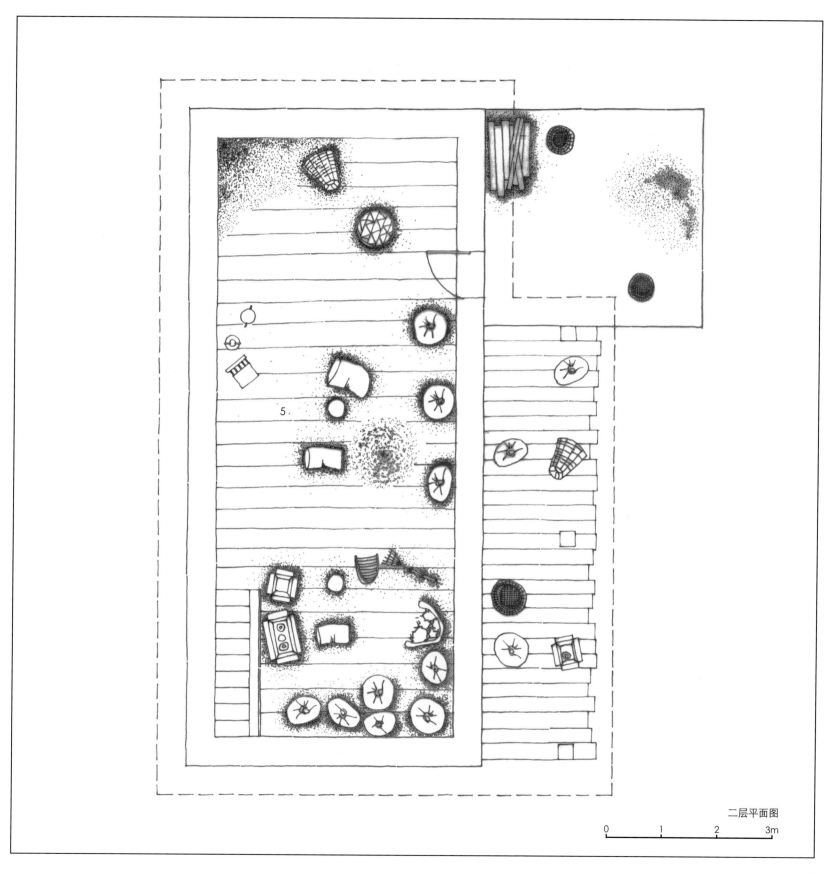

二层平面图

0　　　1　　　2　　　3m

南立面图

0　　　1　　　2　　　3m

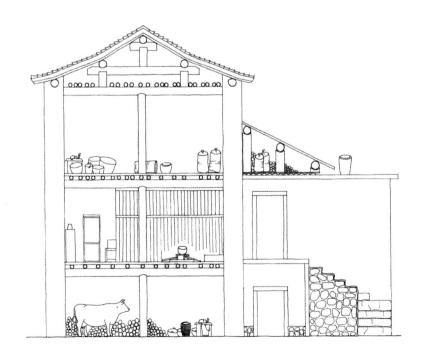

A-A剖面图

0　　　1　　　2　　　3m

此住宅以土坯墙砌筑，具有生土建筑冬暖
夏凉的特点，又结合了干栏民居式的底层架空形
式，不仅使得上部居住层隔离地面湿气，而且提
供了圈养牲畜的地方

117

调查对象贰　住宅乙

　　这是一户格局较完整的住宅，主体形式为方形三层。因场地入口庭院在山墙方向，于是向前加建披屋作为厨房，保证了正面进入的可能。

哈尼族村落一般位于坡地阳面，建筑因循陡峭地形分为三层：下层关养牲畜，中层居住，上层堆放粮食瓜菜等杂物。其中居住层向阳面以木板铺设敞廊，既提供了舒适的起居环境，又方便喂养下层牲畜

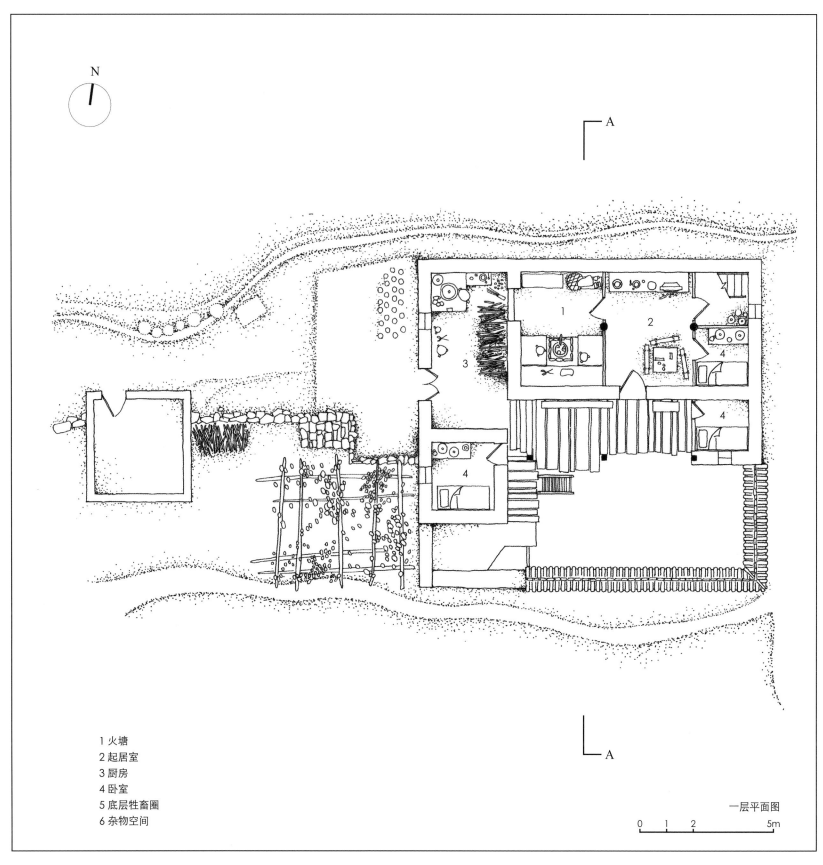

N

A

1 火塘
2 起居室
3 厨房
4 卧室
5 底层牲畜圈
6 杂物空间

A

一层平面图

0   1   2   5m

120

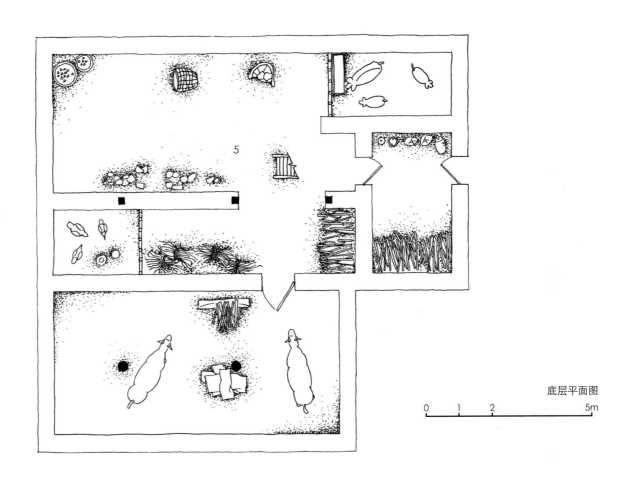

底层平面图

0 1 2 5m

二层平面图

0 1 2 5m

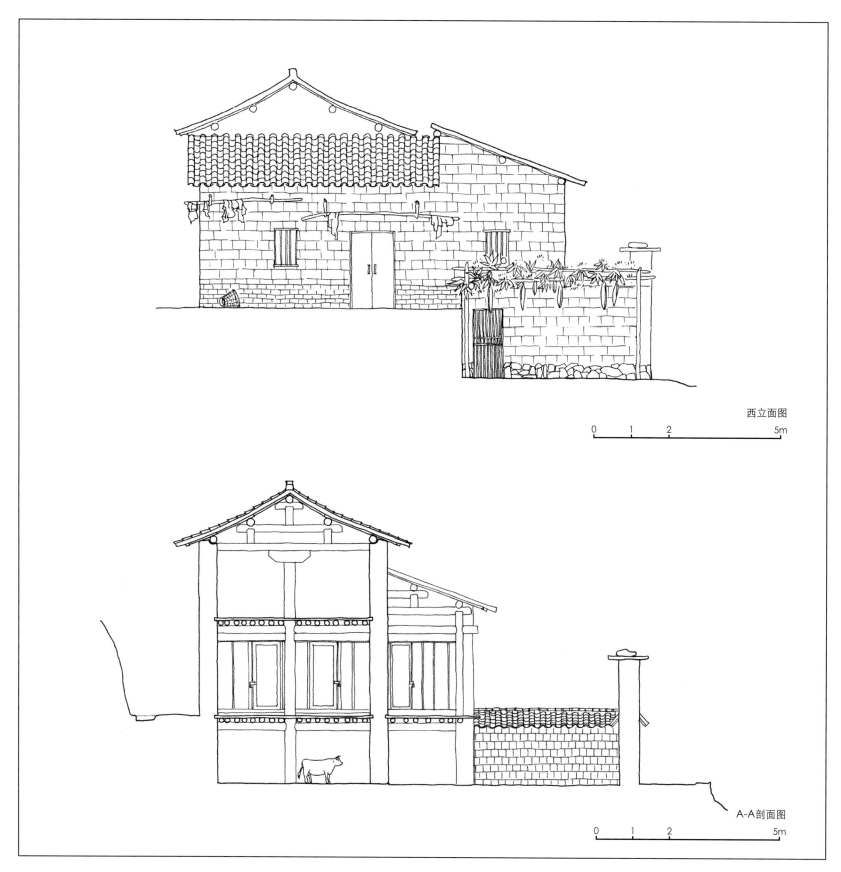

西立面图

0 1 2 5m

A-A剖面图

0 1 2 5m

9.云南省楚雄市双柏县
信法村

　　彝族为主的信法村，村中所有住宅均集中建在山坡下部坡度较小的位置，处在山脊的位置。土掌房沿坡向互相搭接，屋顶和平台互相利用咬合成整体，形成十分具有气势的村落形态。

信法村总平面图
1 村口
2 农田
3 通往河流的小道

0   10   20   30m

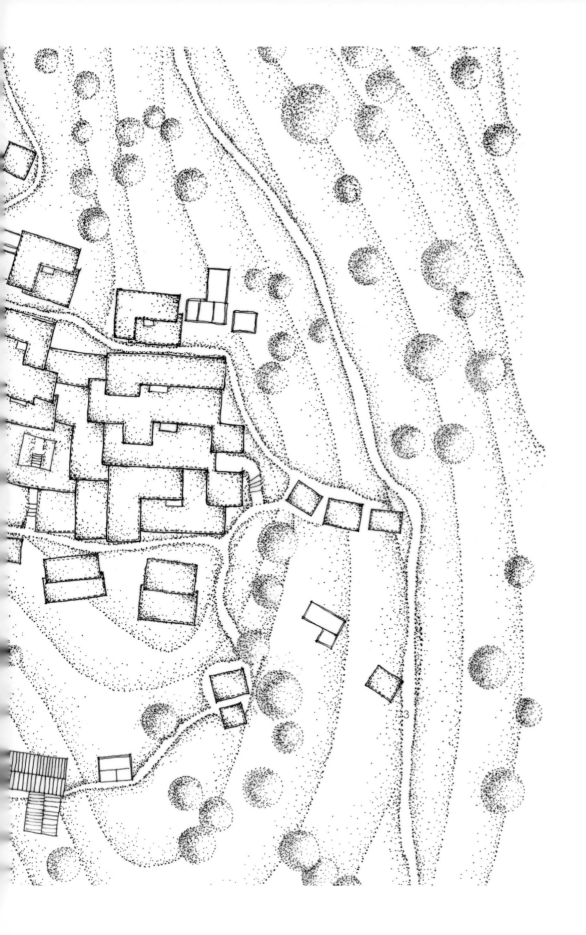

127

信法村的土掌房最具特色的空间在于平台与屋顶的互相借用，从村落最低处开始，每一户的屋顶即是上一户的屋顶晒台，并在其中嵌入天井采光，整个村子几乎可视为一整座"大建筑"

调查对象壹　住宅甲

　　该住宅位于村落的中心部位，土掌房的横长建筑嵌入村子大格局中，其晒台为低处邻居的屋顶，其屋顶亦作为高处邻居的晒台作为补偿。

131

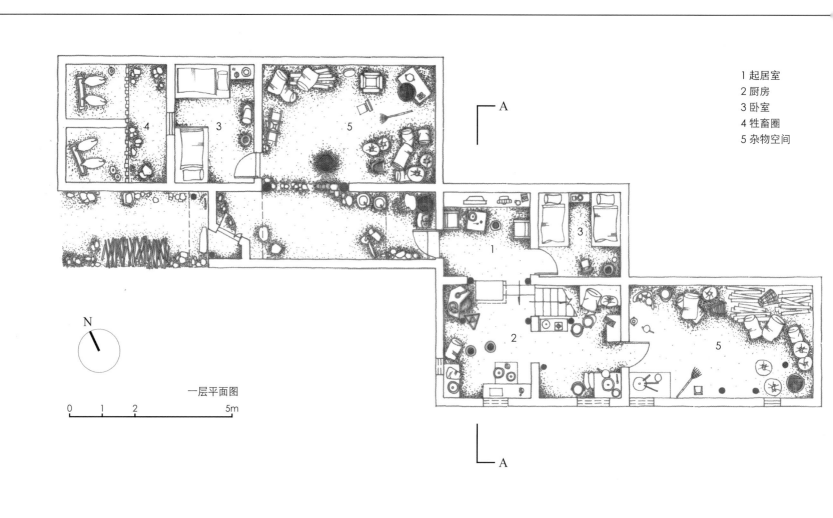

1 起居室
2 厨房
3 卧室
4 牲畜圈
5 杂物空间

N

一层平面图

0 1 2   5m

A

A

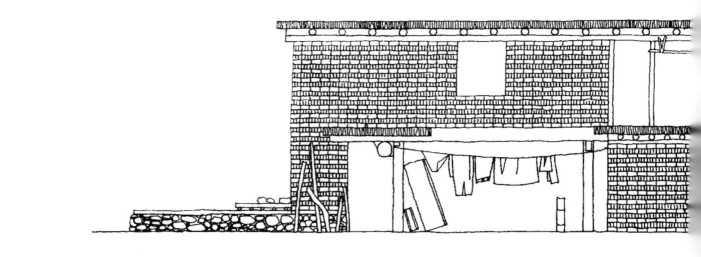

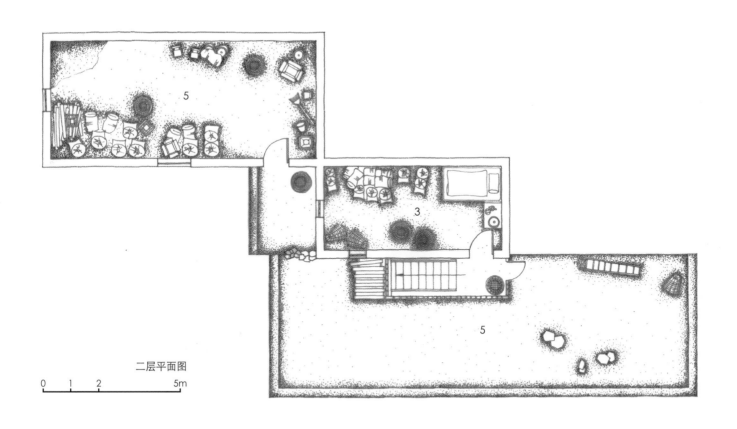

二层平面图

0　1　2　　　5m

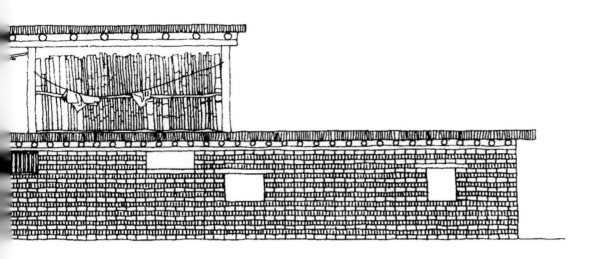

南立面图

0　1　2　3m

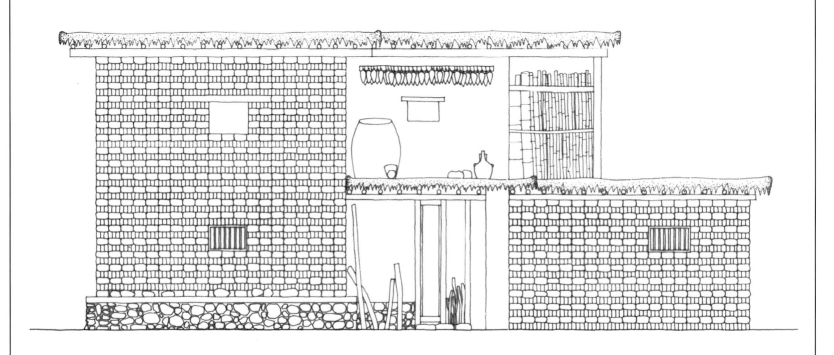

西立面图

0　　　1　　　2　　　3m

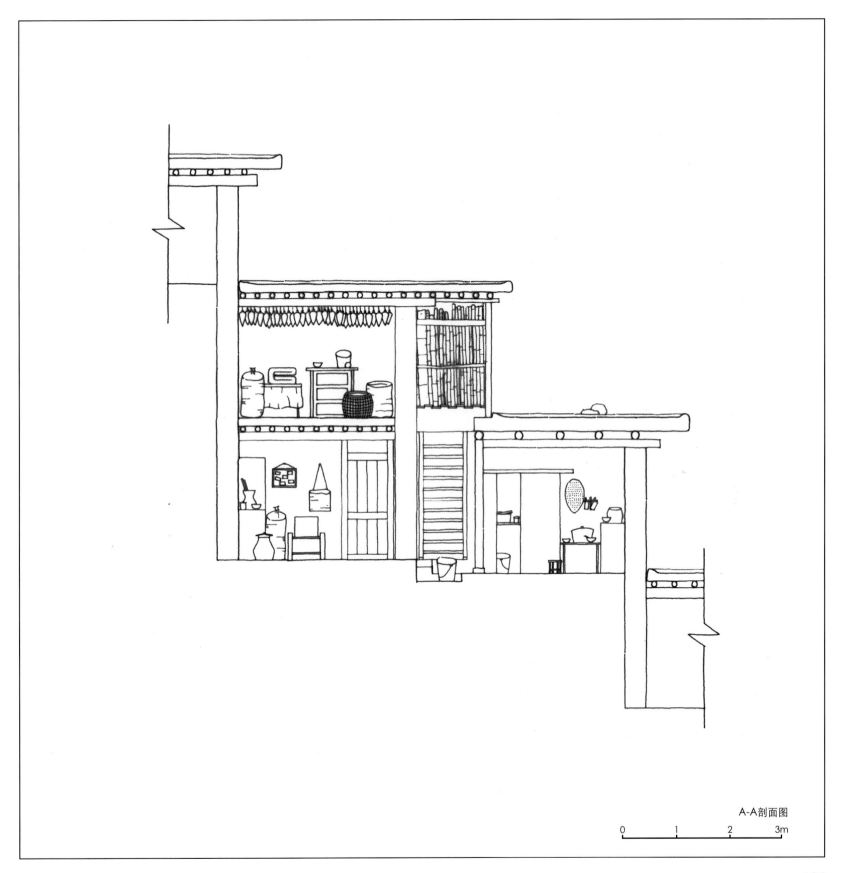

A-A剖面图

0   1   2   3m

彝族土掌房正侧面可形成迥异的空间感受，
侧面为沿坡向错动咬合整体，正面则为层层叠叠
的土墙、木窗以及由干草、生土构成的微微起伏
的屋顶曲线

与厚重的土坯墙和土掌屋顶相反，通往屋顶的爬梯及其围护皆是木构，光线可以透过编织的竹木薄墙，弥漫到阴暗的室内

调查对象壹　住宅乙

　　该住宅位于村落的低处部位，作为村落整体
交错平台的起始点。主体呈现方形平面，室内为
错层空间，上部为方形采光天井。

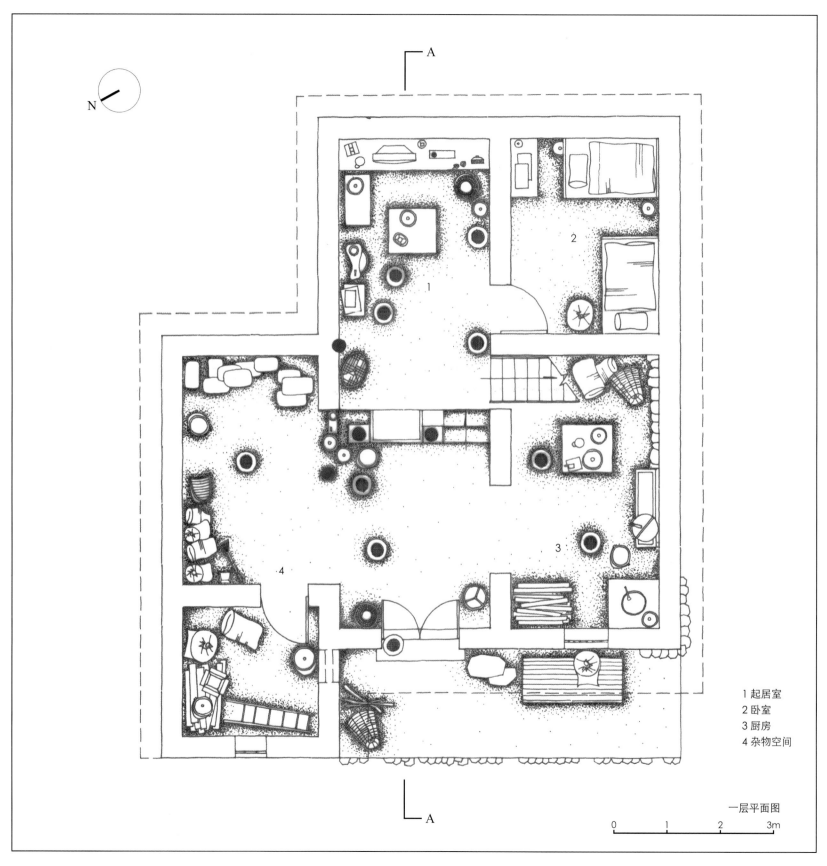

N

A

A

1 起居室
2 卧室
3 厨房
4 杂物空间

一层平面图

0   1   2   3m

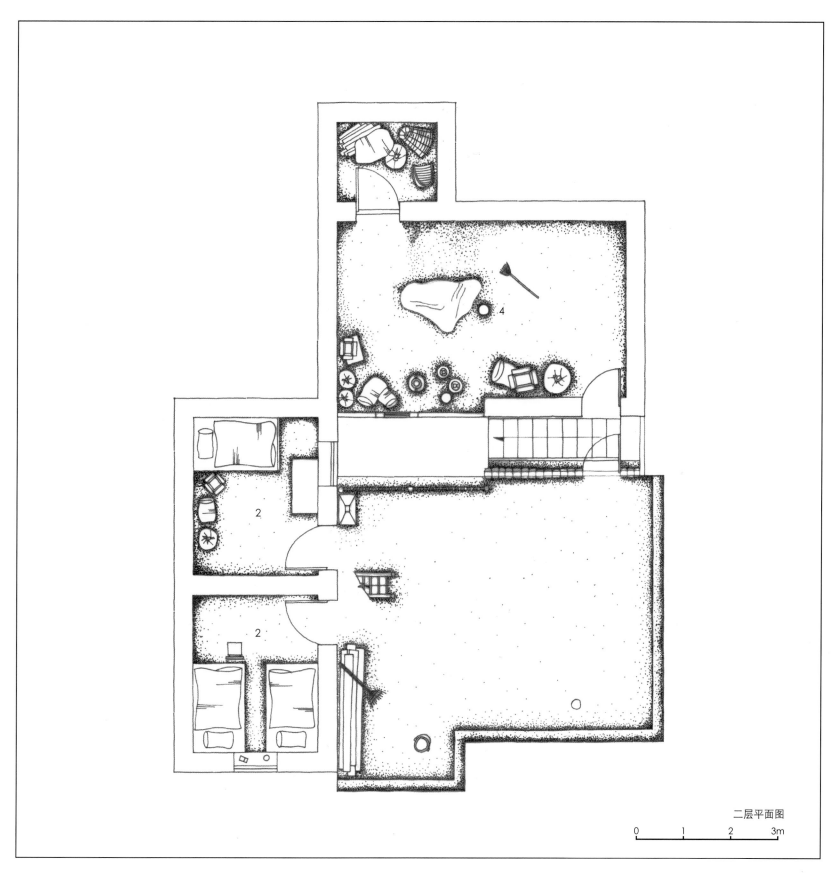

二层平面图

0　1　2　3m

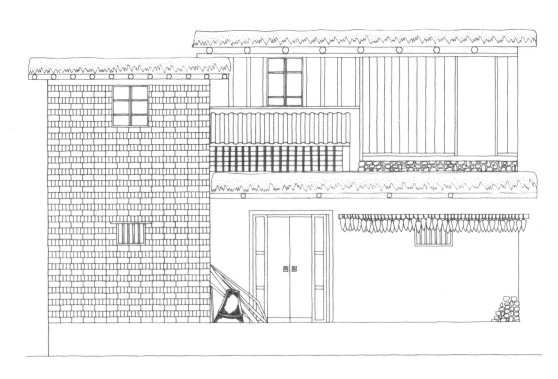

南立面图

0　　　1　　　2　　　3m

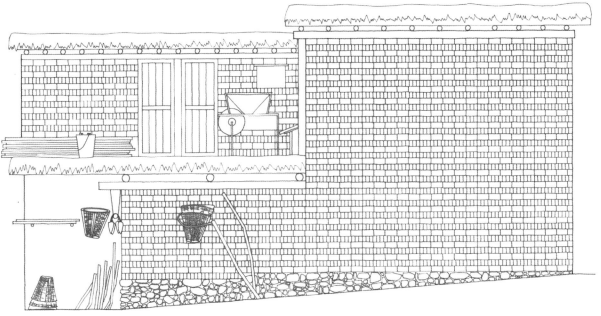

东立面图

0　　　1　　　2　　　3m

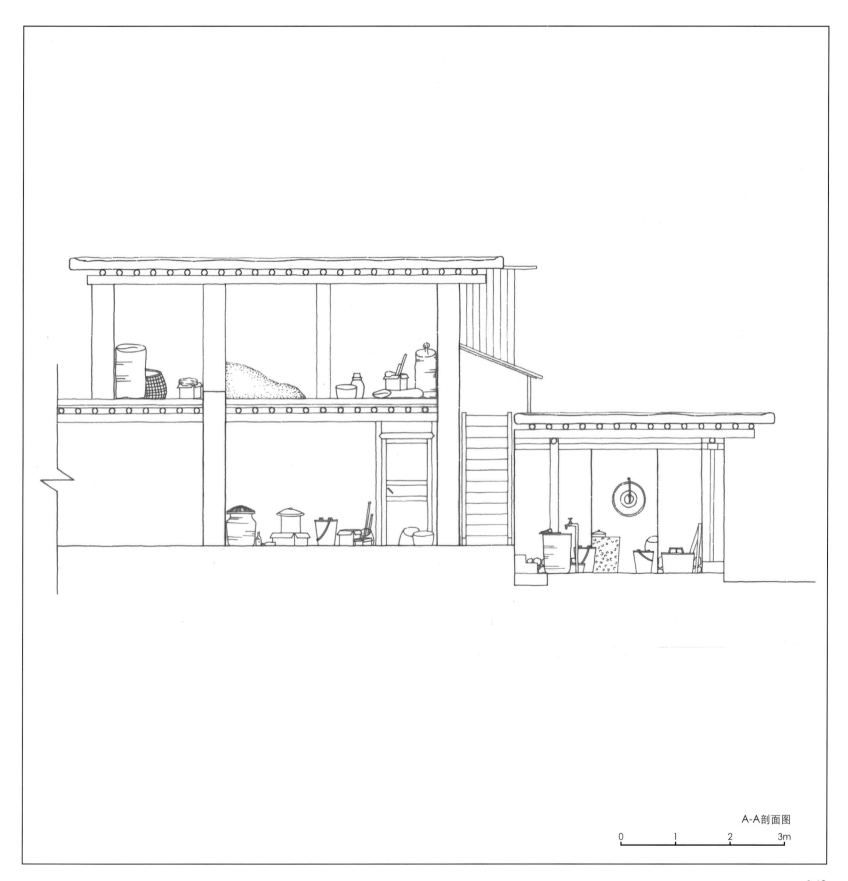

A-A剖面图

0   1   2   3m

10.云南省昆明市团结乡
乐居村

　　乐居村位于云南省昆明市西山区团结镇龙潭，海拔2200米。调研区域为大乐居，调研时大多数村民已迁居至东部的新村，只有生活在村外围的村民还留居在此。

沿地形等高线横向摆放的一栋栋住宅错落
排列，形成丰富的街道空间，街道在住宅的交界
处，形成大小不同的角落，使不同层面的住宅叠
加在一起，扩展了街道空间的层次

乐居村总平面图
1 村口
2 新建广场
3 住宅甲
4 住宅已

0 10 20   50m

调查对象壹　住宅甲

　　住宅甲位于乐居村的北部，是为数不多的还未搬离乐居村的村民住宅，调查时这里生活着一对老夫妇。住宅甲的入口位于西侧，东侧是一个一层的厨房，南侧是两层居室，一层是起居活动的空间，通过东西两侧的楼梯可以到达二层，二层北侧是一条走廊，连接位于南侧和东侧的三个卧室楼梯下面不宜使用的空间用来储物。

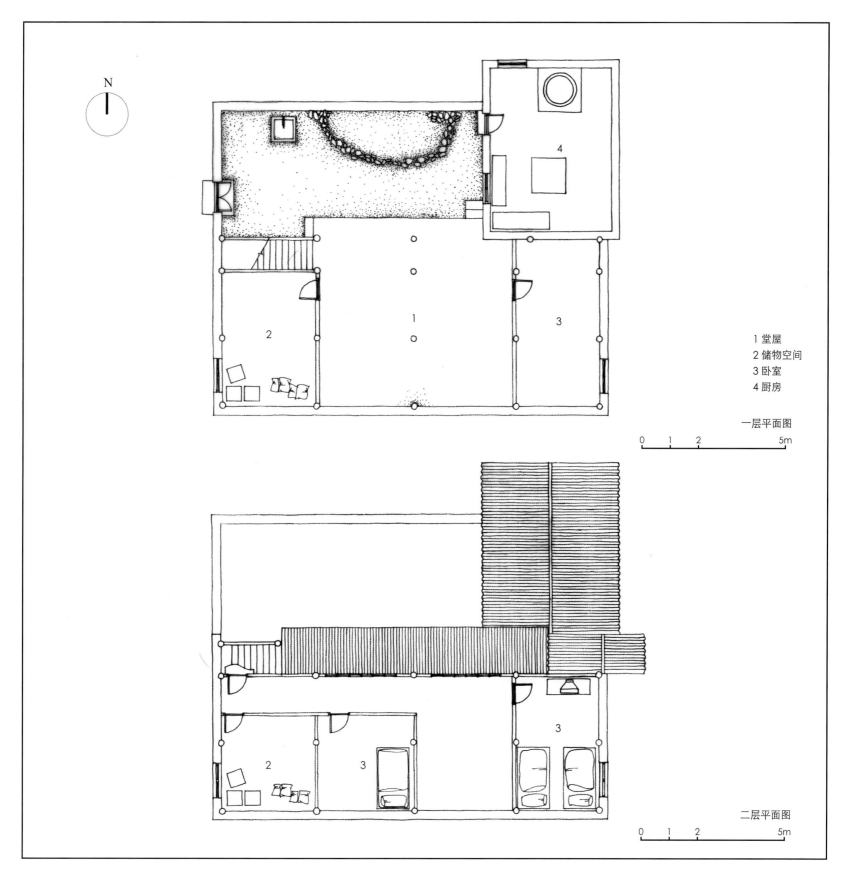

N

1 堂屋
2 储物空间
3 卧室
4 厨房

一层平面图

0 1 2   5m

二层平面图

0 1 2   5m

调查对象贰 住宅乙

　　此住宅整体形态特征与云南白族传统民居一颗印相似，是一个三面住宅一面开口的住宅，住宅门前的院子由于道路经过，把院子一侧的围墙挤成了一条曲线。

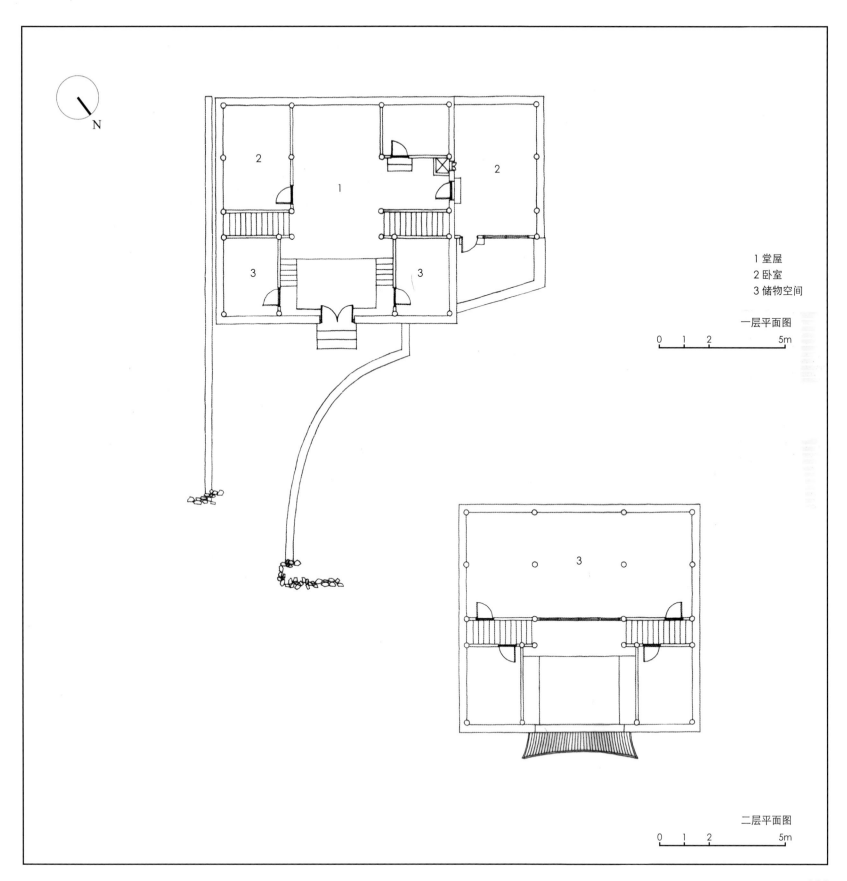

N

1 堂屋
2 卧室
3 储物空间

一层平面图

0 1 2 5m

二层平面图

0 1 2 5m

乐居村坐落在一个小的山丘之上，村落整体地形西高东低，村落形态沿地势向上布局，地形起伏，村民使用台阶来连接不同的高差地形

村中住宅布局错落，在主要道路之外形成了许多条支路小径，连接各个住宅，由于大部分村民都已迁出，小路上长满了杂草

157

11.云南省曲靖市罗平县鲁布革乡

腊者村

　　腊者村属罗平县鲁布革布依族苗族乡罗斯村委会的一个布依村寨，坐落在依山傍水的多依河源头。罗平县城在其东南方36公里，乡政府驻地在其西南方10公里，罗平县至多依河景区旅游专线公路穿村而过，交通便捷，景观独特，风光旖旎。腊者村至今依然保留着原味的布依民族风情，布依族的起房盖屋、婚丧嫁娶蕴含着很多民俗文化。

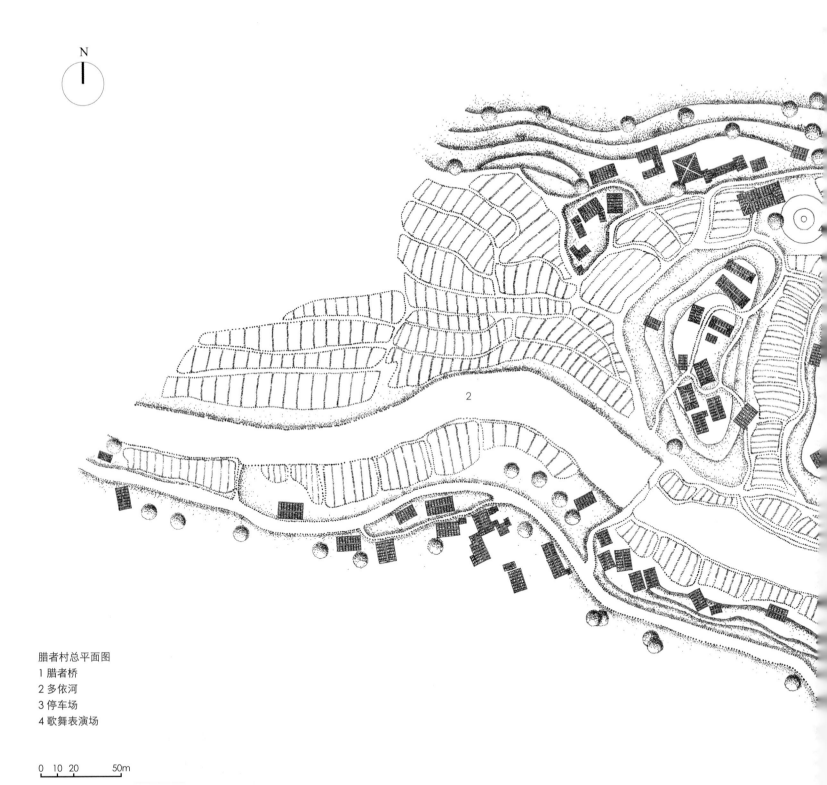

N

腊者村总平面图
1 腊者桥
2 多依河
3 停车场
4 歌舞表演场

2

0 10 20   50m

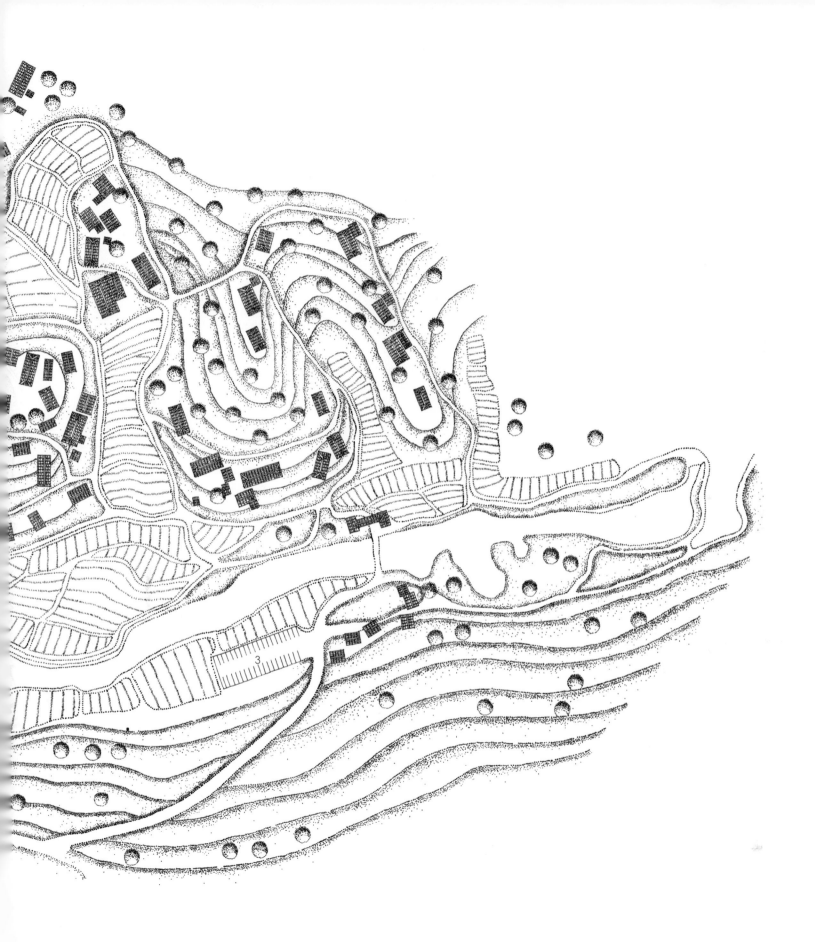

161

进入村落之前有座小桥横跨在多依河之上，名为腊者桥，桥分三段，两端为硬质的铺砖和混凝土栏杆，中间为悬索木制栈道。桥梁是村落中比较重要的元素，它是沟通和联结村落内外的标志，桥既是可以通过的道路，又是聚落的门户

调查对象　住宅

　　调查的这户人家（何家思宅）大致位于腊者村中部位置，是主人的父亲所盖，约有四十年历史，家有五口人，老妈妈、夫妇以及一子一女。正门面对远山，背部紧靠另一栋别户人家，并列主屋的为一个低矮的晒台，一层架空，二层为主要的居住空间，正立面正中间为一石砌的台阶，连接着主入口和一层。

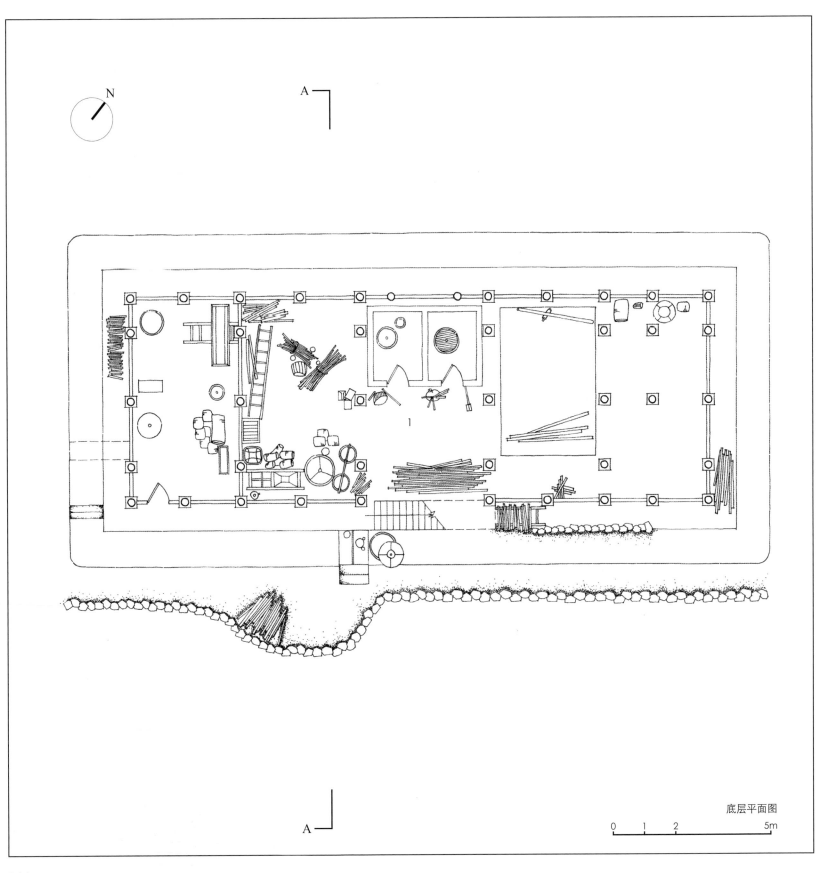

底层平面图

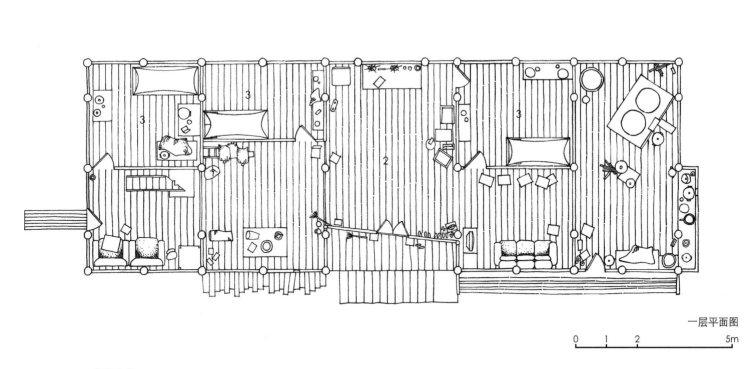

一层平面图

0 1 2   5m

1 储藏空间
2 起居空间
3 卧室

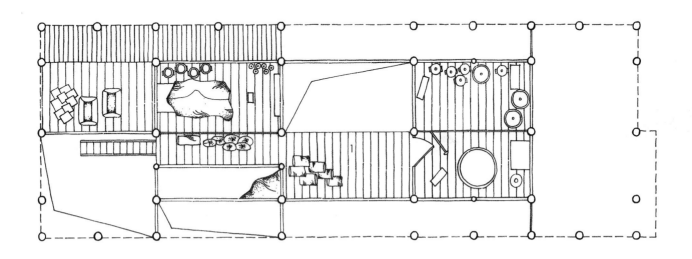

二层平面图

0 1 2   5m

到达房屋前有条缓缓地用块石铺就的坡道，抬头仰视，建筑显得格外高耸，屋檐下的梁架清晰可见。各家各户门前的路是一种线性的元素，有些结合了高差形成坡道，有的在平地上用条石铺就，此家门前的这条坡道旁还开挖了一条沟渠用来排水，这条排水沟汇集了宅基地四周的雨水而流向农田

布依族民居中多数生产活动安排在架空的地面层空地上，居民常在门前晾晒粮食作物、砍伐柴火、编织竹席、饲养家畜、纺染织布、洗涤清洁等活动，相比于二层的主要生活空间，一层由于长期进行生产等副业活动，显得比较杂乱

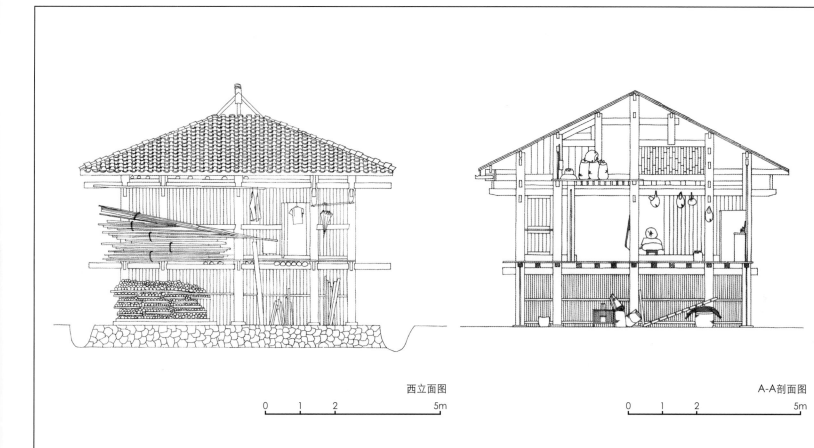

西立面图

0 1 2 5m

A-A剖面图

0 1 2 5m

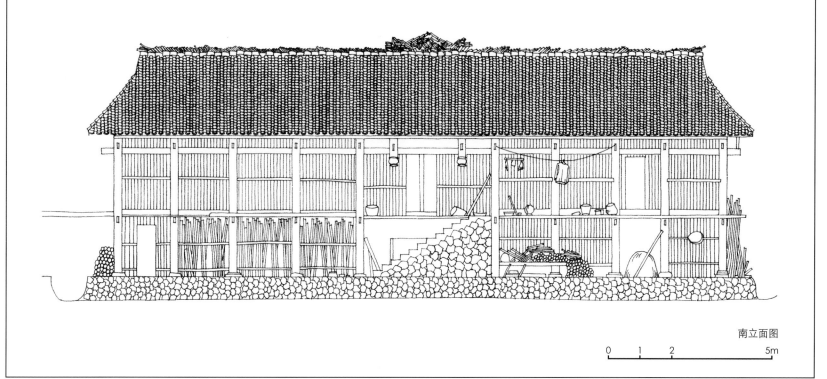

南立面图

0 1 2 5m

何宅轴测图
单体从竖向上基本分为四部分，最底端为架空层，其上为铺设木板的二层主要生活空间，二层之上为部分镂空的阁楼层，其上为由主次梁、檩条和椽子构成的木构架歇山式屋顶，戗脊较长，垂脊短，屋檐出挑约一米左右。四面为围护的墙体，多由编织的竹篾以及竖向条板构成

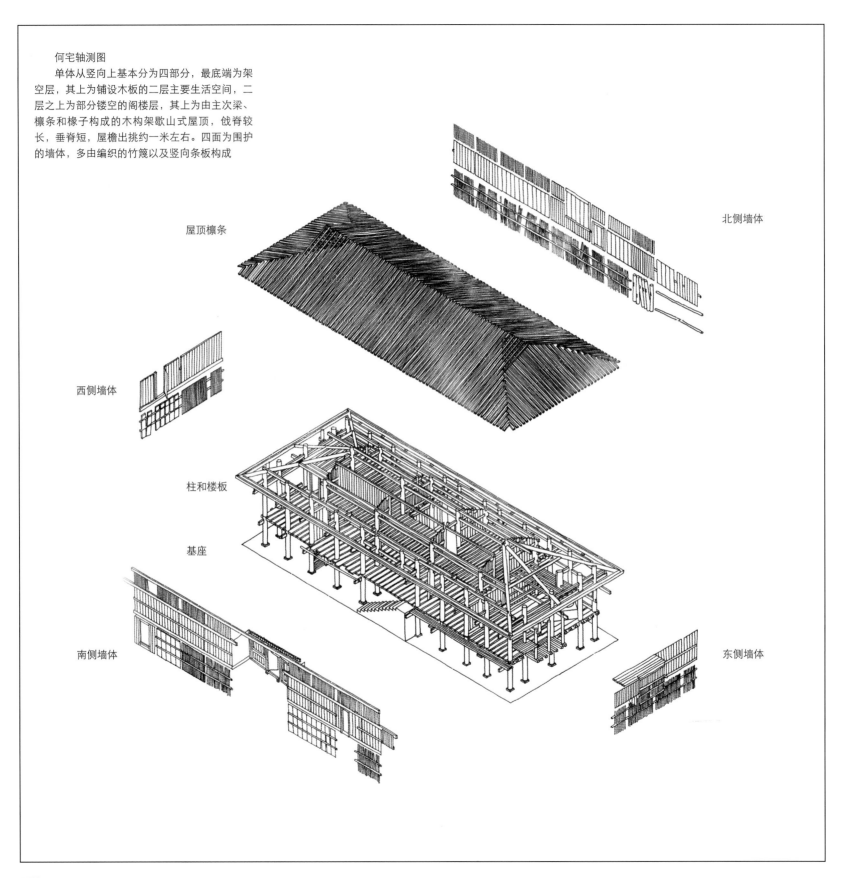

北侧墙体

屋顶檩条

西侧墙体

柱和楼板

基座

南侧墙体

东侧墙体

在布依族老房子的建造过程中，木构架之间的连接方式基本为榫卯式与绑扎法两种类型，村民在柱身开方形洞口，梁从其中穿过形成联结，一般榫卯式为主要方式，起主要承重作用的关键部分均用此方式，局部如屋檐口的挡板、底层围护的墙体等用绑扎法

架空层的木柱上经常可以看到预留有三到四个方形洞口，有些中间有梁穿过，有些空置，在何宅的底部有一用混凝土块砌造的猪舍隔间，墙高约为一层的三分之二层高，并不接达顶部，呈现一种盒中盒的构造模式。底层尽端为一隔开的小间房屋，里面放置有为老人准备的棺材，通常情况是空置状态

台阶的出现是因为高度，高度的产生是为了脱离，在布依族传统聚落中，多数住宅的正间为一顺着房屋长向布置的石质台阶，宽约一米左右，通常独立砌筑在地面之上，抬阶而上到达最重要的仪式空间——堂屋，强化了这种仪式感

12.云南省文山市广南县
冷狄村

广南县的冷狄村,其最大的特点是村寨围绕
中间的水井呈圆形布局,具有极其清晰的聚落形
态图式,另外,处于不同方位的房屋都调整自家
的朝向面对中间的圆心,体现了强烈的向心性。
此处地形具有极强的特点,为群山之间的洼地,
山坡上林木茂密,中心最低的地方为水井以及环
绕水井呈扇形的玉米地。该村落的居民主要为壮
族,由20~30户构成,主要靠种植业为生。

N

冷狄村总平面图
1 水井
2 进村道路
3 玉米地

0   10   20   50m

在传统村落中除了房屋、稻田、水系等常见的元素以外，偶尔也会有一些独特的物品。如冷狄村某宅前的石磨，它是村民用来碾碎谷物的生产器具，代表了村民的生产技术手段。石磨由两块圆石构成，下部的略大一圈，并有一口供倾出碾碎完的谷物，石磨下方为一些垫起的小碎石块，旁边为一石椅，与石磨的材质相同

水井的出现很好地解决了收集灌溉储水的问题，是现代建筑中蓄水池的前身。冷狄村的中间为两口圆形的水井，用石块砌造起围墙，周边为抬高的玉米种植地。水井既是村民重要的生产用水的提供者又是整个村落的中心，是冷狄村的寨心所在，更是村落向心秩序的发生器

调查对象　住宅

　　这是一户壮族的人家，背靠山林，前向中心的玉米低地。住宅为干栏式民居类型，歇山屋顶，一层用碎石和木板围合，二层为主要的生活空间，屋顶用小瓦片覆盖，平面呈方形，五开间，明间稍大，次间和梢间尺寸相近，厨房位于端头，中间为堂屋，卧室用隔断隔开。

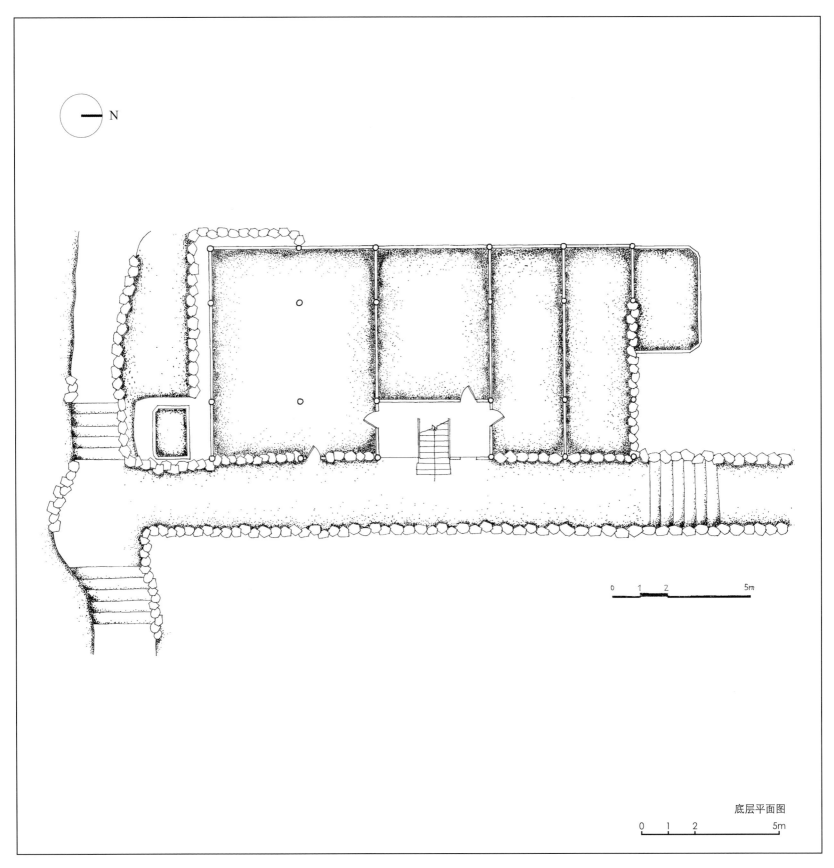

N

底层平面图

0 1 2 5m

0 1 2 5m

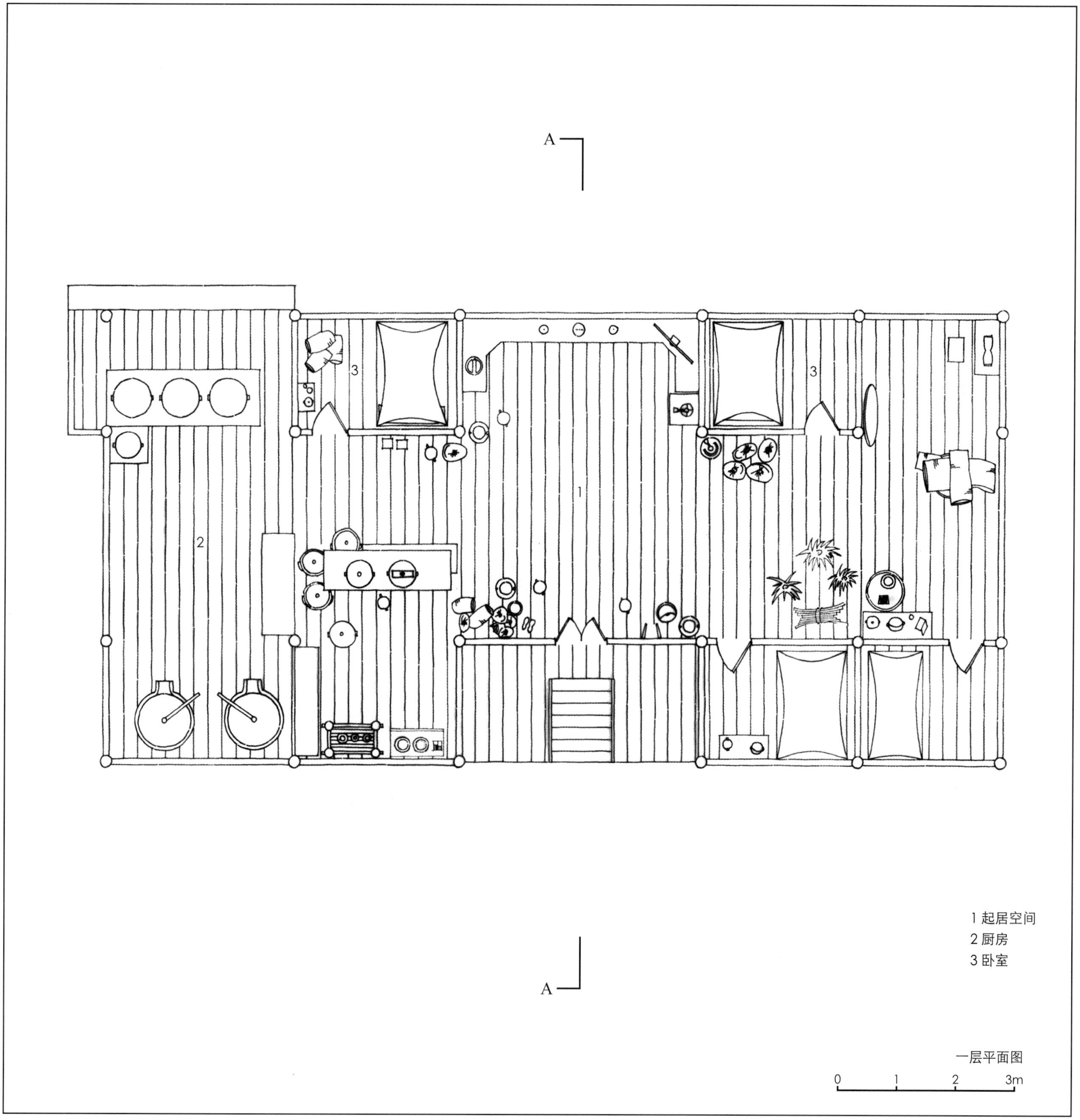

A

A

1 起居空间
2 厨房
3 卧室

一层平面图

0　　　1　　　2　　　3m

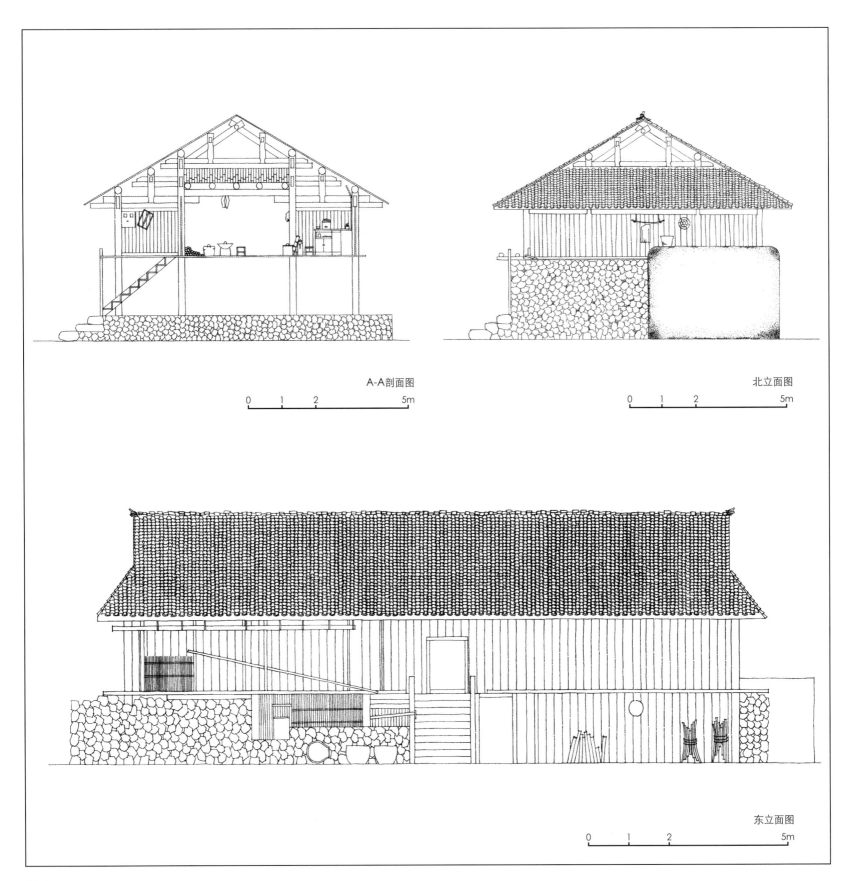

A-A剖面图

0　1　2　　　　　5m

北立面图

0　1　2　　　　　5m

东立面图

0　1　2　　　　　5m

　　从剖面上看，这家的房屋主结构为抬梁式，一层的侧墙用石块砌造，墙上开有一方形洞口，用条状石块架起洞口，二层墙身为竖向条状木板，其上屋檐出挑约一米左右，上覆瓦片。整个建筑立面分为三段：基座、墙体和屋顶

在冷狄村中除了歇山式屋顶以外还有另一种屋顶类型—悬山式。在用材和开间大小上两种样式相接近，不同的是歇山式屋顶也并不是严格意义上的歇山式，而是常常仅仅一端有山花和戗脊，另一端并没有，属于半歇山半悬山类型。这些半歇山半悬山式屋顶有的两两相接，有的单独居于聚落一角，但由于屋顶的用材和形制、房屋体量的相近，整个聚落仍呈现统一的空间秩序

13.云南省文山县广南县旧莫乡
大红坡村

　　大红坡村隶属于云南省文山市广南县旧莫乡，位于广南县中部，东与莲城镇、董堡乡接壤，南连曙光乡。村落位于山间，从乡政府出发步行至大红坡村约2个小时。村子有一百多年的历史，大多用当地的材料建造房屋。村子共有约40户人，基本为壮族，有三个村长。

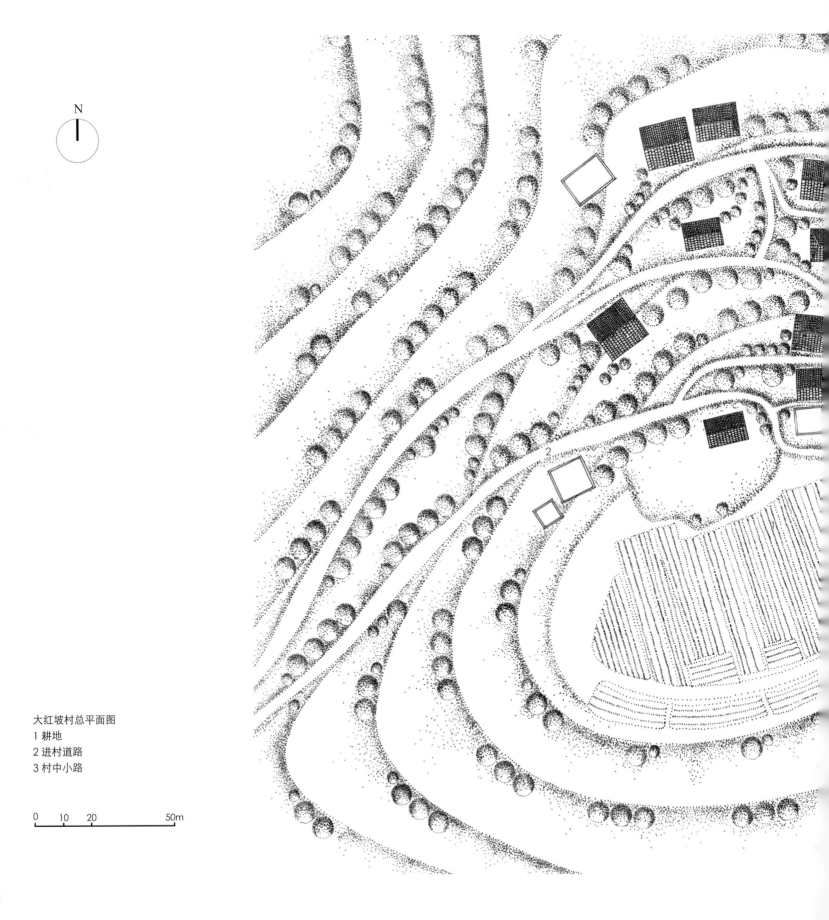

N

大红坡村总平面图
1 耕地
2 进村道路
3 村中小路

0   10   20   50m

调查对象　住宅

　　陆宅是一个五口之家，进入主屋之前有一小段矮墙隔开了村落的道路与私宅，形成一个围合的区域。这段矮墙砌筑讲究，底层为方形的大块石头，上部为小块的碎石，墙体工整，体现了当地匠师的砌筑技术。建筑为干栏式民居类型，屋顶为半歇山半悬山的组合，正脊用瓦片堆叠，端部较高，正中间用瓦片摆成特殊的图案，是吉祥如意的象征。

建筑很好地利用了地形高差，一层架空，通过数步台阶直达二层基面。底层呈现半围合状态，由于房屋建造年代比较早，木质围护墙体显得陈旧，侧墙面的梁柱构架由于长期受厨房烟雾的侵袭已成焦黑色。在山墙面开门是大红坡村房屋的一大特色，此门一般临近厨房和仓储用房

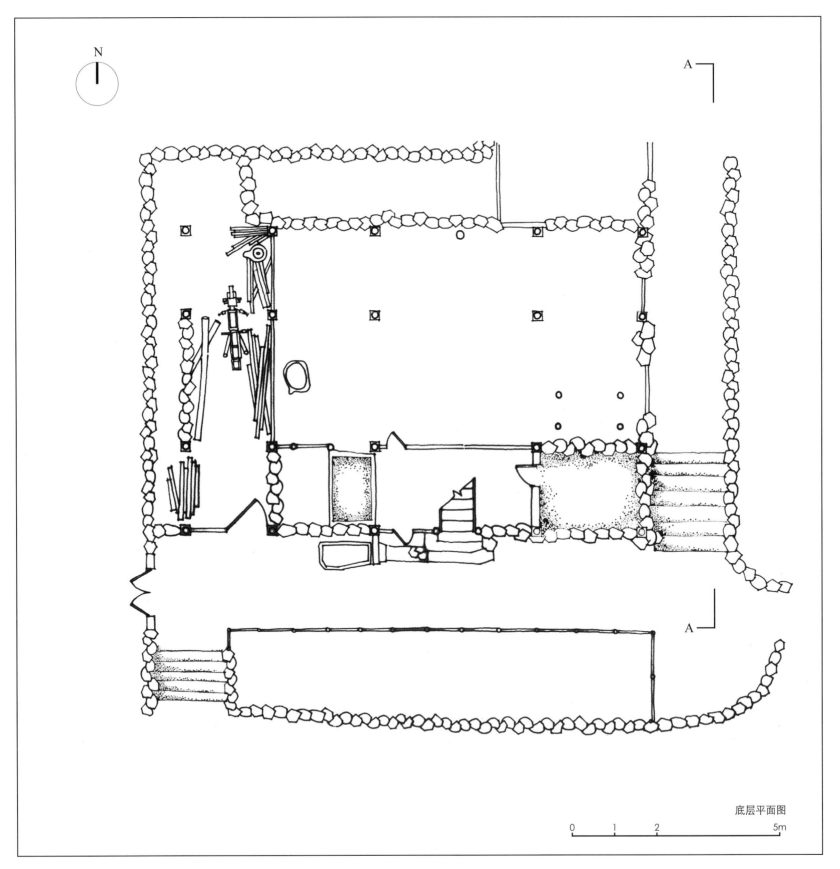

底层平面图

0 1 2   5m

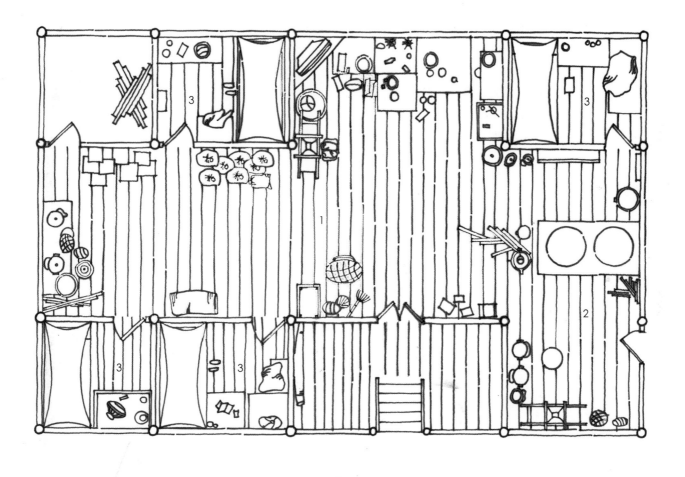

B

B

1 起居空间
2 厨房
3 卧室

一层平面图

0   1   2   3m

陆宅平面呈方形，四开间，偶数开间导致主
入口和堂屋并没有位于严格的正中间轴线上，而
是呈偏心状态。在二层厨房对应的下部为四根支
撑柱，暗示了火塘的存在。一层正中间饲养牲
畜，用石墙隔离，角落里为堆放杂物及户主家用
车的地方。宅基地前为一篱笆围合的菜地，种植
玉米、蔬菜和豆类等作物

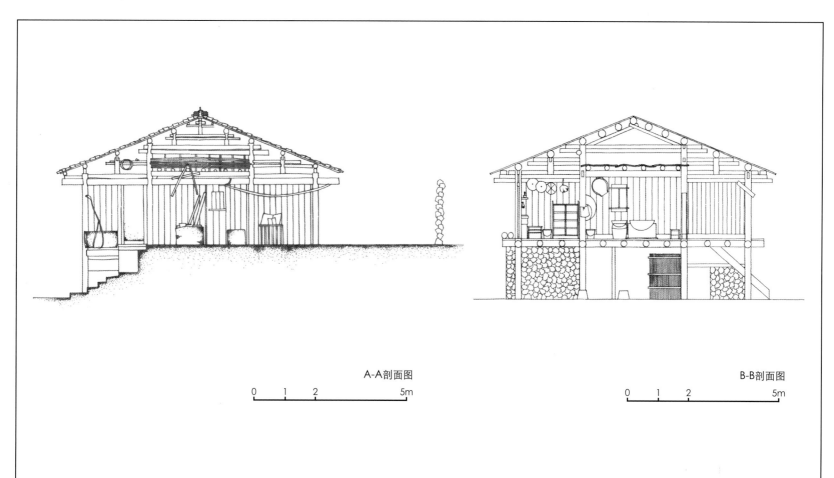

A-A剖面图

0 1 2 5m

B-B剖面图

0 1 2 5m

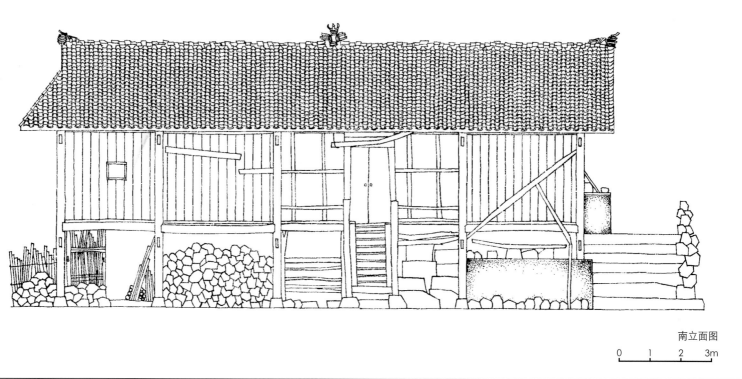

南立面图

0 1 2 3m

在村落中有一栋房屋架在底层的石材基座之上，底部开一门洞可供行人通过，颇具巧思，既是基座又是门，打破了私人与公共的界限。当地村民对石头与木材材料的运用合理，以石为基，上搁木梁，再架楼板，表现出质朴的构造逻辑

14.云南省文山市广南县旧莫乡
小红坡村

　　小红坡村与大红坡村相隔不到百米，据调查发现，当大红坡村的可建设用地不足以容纳日益增加的人口时，村民们便会选择邻近的洼地建设房屋，这也才有了小红坡村。也正因如此两者的村民都是亲戚关系。小红坡村现有20户左右人家，村子有一百多年历史，建房的材料都是靠牛车从董堡乡运输过来的，并且这些材料都是董堡乡村民使用完所剩下的残料。

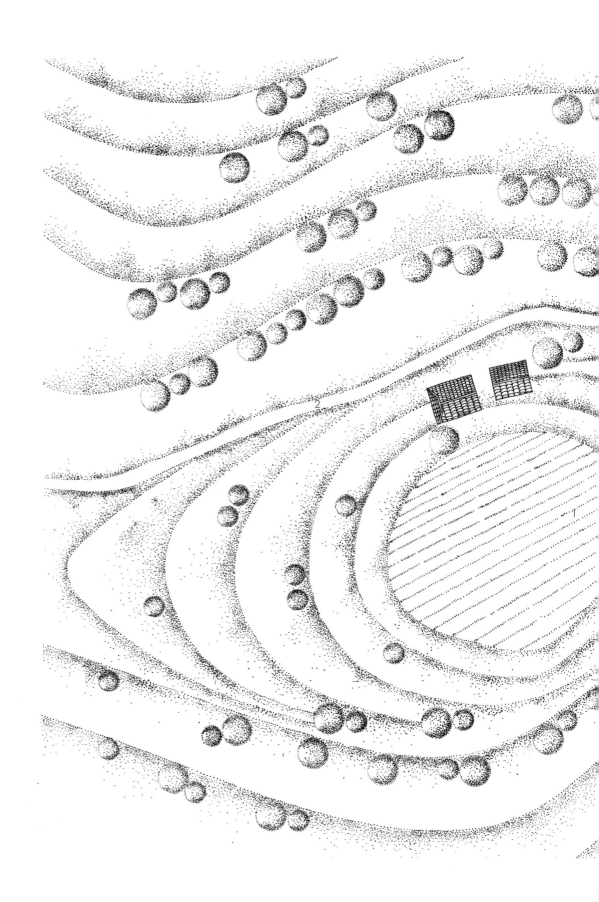

小红坡村总平面图
1 耕地
2 进村道路
3 通往大红坡村

0 10 20 30m

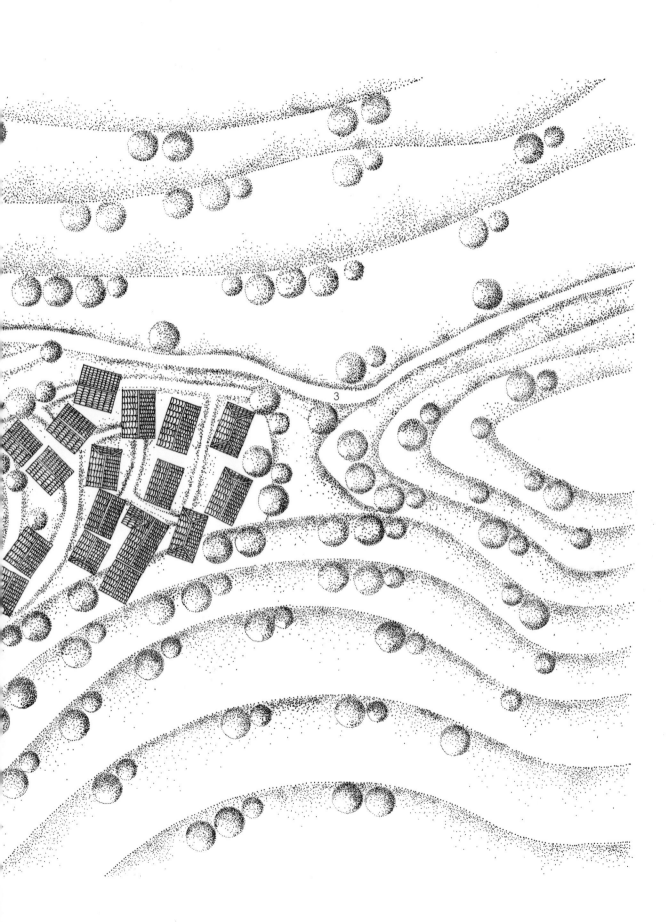

　　小红坡村与大红坡村的布局类似，都呈圆形图案，并且房屋沿着等高线排布，朝向中心的耕地。村落周边景观别致，放眼望去尽是隆起的群山，海拔在1780米左右。村落建造于山脚下的平缓坡地上，一条主要的进出村落的道路连接起村落内外，村口有棵古树，调查时，三五村民围坐其下纳凉、休憩，颇具恬静的生活气息

调查对象　住宅

　　这户人家由一个主屋和三间猪舍以及其围起的小院构成，坐东朝西，房屋正面朝向地势较低的耕地。主屋为歇山顶与悬山顶的结合，属于干栏式民居类型。一层做饲养牲畜以及堆放杂物之用，侧墙用石块堆砌，很好地利用了地形高差；二层墙身用竖向条木板围合，背面有一利用屋顶凹陷形成三边围合之势的晒台。这一建造颇具巧思，屋顶与高差尺度的掌握恰到好处。

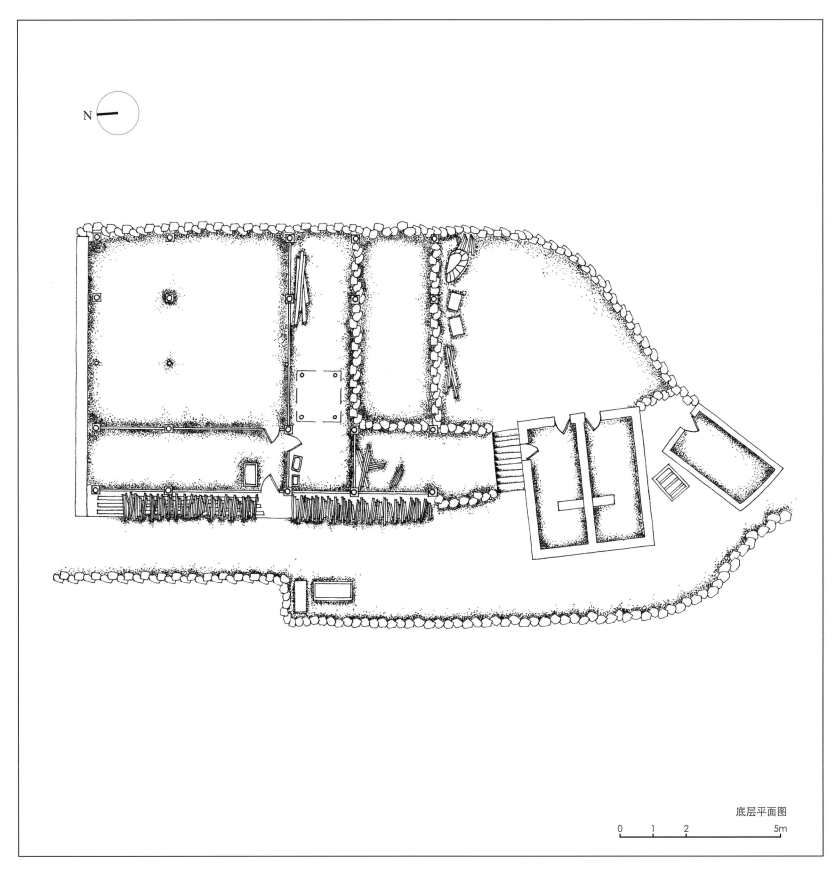

底层平面图

0 1 2 5m

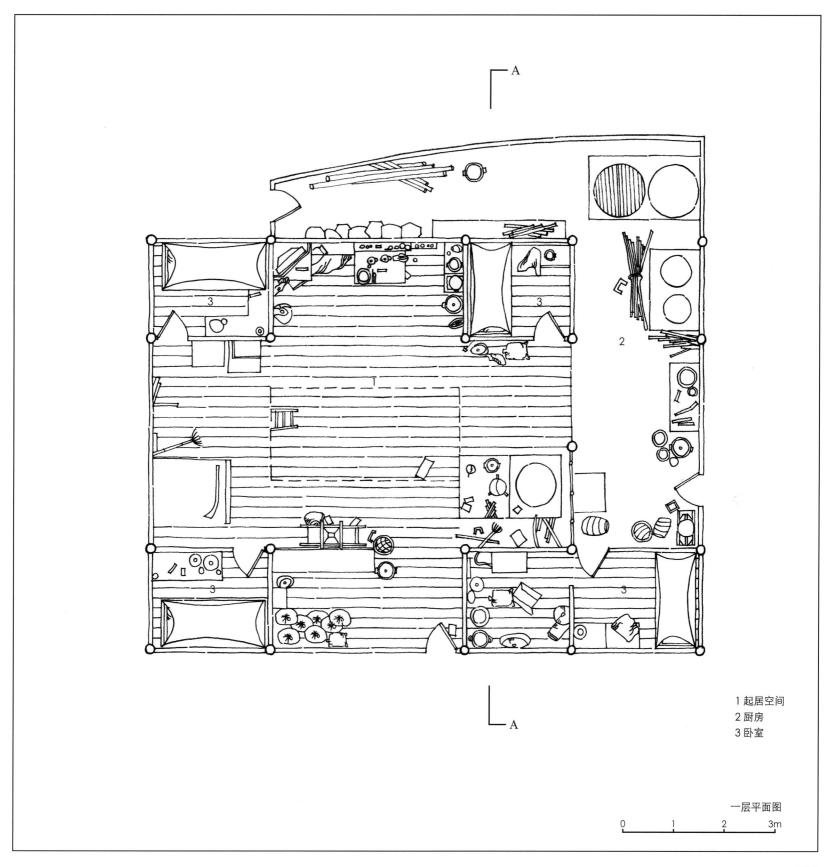

A

1 起居空间
2 厨房
3 卧室

一层平面图

0　　1　　2　　3m

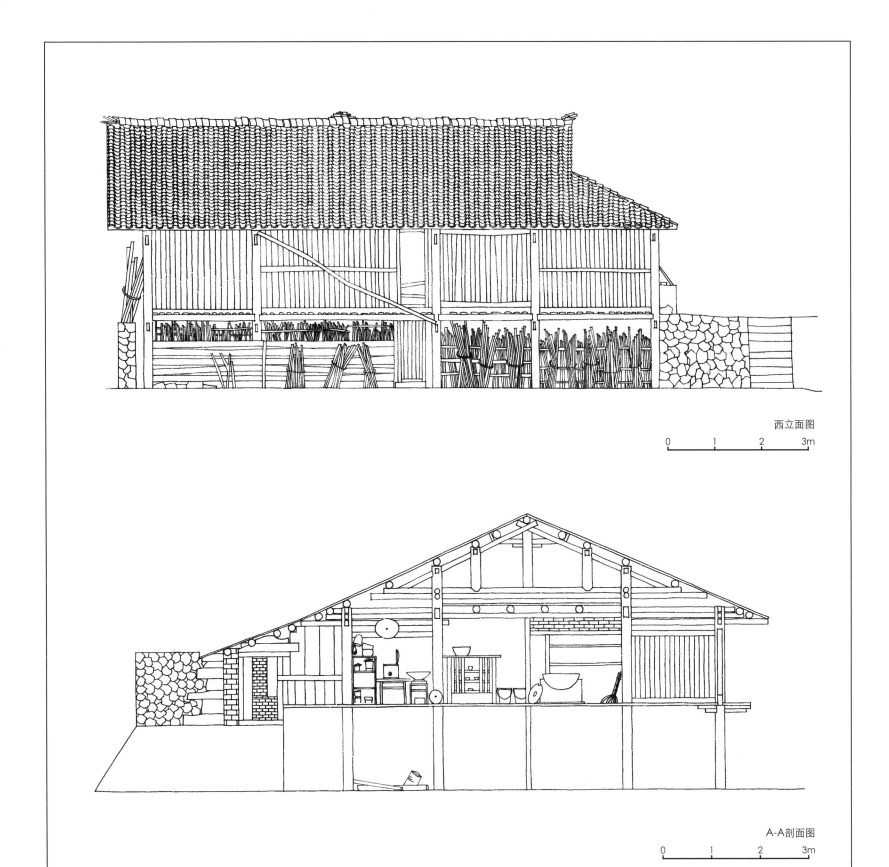

西立面图

0　　　1　　　2　　　3m

A-A剖面图

0　　　1　　　2　　　3m

从剖面图可以看出，这户人家的背面屋顶向下延伸出较多，室内的标高与后院晒台的标高不同，延伸下来的屋顶到地面的距离正好满足常人的高度。靠近晒台的是厨房，明间为堂屋，摆放着神位

从村口的大树出发，一条道路在小红坡村中顺着地形蜿蜒曲折，两边房屋林立，道路为土质，路缘用石块夯拢，由于地形高差的存在，沿着道路行走过程中，某些住宅的屋顶几近道路的标高，房屋似是下沉，四周树木环绕，偶尔有牲畜立在路口，穿行其中，淳朴的农耕生活气息扑面而来，令人动怀

一个聚落就是一个世界，一个住居也包含着一切，房屋触地而立，坡屋顶缓缓倾斜，勾勒着聚落的轮廓线，从房屋、耕地到树木、牲畜，聚落中的一切事物都是这个微观世界的一份子。随着时间的推移，聚落中的新房在陆续增加，旧房开始被遗弃，生活的人也一代代的继承下去，然而传统聚落的灵魂一直守卫着这片土地

15.云南省文山市广南县
里标村

里标村是一个汉族的村落，共有百户左右人家。村落散落于群山环绕的山脚下，海拔在1292米上下，周围绿树环绕，环境优美。村落中房屋的布局并没有呈现一定的图案，从远处观察，村落中的房屋大多坐北朝南，面向同一个方位。房屋建于高处，地势较低的地方为村落集中的耕地，一般种植玉米、烟叶等作物，故而村中散布有一类生产性房屋——烤烟房。

照片近处的房屋即为一户人家的烤烟房，用版筑垒土完成建造，上部为两面坡的屋顶，屋顶覆瓦片并出挑约1米左右，挑檐能保护其下部分墙体不受雨水侵蚀，但由于烤烟房较高，约5~6米，使其实际防水效果并不显著，墙体上有很多裂缝和青苔，显得比较陈旧

调查对象壹　住宅甲

　　调查并测绘的位于里标村高处的房子户主姓金，家有九口人，是个大户人家。房屋建造年代为1962年，为户主的父亲和母亲所建，如今的生活状况是儿子外出务工，夫妇俩在家照顾小孩，以种植庄稼为生。整个村落的历史约有400多年，像金家这样的人口构成在里标村比较普遍，多为四代同堂。

　　金宅由一栋主屋和三间猪舍以及门前的空地构成，一楼为主要的生活起居空间，二层则为阁楼，通过摆放的梯子而不是楼梯连接，牲畜分开饲养，与主屋脱离开，主屋地基抬高约一米左右，边缘用石块垒砌，房屋四周墙体是采用版筑夯土法建造而成，山墙厚度达到50厘米。房屋内部用木柱加梁构造，主屋平面呈方形，四开间，每个开间都开门，角落一个开间为储物空间，其他三开间为主要生活起居之处，挨着内墙的为三间隔开的卧室

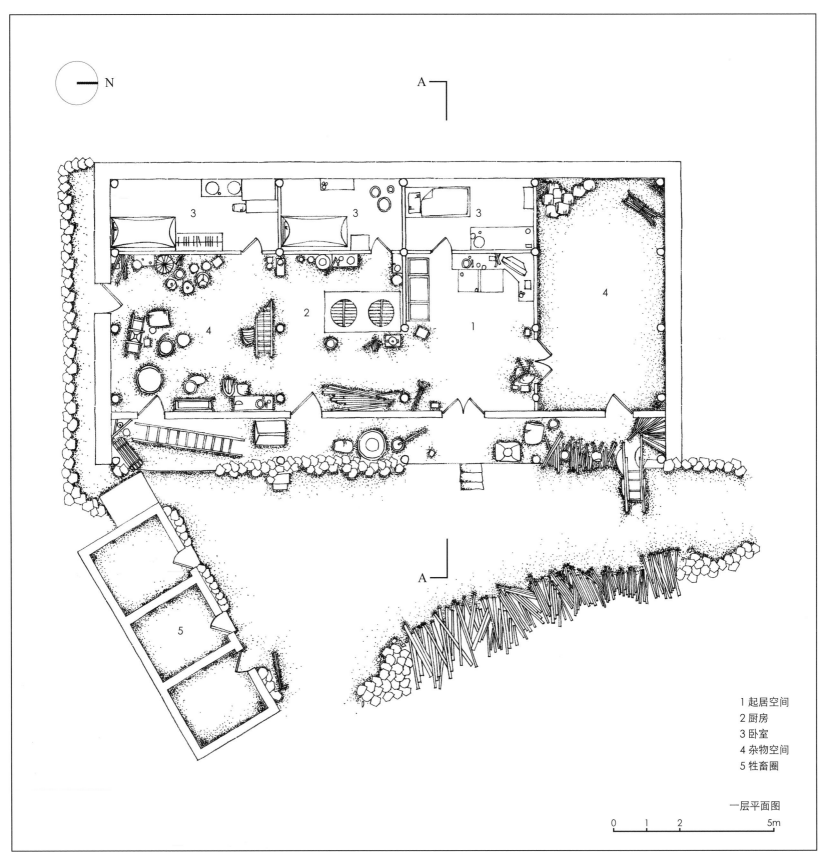

N

A

1 起居空间
2 厨房
3 卧室
4 杂物空间
5 牲畜圈

一层平面图

0   1   2   5m

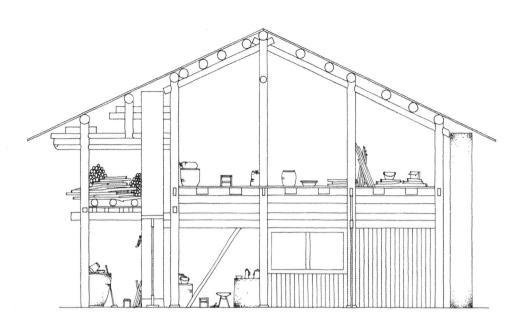

A-A剖面图

0　1　2　　　　　5m

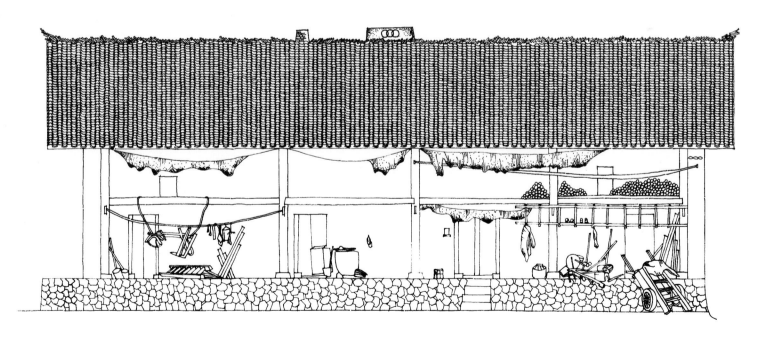

东立面图

0　1　2　　　　　5m

调查对象贰　住宅乙

　　位于里标村下部的一户人家户主名为杨玉尧，汉族，家有六口人，房子有40多年历史。建造房屋总花费由两部分组成，土等建筑材料和工人工费，加起来共300元左右。户主平时干些农活补贴家用，不是主要的劳动力，家庭生活费用主要由孙子来承担，前些年户主靠烤烟叶挣些钱，但是由于质量和价格都不高，所以烤烟房已经遗弃不用了。

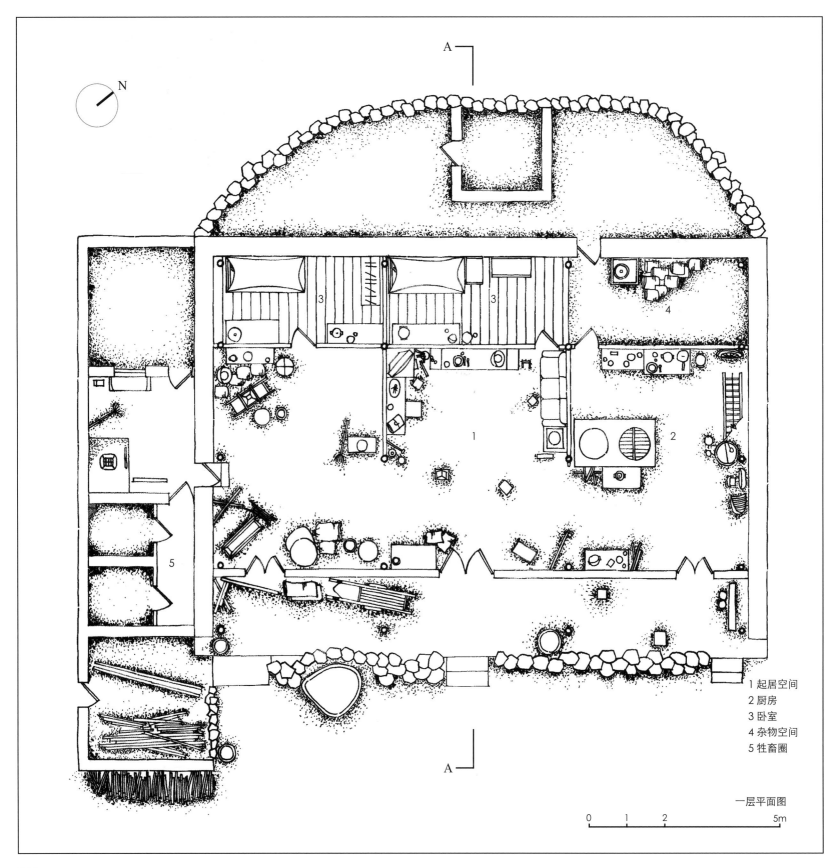

1 起居空间
2 厨房
3 卧室
4 杂物空间
5 牲畜圈

一层平面图

0   1   2   5m

230

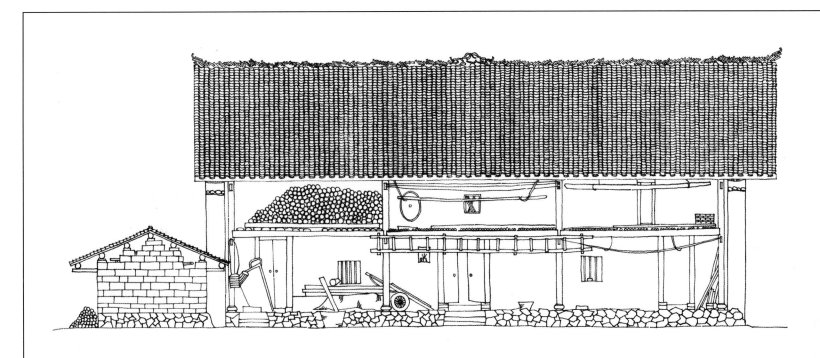

南立面图

0 1 2   5m

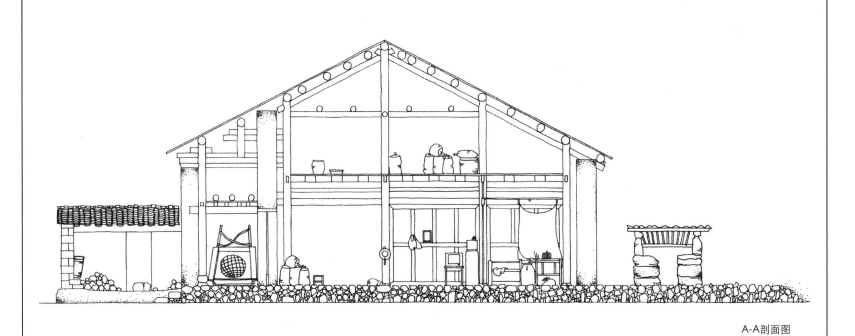

A-A剖面图

0 1 2   5m

231

里标村的房屋基本为悬山式屋顶构造，采用当地的筒板瓦建成合瓦式屋面，内部结构为穿斗式构架，柱子直接落地，支撑屋顶，正房的墙体是夯土墙，厢房是土坯的，猪舍等饲养和储藏的附属屋子为石块或混凝土建造的。一层为主要生活空间，二层阁楼基本闲置堆放物品，堂屋居于中间，仪式性空间与生活性空间有重叠

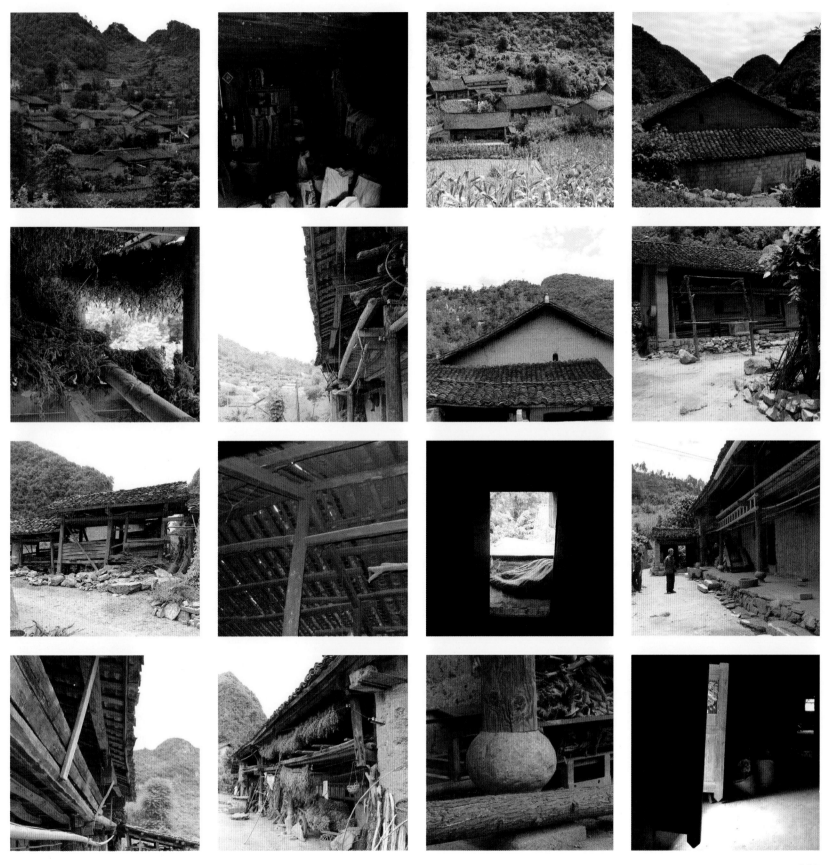

第三章 调查报告

1. 人·居

图1 传统民居的消失

图2 村落的"空巢化"

图3 正在改变的村落

比起广东夏日跋扈的高温，七月的云南是个温度宜人的地方。由于云南省特殊的地理跨度和地理特征，不同地区会有落差很大的温度，从而让人拥有一天体验四季的机会。在这半个多月的实地调研中，我们走访了昆明市、丽江县、大理市、曲靖市和文山县等地的村落，挑选出其中原貌保存较好的村落，进行了数据测量和相应的访问。这些村落有：曲靖市罗平县腊者村某宅（布依族）、曲靖市广南县董堡乡里标村的两处住宅（汉族）、广南县旧莫乡冷狄村某宅（壮族）、大红坡村和小红坡村等。这些住宅大多都有一定的建造历史和传统，在不同的地方形成了一个个独特的聚落。然而，寻找村落的过程中我们也看到了许多现代的建筑材料和建筑形式逐渐地渗透到其中。在去寻找冷狄村、小红坡村和大红坡村的路上，我们甚至还能看到类似于科林斯柱式建筑出现在沿途的民居当中。对于这种情况，不少人会因为这当中传统民居的消失而感到失落，抑或是延伸到对传统文化的褪去而感到的无助。

中国古代文化博大精深，而中国古代建筑作为其中一个重要的组成部分，不仅表现在其作为居住和各种活动场所表现出来的各种特性，更是表现在透过它所反映的不同地区的历史、文化、艺术和经济等各方面的信息。历经了几千年的发展过程，中国古代建筑拥有了自己的特性，形成了一个完整的体系，体现了先人在各方面的智慧。然而，随着时代的变迁和发展，不管是古时候的建筑设计抑或是其他方面的许多事物，都已经和现代人们的需要产生了背离。

在我们走访的许多村落中，不少的村子都已经建造起了新式的砖房。当笔者问到为什么选择建造这种砖房而不继续住在原来老房子的时候，其中的一位村民说是因为砖房更有利于防止牲口或者财物的丢失。在这样偏远的山区，一头牛的丢失对于一户人家来说所造成的损失不是我们所能体会的。这只是问题所表现出来诸多现象中的其中一个，而笔者认为问题的本质还是因为需求发生了改变，至于需求的改变也同样是由多方面的原因造成的。

在走访的许多村落中，村里的大部分青壮年劳动力都已经到了沿海城市工作，剩下的都是妇女、老人和小孩。很多孩子都是双亲离家谋生，这大大造成了村落的"空巢化"。村落中的人口结构因此发生了很大的改变，这也导致各方面问题的出现，如上文提到的关于财产和人身的安全问题也就不可避免地发生了。人们建造房子的时候大概并没有预想到日后居住于其中的只有老人、小孩和妇女，或者只有老人和小孩，甚至只有老人。更没有预想到现在人们的思想观念和道德等都与从前大不相同了。这是一个经过了巨变的社会，即便是在遥远的山区，这样的变化也存在。加之，当外出务工的"脊梁"带着经过影响的新观念回到家中时，笔者认为，产生对家进行改造的想法也就是顺理成章的事情了。或许这种改造在我们看来是简单的模仿，但笔者认为如果是出于他们意愿而建造的，那样的模仿也是他们的需要。另一方面，如今的气候和环境也大不如传统民居建造的那些年代了，而且木材也有一定的寿命和使用年限，所以它们在一定程度上也丧失了建筑基本的诸如保暖和防风防雨的功能。

由此来看，这种要改变原有民居的发展趋势是不可避免的，笔者认为不能以传承传统为理由要求其中的人继续居住在老房子里，因为人的需求已经改变了。我们需要的是尊重他们的选择，如果在可以选择的情况下，连自己的住所都不能选择，那是一件可悲的事情。而如果我们的想法是让不愿意继续住在其中的人继续住在里面，这样的情况无异于把人放进了监狱。人，是居住空间的灵魂，没有生活在其中的人，再怎么有历史价值的传统民居也只是作为一种形式而存在着。是人在其中生活的点点滴滴以及与其发生了关系，这些传统民居才能得以实现自己最大的价值，但前提是人们乐意选择住在这样的环境中。我们没有任何借口把传承传统这样的责任以单纯地让人们居住在其中为结束。倘若我们仅仅为了保存传统民居而忽视生活在其中与其真切地发生关系的人们，那么笔者认为这样的保护只是为了满足我们这些不在其中生活的人的需要。

我们在寻找目标村落的过程中经过的条条山路，有些路是一般车辆无法顺利通过的，需要人徒步才能安全到达。虽不能说崎岖无比，但交通十分不便是存在的事实。即便是走到人迹罕至的村落，也能看到他们为了改变自己的环境所进行的改造。当我们对找到的村落因为改造而失去原来的面貌而失落的时候，也同时感叹，这么困难的条件下他们都要从远处把砖和相关的现代建筑材料运送到此地进行改造，我们多少能体会到他们对改善自己居住环境的强烈需要。旧莫乡的冷狄村是我们小组此次调研的最后一站，我们徒步加上小段时间的车程，大约用了3个小时。从冷狄村返回的路上天已经黑了，这里的路没有路灯，透过汽车灯光的照射笔者看到一个徒步通往冷狄村的年轻人，他手里拿着的袋子和东西像是从远方回来的样子。笔者心里想，经过这样长时间徒步所要回的那个家，应该是他所一直向往的，属于自己的家。

实际上在建造新的居所时，人们也同样是在解决实际的问题和满足自己的需要，只是这样的问题和需要与从前有所不同罢了。当我们提倡体现民族特征的时候并不是说只能回头看以前的事物，继承传统也不是简单地追随过去。实际上当我们为自己的问题去寻求解决方法的时候，我们也是在尝试创造属于自己的事物，这也可以算是创造对于未来而言属于我们的当下的传统。我们的社会正处于一个转型的时期，就在这样一个过程中爆发了许多的矛盾和问题。农村中的留守人群、城市中的"临时小夫妻"和教育的不公平性等社会问题，无不在影响着社会的发展，它们都在等待着更多地被关注和帮助。如果我们给予它们关注，并尝试去解决这一类的问题，那么我们就是在创造本土性、民族性的设计了。那么，我们在寻找传承传统文化的方式的过程中，就应该是在为自己创造答案，而不是为了传统而传承。李允鉌在其著作《华夏意匠》中论及古代建筑与现代建筑的时候曾有一句话，"过去的经验不在于给我们作形式上的模仿，更大意义在于使我们认识和了解真正的事物发展规律"。笔者认为对传统文化的传承有时候不只是简单的寻求"相"和找到解决问题的方法，这个过程中首先是可以使人们看清自己所处的位置或者是明确自己的发展方向。因而传承传统文化应该要结合当下的问题去进行，它应该是一个动态的传承，更重要的是反映人在其中的重要性，当然，同时也不能忽视自然的重要性。

2.上寨村落的建造解析

上寨位于云南红河州境内，地处山区谷地之中，交通闭塞，地无旷土，特定的自然地理环境从客观上规限了村寨的建造条件，其房屋往往就地取材，建造方便。近乎相同的材料与构筑，形成了各宅屋间高度的同质性。下面以一处实地测绘民居为例，窥探上寨聚落的居住方式及建造特征。

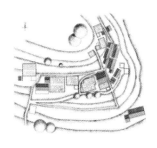

图1 上寨村的总平面

村寨选址

上寨坐落于起伏的缓坡之上，是典型的背山面畴式布局（图1）。从高程上看，位于邻近主道的南麓，一方面便于对外的交通联系，另一方面也可避免洪水侵袭。村落布局平行于等高线布置，其走向依据通风、采光而设（主要面向东、南方向），以此获得避风向阳的良好环境，借山地作为基址，使上寨从外部看获得了错落的景观效果，同时也为居者提供了比较独特的视点来观赏周围环境，处于高一层次的建筑可以越过低一层次的屋顶而眺望远方景色，而外凸弯曲式的布局，使之视野更加开阔（图2）。

图2 屋前远景

材料/结构

上寨的建筑材料多产于当地，主要为砖石土木。在这些材料中，最原始也最易取得的材料便是生土，它被广泛地运用在云南各地区的民居建筑。由于土质优良，干燥后的黄土砖，牢固且坚硬。单块砖的尺度巨大，其横截面呈方形，另一边较长，长宽高比约为2.5:1:1。错落砌筑的土墙墙身厚重，其厚度可达60厘米，接近两块土砖的长度，以利抗击横向的水平推力（图3）。

图3 墙体

木材构架作为整个房屋的承重结构，使土坯墙的承载功能得以释放，墙身只需要承担自身的荷载，加强了土墙的耐久性，木料作为结构柱，贯通整个建筑屋面，建筑高度因由木料长度而定，而木材长度有限，不易建造多层建筑，村落中的房屋多为两层或一层，而开间进

深不受此限，房屋的体量向横向展开。与柱子一样，屋梁同样是木材，多为粗略加工的圆木，主梁之上架设过梁，过梁之上再铺设檩条，其上以石灰混碎石堑平构成屋顶。

石材的使用率较低，或因开采加工之困难。除了屋顶使用碎石之外，其他成块石头惯常出现在建筑底部，这些石块大小不一，与坡地相接，砌成坚实平整的墙基，用以承载土墙屋身。

空间布局

建筑主体平面呈完整的矩形，开间方向5柱4跨，进深3跨，边柱紧贴外墙内侧布置，不做表面处理的结构完全被墙身包裹在室内，木柱因而免受风雨侵蚀。山墙一面开有门洞，是房屋与干道间的主要入口（图4）。跨进门洞，是一处半开敞的外廊，在空间布局上，外廊是日常生活重要的功能场所，它是屋墙向内缩进而自然形成的一处檐廊空间，深度约为一跨，从交通角度而言，它一端连接外部的通道，另一端连接厨房入口以及通往二层的楼梯，同时连接进入室内的屋门，这使得由外入室内形成一定的过渡，檐廊空间一直延伸至二层，从功能角度而言，对于没有大出挑屋顶的建筑而言，廊的存在，使之具备了屋檐的部分功能，即在房门之外建立一处遮阳避雨之所。而大型的农具与日常物品，则常存放于檐廊之下，对于储藏空间特设于二层的建筑而言，它同时兼做储物之地（图5）。

一楼室内有一道隔墙将内部一分为二，面积约为2:1，与入口相接的大空间为起居室，兼做卧室，小空间相对更加隐蔽，里面有一张卧榻，是睡觉、休息之地。由外而内，整个空间的私密度逐级增加，各房间的面积分配既节约同时又不觉局促。厨房是一间大房间，为一间独立房屋，其内设有水井。烧饭、就餐都在这一空间内。厨房由外廊进入，作为服务空间其与起居及卧室之间的关系被切开。由于厨房上方不设二层，与灶台相连的烟道直接伸入屋顶之外。作为单层偏房，厨房的屋顶同时成为连接二层屋顶的缓台。

由木楼梯折上，进入二层的檐廊，廊道功能与首层相同，由于是单向的交通流线，在实际使用中，被用做晾晒衣物的阳台。

上寨房屋的建造节约且有效，各构件功能明确，从使用角度出发，许多构造被简化。以窗为例，云南气候温热，窗洞不设窗扇，放弃开启功能，更无玻璃，仅以木格栅作为安全防护之用，空气可以在室内外自由贯通，同样出于私密性及安全考量，开洞位置高于人眼视线之上，取消观景功能。窗洞功能的简化(仅保留通风及采光)，大大的简便了构造做法。

住宅所在基地崎岖起伏，免去开凿平地之劳，建造者利用屋顶创造了一块平坦之地，并予之重要功能，从排水角度而言，平屋顶虽然不及坡屋顶迅速，却为谷物晾晒创造了天然的场地（图5）——储物室置于二层也与此相关。屋面中央设有一圆形洞孔，晾干的谷物经由此洞直接落入屋下的米仓，方便且省力。

屋顶虽为平面，却是经过有组织的排水，而其构造却一样体现简便实用原则，导水口与屋面一体砌筑而成，呈一勺柄状，伸出屋檐，屋面由两端向此处倾斜，雨水因而被导入排水口汇集而下。

小结

"如何把建立在原始或落后的手工艺基础上的文化传统，转移到以现代科学技术上来？当然，这是一个漫长的历史过程……为此，我们不得不回过头来求教于历史。去分析往日的民居建筑和村落，看看他们是如何利用当地的天然资源，并以此衍生出与之相适应的结构形式和构造做法，从而世代相传地保持了各自的传统和鲜明的地域特色。"

——彭一刚：《传统村镇聚落景观分析》

居住是自先民以来除却饮、食之外最重要的生存问题。居住形态的演化凝聚着人们顺应自然、克服自然的创造过程，是生活经验的长久积累，同时也是生存智慧的显现。在上寨这样的聚落中，没有建筑师的建筑所面临的问题与解决之法也是今日建筑学的核心。没有过多审美和意识形态的干扰，在应对居住与建造问题之时，当地居民的解决手段更加直接、有力。而为人乐道的建筑地域特色，也不过是构造形式的外在表壳而已。

图4 东侧山墙

图5 屋前远景

本书执笔人名单一览

概述及村子简介图说撰写：
第一章　概述　　　　　　　　　　　　　　　　　　王萌

第二章　十五个聚落简介图说
　　1. 云南省红河州泸西县城子村　　　　　　　　赵冠男
　　2. 云南省红河州建水县官厅镇苍台村　　　　　赵冠男
　　3. 云南省红河州红河县宝华乡作夫村　　　　　赵冠男
　　4. 云南省红河州石屏县宝秀镇郑营村　　　　　赵冠男
　　5. 云南省红河州红河县迤萨镇曼坤村　　　　　朱曦
　　6. 云南省红河州红河县迤萨镇坝兰上寨　　　　赵冠男
　　7. 云南省红河州红河县迤萨镇坝兰小寨　　　　赵冠男
　　8. 云南省玉溪市元江县那诺乡闷龙村　　　　　杜波
　　9. 云南省楚雄市双柏县信法村　　　　　　　　杜波
　　10. 云南省昆明市团结乡乐居村　　　　　　　　张捍平
　　11. 云南省曲靖市罗平县鲁布革乡腊者村　　　　余飞
　　12. 云南省文山市广南县冷狄村　　　　　　　　余飞
　　13. 云南省文山市广南县旧莫乡大红坡村　　　　余飞
　　14. 云南省文山市广南县旧莫乡小红坡村　　　　余飞
　　15. 云南省文山市广南县里标村　　　　　　　　余飞

第三章　调查报告
　　1. 人·居　　　　　　　　　　　　　　　　　　甘丽婵
　　2. 上寨村落的建造解析　　　　　　　　　　　　王伟

书中图纸绘制：

余飞
P12-13、P62-63、P160-161、P166-167、P169-170、P176-177、
P182-184、P192-193、P196-197、P199、P206-207、P212-214、
P226-227、P230-231
宋帆
P16-17、P21（上图）、P25
王萌
P20-21（下图）、P153、155
俞文婧
P34-35、P48-49
赵冠男
P38-40、P94-96、P100-102
赵普玉
P54-57、P113-116、P132-135、P140-143
王智峰
P70-71、P150-151
朱曦
P74-76、P82-84
杜波
P108-109、P120-122、P126-127

图书在版编目（CIP）数据

　　云南民居. 全3册 / 北京大学聚落研究小组，云南省
城乡规划设计研究院著. -- 北京 ：中国电力出版社，
2017.1
　　ISBN 978-7-5123-9976-1

　　Ⅰ．①云… Ⅱ．①北… ②云… Ⅲ．①民居－建筑艺
术－云南 Ⅳ．①TU241.5

　　中国版本图书馆CIP数据核字(2016)第264968号

云南民居

北京大学聚落研究小组
云南省城乡规划设计研究院

中国电力出版社出版发行
北京市东城区北京站西街 19 号　100005
http://www.cepp.sgcc.com.cn
责任编辑：王　倩
封面设计：王　昀　赵冠男
责任印制：蔺义舟
责任校对：王开云
北京盛通印刷股份有限公司印制•各地新华书店经售
2017 年 1 月第 1 版•第 1 次印刷
787mm×1092mm 1/12•63.5 印张•798 千字
定价：898.00 元（全三册）